北京老旧小区更新研究

RESEARCH

ON OLD URBAN

RESIDENTIAL AREA

REGENERATION

IN BEIJING

黄 鹤 钱嘉宏 刘欣葵 张 璐 编著

中国建筑工业出版社

图书在版编目（CIP）数据

北京老旧小区更新研究 = RESEARCH ON OLD URBAN
RESIDENTIAL AREA REGENERATION IN BEIJING / 黄鹤等
编著 . —北京：中国建筑工业出版社，2021.12（2022.9 重印）
ISBN 978-7-112-26907-5

Ⅰ . ①北… Ⅱ . ①黄… Ⅲ . ①居住区—旧房改造—研
究—北京 Ⅳ . ① TU984.12

中国版本图书馆 CIP 数据核字（2021）第 243838 号

责任编辑：兰丽婷 杜 洁
责任校对：李美娜

北京老旧小区更新研究
RESEARCH ON OLD URBAN RESIDENTIAL AREA REGENERATION IN BEIJING
黄 鹤 钱嘉宏 刘欣葵 张 璐 编著

*

中国建筑工业出版社出版、发行（北京海淀三里河路9号）
各地新华书店、建筑书店经销
北京雅盈中佳图文设计公司制版
北京中科印刷有限公司印刷

*

开本：850 毫米 ×1168 毫米 1/16 印张：19³/₄ 字数：319 千字
2021 年 11 月第一版 2022 年 9 月第二次印刷
定价：**168.00** 元
ISBN 978-7-112-26907-5
（39384）

编委会

主 编：
　　黄 鹤

副主编：
　　钱嘉宏　　刘欣葵　　张 璐

顾 问：
　　唐 凯　　邱 跃　　林建平　　徐全胜　　刘晓钟　　刘东卫
　　王 凯　　尹 强　　石晓冬　　许 槟　　吴唯佳　　边兰春
　　王丽方　　张 悦　　陶 滔　　杨家骥　　邓堪强　　骆建云
　　刘群星

编 委：
　　倪 锋　　刘戍东　　王 科　　贾 欣　　尚 伟　　郭华刚
　　韦 琳　　于长艺

编写组：
　　黄 鹤　　倪 锋　　钱嘉宏　　刘欣葵　　张 璐　　刘杨凡奇
　　孙子荆　　秋原雅人　周雅青　　刘佳燕　　孙诗萌　　营立成
　　李 俐　　吴 林　　王津京　　马云飞　　董利琴　　杨 亮
　　骆建云　　梁 伟　　罗怡霞　　邓程文　　刘郭越　　秦鹏宇

封面及版式设计：
　　张 璐　黄 鹤

插画设计：
　　刘杨凡奇　刘 娟　　周雅青　　孙子荆

英文翻译校核：
　　黄 鹤　　张 璐　　周雅青　　刘郭越　　黄欣怡

摄 影：
　　孙子荆　　刘杨凡奇　周雅青　　张 璐　　黄 鹤

主编单位：
　　清华大学建筑学院
　　北京市住宅建筑设计研究院有限公司

参编单位：
　　北京市规划和自然资源委员会西城分局
　　北京市西城区住房和城市建设委员会
　　北京市西城区房屋管理局
　　北京市西城区房屋土地经营管理中心
　　北京宣房集团
　　华诚博远工程技术集团有限公司
　　筑福（北京）城市更新建设集团有限公司
　　北京蓟城山水投资管理集团有限公司

协编单位：
　　广州市城市更新规划研究院
　　上海市房地产科学研究院

社区中心　蔬菜水果　水站

刘　娟　绘制

序一
Preface I

清华大学黄鹤老师主编的《北京老旧小区更新研究》即将出版发行了，这本书依托北京老旧小区更新的大量实践，系统梳理了北京住区住宅发展的历程，从历史演进的脉络中研究老旧小区更新的需求与特征，并侧重老旧小区的物质环境更新，对其构成进行了分类梳理，辅以政策法规、技术规范。本书还采用了技术指引加实践案例的编写方式，配合以大量的图片照片，使得老旧小区更新中的众多工作得以生动呈现，让更多的非专业人士能够了解老旧小区更新工作的系统性和重要性。

将这本书定名为"研究"，我想是编写组成员们的专业习惯使然，面对"北京""老旧小区"、居住环境"更新"的复杂局面，以问题、目标、结果为导向，运用科学研究的工作方法，通过更开阔的视野和追求系统性的体系，寻找事物的基本规律和解决问题方法；另一方面，也许编写组希望表示谦逊的态度，书中普遍使用客观性文字表述似乎在说，我们所做之探索乃一家之言，仅供参考。但如果大家认真阅读这本书，可以看到书的内容兼顾了北京老旧小区更新中的地方性和普遍性，会对其他城市开展相关工作有所帮助。

之所以推荐这本书，是因为城市老旧小区的更新是中国城市转型发展中的大事，也是国家层面实施城市更新行动中的核心构成。老旧小区的更新还关乎生活于其间的居民的日常生活，是基层治理工作最为具体且重要的领域。针对国家发展的具体要求，书中表达的几个观念我十分赞成。一是满足人的需要，坚持"居住"基本功能。书的第一章就明确"住"是人的基本生存需要之一，"居住"是城市最基本最重要功能之一。坚守以人为本这一住区住宅的本质，坚守"房子是用来住的，不是用来炒的"，从而在城市老旧小区更新改造的策略和手法上，将会改变过去一些旧城改造或"城中村"改造中出现的大拆大建、见物不见人、以牟取高额开发利润为主要目标的行为。二是满足当代中国人的需求，坚持共同享受改革开放红利追求。经过几十年的努力奋斗，中国城市人均居住面积有了很大提高，但差异也很明显。目前中国城市存量建筑中住宅约占一半，这些住宅大多以居住小区的方式形成城市的居住空间单元。随着建成时间的增长，相当规模的印刻着时代特征的居住小区渐渐老旧，与当今生活需求之间的差距渐渐扩大，加之一部分小区因制度变迁而导致的失管加速了物质环境的衰败，居住在这些老旧小区中的居民普遍抱有改善居住环境质量的愿望。面临着更新改造的需求，如何使得老旧小区更加宜居，回应人们对于美好生活的追求，成为当前城市发展中的关键议题之一。近年来，从国家到城市层面一系列相关工作积极开展。2017年住房和城乡建设部在厦门、广州等城市启动了老旧小区改造试点，并在全国范围持续推开。2019年以来党中央国务院多次提出推动老旧小区改造的要求。在各地广泛进行的更新改造实践中，物质环境和设施设备的改善、绿色技术和信息科技的引入、治理体系和治理能力的提升，方方面面的工作汇聚在一起，城市居住质量改善是社会发展理念、经济增长方式以及建造技术进步的重要着力点之一。三是坚持老旧小区更新工作系统性。首先要全面评估，建立老旧小区目录，确定分类更新目标，明确老旧小区更新标准；然后从城市、小区环境、单体建筑、基础设施配套、住宅设施多个层面，综合给出安全、宜人、适老、绿化美化、文化氛围、交通与停车、环卫与垃圾等解决办法。四是新技术运用。在老旧小区更新工作中，坚持绿色建筑标准，推动智能化改造。五是积极实践"人民城市人民建，人民城市为人民"。在小区公共空间组织上，完善适宜人际交往的空间环境，方便邻里交流，促进"远亲不如近邻"好习

俗的延续。更可贵的是，各地的经验都表明，要将老旧小区更新过程作为群众自觉运动的过程。没有业主的参与，老旧小区更新工作不可能顺利；有了业主的积极参与，很多难题迎刃而解。通过公众积极参与的老旧小区更新，很好促进了我们的基层组织建设，提升了治理能力。毕竟自古至今人居空间秩序建设与人群社会秩序建设很有关联。

希望《北京老旧小区更新研究》一书的出版，能够进一步宣传推广老旧小区的相关知识，使得更多的社会力量和居民积极参与其间，共同致力于营造我们美好的人居家园。

唐凯

中国城市规划协会会长

2021年8月

序二
Preface Ⅱ

新中国成立以来，特别是改革开放以后，我们经历了世界历史上规模最大、速度最快的城镇化进程，城市发展波澜壮阔，取得了举世瞩目的成就。全国的城市数量从100多座增加到600多座，建成区面积从几千平方公里增加到超过10万平方公里，常住人口城镇化率已超过60%。

首都北京城市发展亦然，中心城区面积从不到100平方公里增加到1000多平方公里，建筑规模从几千万平方米增加到十数亿平方米，而这其中一半都是住宅建筑，很多都是以居住小区形式出现的。从标准化住宅户型的分配到多样化户型的市场化和保障性供给，这些不同历史阶段中所形成的不同类型住区住宅，支撑了丰富多彩的城市生活，也是不同发展阶段中的社会经济、人文、技术等要素在城市居住空间上的印记。

随着超大型城市的形成和大量居住小区的建成，交通堵塞、空气污染等大城市病和环境衰败、缺管失管等老旧小区病也开始呈现，城市更新，当然包括老旧小区更新被提上了日程。

在进入新时代之际，南方一些城市如深圳、广州等率先提出了城市更新的理念并着手试行，北京也开展了一些老旧小区更新整治的试点工作，在改造技术、实施机制、保障资金、长期管理等方面取得了一些经验。

2015 年中央城市工作会议上提出要转变城市发展方式，完善城市治理体系，提高城市治理能力，解决城市病等突出问题；2020 年中央在关于制定"十四五"规划和二〇三五年远景目标的建议中更是明确指出要实施城市更新行动；2021 年上半年北京市政府在关于实施城市更新行动的指导意见中指出，实施城市更新行动，对提升城市品质、满足人民群众美好生活需要、推动城市高质量发展具有重要意义，同时把老旧小区改造列为六种更新改造类型之首，作为北京市当前和今后城市工作中的重点任务之一。

在北京当前减量发展、既有存量住宅小区成为承载城市居住主体的背景下，面对量大面广、建造时代不一、基础设施不同、居住状态复杂的老旧小区，如何能统筹推进治理更新，进一步完善各项功能、改善人居环境、传承历史文化、促进绿色低碳、激发城市活力，如何能够保证在这些老旧小区中的居民安居乐业，将是我们长期面临的任务。

老旧小区更新整治的同时亟需理论的研究和技术的指导，《北京老旧小区更新研究》一书正是对前期工作的一份研究总结和实例汇总。黄鹤老师和编写组的同志们一道，通过系统思考，从历史脉络研究、发展趋势判断、综合整治内容等方面将老旧小区的更新整治放在了纵向历史进程之中，体现了她们的开阔视野和理论造诣，对国内外相关经验和实践案例的梳理也为北京今后的老旧小区更新整治工作织就了横向参照背景。该书图文并茂、辅以案例的编写方式，能够生动地将老旧小区更新整治呈现给广大读者，让更多的非专业人士了解。该书的出版也正是响应了北京市政府以政策解读与案例剖析相结合的方式，全方位、多角度、多渠道开展宣传，及时回应社会关切，为顺利推进城市更新营造良好氛围的要求。故此，欣然为序。

北京城市规划学会理事长

2021 年 8 月

引言

住区住宅作为承载居住功能的城市基本空间要素，其更新一直伴随着城市的发展。自建成之日起，住区住宅的各项性能便不断衰退，而社会经济的持续发展形成新建住区住宅的标准持续提升，两者之间的差距促成老旧住区住宅的更新。

老旧小区，是一个具有典型中国色彩的对老旧住区住宅的称谓。20 世纪 50 年代苏联的小区规划理论引入我国后，"居住区—居住小区—居住组团"逐渐成为城市居住供给的主要层级，其中居住小区是居住的基本单元，是进行生活服务设施配置的基本单元。全球范围内多样化的老旧住区住宅更新，在中国城市集中地体现为老旧居住小区的更新。因此，本书采用"老旧小区"一词来代表中国城市的老旧住区住宅，指在城镇国有用地上建成时间较长或物质环境相对陈旧的住区住宅，是一个面向所有住区住宅的客观界定范畴。一部分客观运行状况与当前需求差距较大的老旧小区需要开展更新工作。

近年来老旧小区更新工作备受关注。其一，在经历 40 年快速的城市化进程后，中国城市开始从以增量扩张为主的大规模城市建设阶段转向了以存量地区提质发展为主的城市更新阶段。存量住宅已成为我国城市居住供给的绝对主体且数量巨大，占到存量建筑面积的一半左右，而其中老旧小区的比重持续增长。其二，现有建成 20~30 年的上百亿平米的老旧小区受限于当时建设标准和投入水平，普遍面临着建筑本体老化、基础设施薄弱、配套设施不完善的状况，已经不能满足当今人们生活的需求。其三，中华人民共和国成立后的住房供应体制在改革开放后发生重大转变，由于管理体制不健全而带来的老旧小区失管现象，加剧了物质环境的衰败。与此同时，老旧小区中的居民老龄化显著，环境设施服务水平的标准也应日益提升。因此，量大面广且数量持续增长的老旧小区呼吁着物质环境的品质提升和管理体系的完善优化，这是人们追求美好生活最切实的需求，也是城市高质量发展最基本的构成。国家的积极推动和各地的广泛实践探索已经使得老旧小区更新成为中国城市工作的重要领域，并将在相当长的时期内一直存在。

老旧小区更新是根植于其特定的发展历程、当前需求和周期规律之中的。各个城市的老旧小区有着同一历史时期的普遍性特征，也体现出各个城市在发展过程中的特殊性状况。因此宜在开展相关工作之前梳理其发展历程，了解住宅的时代特征和生命周期，分析住区住宅更新的近远期需求和可能达到的目标，并由此因地制宜、因势利导地开展更新，借鉴实践中总结凝练而成的经验和方法，不断探索，逐步完善此项工作的系统性。

基于此，《北京老旧小区更新研究》一书的编写在2017年《北京市西城区老旧小区更新整治导则》的工作基础上开展。在此过程中，2020年党的十九届五中全会明确提出实施城市更新行动，将城市更新上升成为国家战略，老旧小区工作成为国家层面工作重点。各地广泛开展的实践也不断加深对老旧小区相关工作的认知，不同类型、不同领域的实践工作为研究提供了宝贵素材。

在总体思路上，本书从城市发展演变的视角来观察居住及居住空间的变迁，试图通过"历史进程梳理—周期规律认知—当前需求研判—实践案例借鉴"的体系化框架，将北京老旧小区更新工作镶嵌于纵向的历史进程和横向的国内实践之中，尝试为当前工作提供一定的体系化思考和探讨。

在研究内容上，本书梳理了北京住区住宅发展的4个主要发展阶段和207项代表性项目，归纳了抗震、节能、宜居三方面技术标准的变迁，总结了从"福利分房""房改"到"租购并举"的住房供应体系演变。在此基础上，本书对老旧小区进行界定，从住区住宅的生命周期特征和当前居住需求两方面的综合分析，依据对物质环境的干预程度，将老旧小区的更新方式分为保护修缮、拆除重建、综合整治三类。书中详细介绍了最为常见的综合整治类实施指引，分为住宅本体和小区环境共计20个大类、78个小类，涉及现行法律法规36部、政策文件74项、技术标准95部，筛选出经典案例118个，其中重点案例23个，以北京地区为主，覆盖上海、广州等国内城市。

对本书的探索进行概括，大体可归于如下几点：（1）在住区住宅发展的历史脉络中界定老旧小区的更新；（2）从住区住宅的生命周期和价值判断角度建构更新体系；（3）以实践工作的经验总结和示范案例提供指引参考；（4）从专业阅读和大众宣传的角度创新表达方式。

倘若本书的出版能于当前快速兴起的老旧小区更新研究浪潮之中激起几朵小小的浪花，并为实践工作提供一定的借鉴，编写组将欣慰不已。

Brief Introduction

Residential housing is one of the basic spatial elements of a city, and its regeneration always echoes with the development of the city. Upon its completion, the performance of a residential housing would start declining, while the continuous urban social and economic development keeps raising the standards for new residential housing. The gap between the two has contributed to the regeneration of old residential housing.

Old urban residential area is a typical Chinese term for old settlements. After the Soviet Union's residential area planning theory was introduced into China in the 1950s, a residential hierarchy was gradually formed featuring with residential area of 30 000-50 000 residents / 10 000-15 000 residents/ 1 000-3 000 residents. In this system, residential area of 10 000-15 000 residents is the basic unit that provides living space, services and facilities. The regeneration of old residential housing around the world happens in a diversified way, while in China, it is mainly around the old residential areas in Chinese cities. Therefore, this book uses the term "old urban residential area" to refer to those residential housing that have been built on state-owned lands in urban areas for a long time or whose physical environment has decayed. Those old urban residential areas whose conditions can no longer match the living standards of the society need to be regenerated.

In recent years, work on residential area regeneration in Chinese cities has attracted much attention. Firstly, after 40 years of rapid urbanization, Chinese cities have shifted from the largescale urban construction stage that prioritized expansion to the urban regeneration stage that prioritized quality.

Housing stock has become the absolute main source of urban housing in China, accounting for about half of constructed buildings with a growing proportion of old urban residential areas. Secondly, up to tens of billions of square meters old residential areas which have been built for 20 to 30 years are in bad conditions and can no longer meet the demand of people living there. Restricted by the construction stands and level of investment at the time of the building, most of them are aging with poor infrastructure and supporting facilities. Thirdly, the housing supply system formed following the birth of new China went through significant changes after the Reform and Opening-up. The lack of proper management has accelerated the environment decay of old urban residential areas. At the same time, the aging residents in old urban residential areas require better supporting facilities and services, leading to an increasing need for better physical environment and management system. This need stems from people's practical demand for a better life and cities demands for higher-quality development. With facilitating policies and extensive explorations across the nation, regeneration of old residential areas has been put on the agenda of Chinese urban work and will be there for a long time.

Regeneration of old urban residential areas needs to take into consideration specific development history, the latest demand and the cycles. The old residential areas built around the same time across the nation share something in common, but also have their unique characteristics corresponding to the level of development of each city. Therefore, it is advisable to go through the city's development history, understand the residences'characteristics of its times and life cycles, and analyze the short-term and long-term needs, as well as possible goals before the regeneration starts. With tailor-made regeneration plans executed and lessons learnt from exploration, the regeneration work will be gradually improved and systemized into a mechanism.

With such context, the composition of this book, "*Research on Old Urban Residential Area Regeneration in Beijing*" started based on the "*Guidelines for the Regeneration and Renovation of Old Urban Residential Areas in Beijing Xicheng*" published in 2017. In 2021, the Fifth Plenary Session of the 19th Central Committee of the Communist Party of China proposed the implementation of urban regeneration actions, which made urban regeneration a national strategy. Since then, old urban residential area regeneration became one of the critical issues from the national perspective. In addition, practical work carried out across the country have also provided important insights and inputs for our research.

Structure-wise, this book studies urban residence and its evolution from the perspective of urban development. The research attempts to weave Beijing's old urban residential area regeneration into the vertical axis of historical development and the horizontal axis comparing different practices across the nation. It intends to achieve this by following a framework of "reviewing historical process-identifying cycles-recognizing demand-Studying cases".

Content-wise, this book reviews the four main development phases of Beijing's residential areas and 207 representative projects, generalizes the changes of technical standard in earthquake resistance, energy-saving and livability, and summarizes the evolution of the housing supply system from "assigning housing as welfare", "housing reform" to "diversified supply for affordable house". On top of this, the book defines the term "old urban residential area". It analyzes the life cycle and the current residential needs comprehensively. According to the degree of environment intervention, it divides the regeneration method of old urban residential area into three categories: conservation, reconstruction and renovation. Common implementation guidelines for renovation are divided into 20 categories and 78 sub-categories in total, targeting housing and neighborhood environment, involving 36 existing laws and regulations, 74 policy documents, and 95 technical standards. 118 typical cases are reviewed, of which 23 are key cases. Those cases are mainly from Beijing but also covers Shanghai, Guangzhou and other domestic cities.

The innovation of this book could be summarized as follows:

(1) Defining the regeneration of old urban residential areas in the context of residential housing development;

(2) Constructing a regeneration system from the perspective of the life cycle and value judgment of residential housing;

(3) Providing guidance and reference based on lessons learnt from practices and typical cases;

(4) Offering innovative insights for both academia and the public.

If the publication of this book can cause a few ripples in this rapidly emerging wave of research on the old urban residential areas regeneration, and provide a certain insights for field projects, the editorial board will be greatly honored and gratified.

本书特点
The Features of This Book

两类读者群体：专业读者和大众读者
Two Groups of Readers: Professional and Popular Readers

本书面向专业读者和大众读者，包括与老旧小区更新相关的设计者、建设者和管理者，以及老旧小区居民和关心老旧小区的广大市民。希望本书的公开出版发行，能推动城市规划和住区住宅相关知识的普及，推动相关各方参与到城市宜居环境的提升完善进程之中，共同营造我们美好的家园。

针对不同类别读者，本书设计了不同的阅读指引：

（1）每章起始概要介绍本章内容，所有的读者可通过该环节快速了解本章内容和结论。

（2）专业读者可通过图表、案例、政策技术索引等了解老旧小区更新的所有内容，特别是附录中的政策法规和技术规范汇总涵盖了国家层面和北京层面的老旧小区更新的专业信息。

（3）大众读者可通过各级标题及正文中的红色概要、案例标题以及书中的各组漫画来概要知晓老旧小区的相关工作。

两个索引方式：一个表格和一张图示
Two Indexing Systems: One Frame Table and One Overall Diagram

本书采用了一个框架表格和一张整治图示两个索引体系来组织全书内容。

（1）框架表格：本书就针对什么对象、实现哪些目标、开展哪类整治更新、涉及哪些项目、如何保障实施这些老旧小区的更新工作中的基本问题，将书中所涉及内容组织在一个框图之中，简明扼要地展现出本书的主要内容和基本结论。

（2）总体图示：本书将老旧小区综合整治所涉及的住宅本体和小区环境各分项内容，绘制在一张示意图中进行整体呈现，在书中第五、第六章，对这张图示中的分项内容逐一加以说明。

This book is aimed at professional readers and popular readers, including designers, builders and managers involved in the regeneration of the old urban residential areas , as well as the residents living in the old urban residential areas and the general public who cares about the old urban residential areas. It is hoped that the publication of this book could promote the popularization of urban planning and residential-related knowledge, and encourage all parties concerned to participate in improving the city's livable environment, so as to build our own beautiful home.

For different types of readers, this book has designed different reading guidelines:

(1) The beginning of each chapter outlines the content of the chapter so that all readers can quickly understand the major topics and conclusions of the chapter.

(2) Professional readers can get all the information on the regeneration of old residential areas through text, chart, case, technology and policy index, especially, the pool of the policies, regulations and technical specifications in the appendix covers the professional information of relevant old urban residential areas on the national level and Beijing city level.

(3) The popular readers can get an overview of the related work of the old urban residential areas through the headings at all levels and the red outline in the text, the summary of case characteristics and the groups of cartoons in the book.

This book adopts two indexing systems, a framework table and a overall diagram, to organize the contents of the book.

(1) Frame table: The book organizes the contents in a framework table, which shows the main contents and basic conclusions of the book in a concise manner, regarding the basic issues of project objects, goals to achieve, regeneration to carry out, the projects to be involved, and the implementation of the renewal work in the old urban residential area.

(2) Overall diagram: The book presents the residential body and the community environment involved in the comprehensive renovation of the old urban residential area in a diagram, and the sub-components in this diagram are illustrated further in Chapter 5 and 6.

This book systematically compares the typical residential development projects and the representative regeneration projects in Beijing after the founding of the People's Republic of China, as well as the laws, regulations, policies, and technical standards of Beijing's old communities as of the time of publication of this book, which are presented in Appendix 1, Appendix 2 and Appendix 3.

两类信息目录：典型项目和政策法规技术标准
Two Directories: Typical Projects and Laws/Regulations/Policies/Technical Standards

本书系统梳理中华人民共和国成立后北京住区住宅发展历程中的典型项目和老旧小区更新的典型项目，以及到本书出版时间为止的北京老旧小区政策法规和技术标准，通过附录 1、附录 2 和附录 3 加以呈现。

框架表格
Frame Table

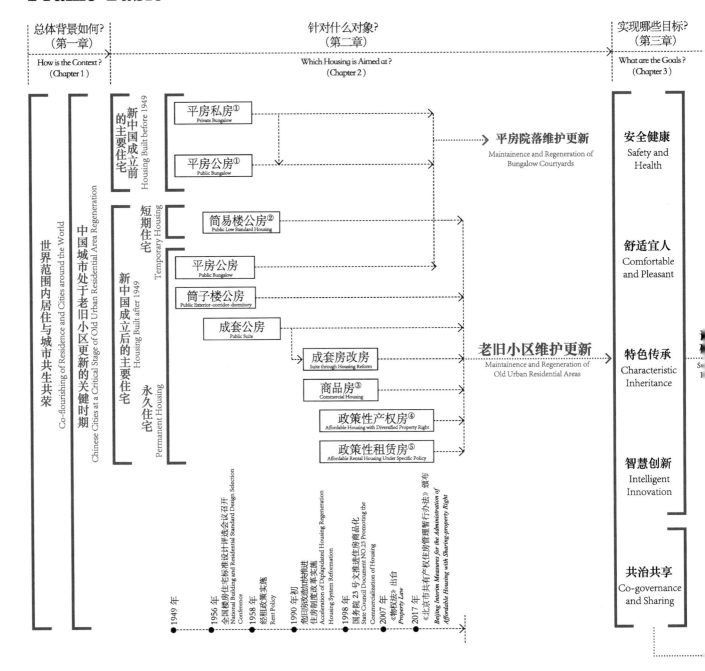

①平房包含平房区内的少量低层住宅。
②设计使用年限 20 年。
③主要包含别墅、高档公寓、普通商品房等。
④主要包含经济适用房、定向安置房、限价商品房、自住型商品房、共有产权房等。《北京市共有产权住房管理暂行办法》施行后，未销售的自住型商品房、限价商品房、经济适用房，以及政府收购的各类政策性住房再次销售的，均按该办法执行。
⑤主要包含廉租住房、公共租赁住房等。

开展哪类更新?
（第四章）

How to Regenerate ?
(Chapter 4)

涉及哪些项目?
（第五章、第六章）

What are the Specific Actions ?
(Chapter 5 - 6)

如何保障实施?
（第七章）

How to Guarantee ?
(Chapter 7)

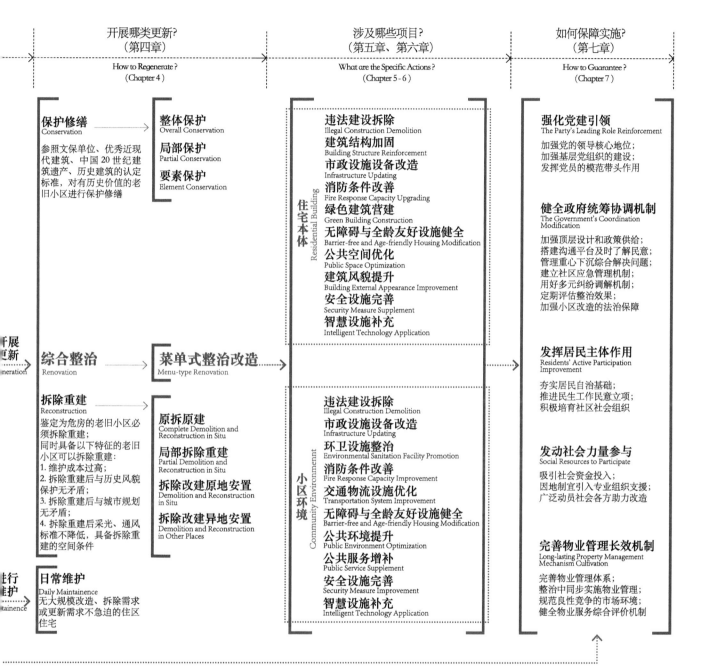

开展
更新

neration

进行
维护

tainence

保护修缮
Conservation

参照文保单位、优秀近现代建筑、中国 20 世纪建筑遗产、历史建筑的认定标准，对有历史价值的老旧小区进行保护修缮

综合整治
Renovation

拆除重建
Reconstruction

鉴定为危房的老旧小区必须拆除重建；
同时具备以下特征的老旧小区可以拆除重建：
1. 维护成本过高；
2. 拆除重建后与历史风貌保护无矛盾；
3. 拆除重建后与城市规划无矛盾；
4. 拆除重建后采光、通风标准不降低，具备拆除重建的空间条件

日常维护
Daily Maintainence
无大规模改造、拆除需求或更新需求不急迫的住区住宅

整体保护
Overall Conservation

局部保护
Partial Conservation

要素保护
Element Conservation

菜单式整治改造
Menu-type Renovation

原拆原建
Complete Demolition and Reconstruction in Situ

局部拆除重建
Partial Demolition and Reconstruction in Situ

拆除改建原地安置
Demolition and Reconstruction in Situ

拆除改建异地安置
Demolition and Reconstruction in Other Places

住宅本体
Residential Building

违法建设拆除
Illegal Construction Demolition
建筑结构加固
Building Structure Reinforcement
市政设施设备改造
Infrastructure Updating
消防条件改善
Fire Response Capacity Upgrading
绿色建筑营建
Green Building Construction
无障碍与全龄友好设施健全
Barrier-free and Age-friendly Housing Modification
公共空间优化
Public Space Optimization
建筑风貌提升
Building External Appearance Improvement
安全设施完善
Security Measure Supplement
智慧设施补充
Intelligent Technology Application

小区环境
Community Environment

违法建设拆除
Illegal Construction Demolition
市政设施设备改造
Infrastructure Updating
环卫设施整治
Environmental Sanitation Facility Promotion
消防条件改善
Fire Response Capacity Improvement
交通物流设施优化
Transportation System Improvement
无障碍与全龄友好设施健全
Barrier-free and Age-friendly Housing Modification
公共环境提升
Public Environment Optimization
公共服务增补
Public Service Supplement
安全设施完善
Security Measure Improvement
智慧设施补充
Intelligent Technology Application

强化党建引领
The Party's Leading Role Reinforcement

加强党的领导核心地位；
加强基层党组织的建设；
发挥党员的模范带头作用

健全政府统筹协调机制
The Government's Coordination Modification

加强顶层设计和政策供给；
搭建沟通平台及时了解民意；
管理重心下沉综合解决问题；
建立社区应急管理机制；
用好多元纠纷调解机制；
定期评估整治效果；
加强小区改造的法治保障

发挥居民主体作用
Residents' Active Participation Improvement

夯实居民自治基础；
推进民生工作民意立项；
积极培育社区社会组织

发动社会力量参与
Social Resources to Participate

吸引社会资金投入；
因地制宜引入专业组织支持；
广泛动员社会各方助力改造

完善物业管理长效机制
Long-lasting Property Management Mechanism Cultivation

完善物业管理体系；
整治中同步实施物业管理；
规范良性竞争的市场环境；
健全物业服务综合评价机制

总体图示
Overall Diagram

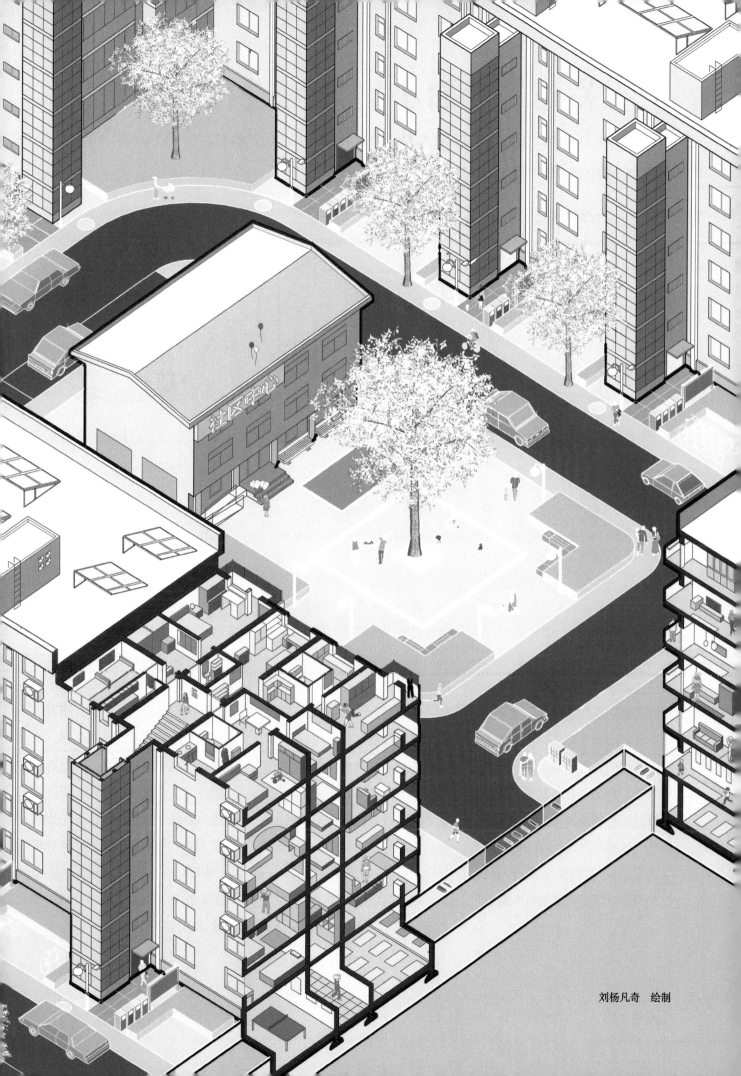

社区中心

刘杨凡奇　绘制

你所关心的老旧小区如何进行更新?

How to Regenerate the Old Urban Residential Areas You Are Concerning about ?

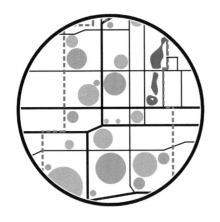

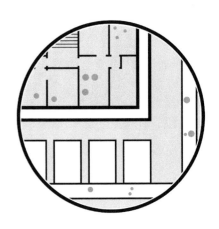

了解住区住宅的发展历史,界定老旧小区并知晓其更新需求

Understanding the history of residential community and housing, defining the old urban residential area and knowing its regeneration needs

查阅老旧小区更新的政策法规、技术标准和相关规划

Reading the relevant plans, technical specifications, policies and regulations of old urban residential area regeneration

判断老旧小区更新的分类实施途径

Judging the classified implementation of old urban residential area regeneration

　　新中国成立后,小区规划思想引入,住宅建设经历了预算标准、分配标准的摆动与多次调整,建造技术随着时代不断改进,产权制度随市场化进程发生变化。这些要素形成了不同时期的典型住区住宅的管理体系,以及其规划布局、户型设计、建筑材料、建造技术等物质环境方面的典型特征。这些具有时代印记的住区住宅,决定了如何界定老旧小区,以及老旧小区是否及如何更新。

　　老旧小区的更新需遵循现有法规政策、相关规划和技术标准。

　　法规政策部分主要涉及国家层面和北京市层面的法规政策。相关规划部分涉及国民经济社会发展规划、城市总体规划、控制性详细规划、历史文化保护规划等。技术标准部分包含与居住区及住宅的设计改造相关的国家标准、地区标准、行业标准、技术导则、设计导则等。

　　这些文件设定了老旧小区更新的价值取向和具体实施管理。

　　自建成之日起,住区住宅就处于不断的性能衰退中,而住区住宅的安全性、节能性以及宜居性的标准又在不断提高,因此住区住宅在运营过程中或近或远地面临着维护需求。总体来说,依据住区住宅本身特点,在更新预期目标、产权者投入意愿及投入能力的综合权衡之下,有保护修缮、综合整治、拆除重建和日常维护等分类别的实施途径。本书主要针对占比最大的综合整治部分开展详细说明。

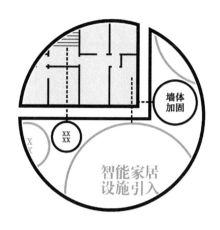

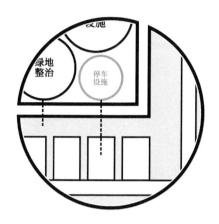

明确住宅建筑本体综合整治的类别、具体做法和典型案例

Identifying the categories, specific practices and typical cases of renovation of urban residential building

明确小区公共环境综合整治的类别、具体做法和典型案例

Identifying the categories, specific practices and typical cases of renovation of community environment

完善老旧小区更新的实施保障机制

Improving the implementation guarantee mechanism of old urban residential area regeneration

住宅建筑本体的综合整治包括安全隐患排除、基本功能保障和居住高品质塑造三个方面。安全隐患排除体现在违法建设拆除、建筑结构加固、群租清理；基本功能保障体现在市政设施设备改造、消防条件改善、无障碍与全龄友好设施健全、公共空间优化等方面；居住高品质塑造体现在建筑风貌提升、绿色建筑营建、安全设施完善、智慧设施补充等方面。共计10大类、37小类，包含了实施内容和典型案例等内容。

小区公共环境的综合整治包括了安全隐患排除、基本功能保障和居住高品质塑造三个方面。安全隐患排除体现在违法建设拆除上；基本功能保障体现在市政设施设备改造、环卫设施整治、消防条件改善、交通物流设施优化、无障碍与全龄友好设施健全、公共环境提升等方面；居住高品质体现在公共服务增补、安全设施完善、智慧设施补充等。共计10大类、41小类，包含了实施内容和典型案例等内容。

老旧小区的更新工作开展需建立"共建、共治、共享"的实施保障机制，其中包括强化党建引领；健全政府统筹协调机制，发挥主导职责，加强全过程指导和监督、搭建平台、定期评估、应急兜底和健全调解机制；发挥居民主体作用，加强居民自治和自身组织提升；发动社会力量参与，吸引社会资金和社会组织投身老旧小区更新；完善物业管理长效机制。

第一章

居住与城市

Residence Vs. City

居住是城市的基本功能: 居住一直是城市最基本最重要的功能之一,占据相当数量的城市空间。早期的城市居住回应地理环境、人文传统,形成了若干具备典型地域特征的居住空间。近现代以来城市快速发展带来居住方式的巨大变革,新的居住建筑和住区规划思想涌现,深刻影响了城市的发展。在未来发展中,城市将更加追求宜居环境。

老旧住区住宅的更新与城市共荣共生: 城市功能和其依托的物质环境不断演进,其中老旧住区住宅的更新一直伴随着城市的发展,从早期的自我维护、工业化进程后的大规模拆除重建到当前多样化的更新维护,与城市共荣共生。

中国城市进入老旧小区更新的关键时期: 中国住宅供应经历了不同的发展阶段,当前中国城市正处在由增量发展转向存量更新的过程中,面临老旧小区更新的关键时期,从国家层面到各个城市正在积极探索之中。

中国城市老旧小区更新面临的主要问题: 面临着物质环境老化、产权复杂和管理缺位、经济可持续发展模式尚待探索等主要问题。

北京老旧小区更新研究的目的: 回顾历史、科学分析老旧小区的更新需求,系统梳理形成分类策略,分项整理住宅本体和小区环境综合整治工作,选取典型案例,总结经验提供参考。

Residence is the basic function of cities: Residence has always been one of the fundamental urban functions, occupying a considerable amount of urban space. Early urban dwelling responded to the geographical environment and cultural traditions, formed a number of dwelling spaces with typical regional characteristics. The rapid development of cities since modern times has brought about tremendous changes in the way of living, and the emergence of new residential buildings and residential planning ideas, which have profoundly affected the development of the city. In the future development, cities will pursue more livable environments.

Regeneration of old settlements and urban co-prosperity: The functions of a city and the physical environment on which it is based are constantly evolving, and the regeneration of old settlements has always accompanied the development of the city, from self-maintenance in the early days, large-scale demolition and reconstruction after the industrialization process to the current diversified renewal and maintenance, co-prosperity and symbiosis with the city.

A critical moment for Chinese urban development entering the stage of old urban area regeneration: China's residential supply has gone through different stages of development, and Chinese cities are currently in the process of shifting from incremental development to the stock renewal, facing a critical period of old urban residential area regeneration, which is being actively explored from the national level to individual cities.

Key issues in the regeneration of Chinese old urban residential areas: aging physical environment, complex property rights and lack of management, and economically sustainable development models yet to be explored.

The main objectives of the research on the regeneration of old urban residential areas in Beijing: to review the history, scientifically analyze the regeneration needs of old urban residential areas, systematically sort out and form a classification strategy, organize the work of comprehensive improvement of the residential body and community environment by items, select typical cases, and summarize experiences for reference.

图 1-1

图 1-2

居住是城市的基本功能
1. Living as the Fundamental Urban Function

居住的历史伴随着人类和城市发展的历史。居住是城市最基本最重要的功能之一，与每个城市居民息息相关。城市中有着多样化的居住方式，承载这些居住功能的住区住宅，在不同的发展阶段之中，都是城市空间中不可或缺的构成。

居住空间一直在城市空间中占据着主导地位，是城市形态的基本底色。早期城市中，除宫殿寺庙、衙署学堂等公共功能的建筑和地区外，大多数的城市空间往往为住区住宅。近现代城市功能不断拓展，新的用地和空间不断出现并增长，但居住用地和居住空间始终是城市最重要的构成。

居住空间形态是城市文化的体现。早期的传统民居群落通常会成为其所在城市的典型标识，例如北京城中的四合院、重庆山地上的吊脚楼、威尼斯水道边的滨水住宅等。随着现代主义在全球范围内的兴起，马赛公寓和流水别墅等住宅项目成为光彩熠熠的标志性建筑。此外，一些自发形成的居住群落，如中国香港的九龙城寨、巴西里约的贫民窟等，也因其鲜明特征予人深刻印象，甚至成为文学艺术作品、电影、绘画中的典型场景广为流传，例如九龙城寨屡屡出现在《银翼杀手》《功夫》《变形金刚 4》《生化危机 6》等电影中。

图 1-1 北京市雨儿胡同 13 号院四合院
Figure 1-1 No.13 Courtyard in Beijing Yu'er Hutong
图片来源：北京市规划和自然资源委员会网站
图 1-2 美国佛罗里达州滨海城
Figure 1-2 Seaside City in Florida，US
图片来源：https：//seaside.library.nd.edu/essays/the-plan
图 1-3 中国香港九龙城寨
Figure 1-3 Kowloon City in Hong Kong
图片来源：築·跡 — 香港建筑展

图 1-4

图 1-5

5000 米

图例
居住用地
其他建设用地
绿地
水域

图 1-6

图 1-4 北京中心城区居住用地分布
Figure 1-4 Spatial Distribution of Residential Land in Central Beijing
图片来源：《北京城市总体规划（2016 年—2035 年）》，在原图
基础上绘制

图 1-5 美国华盛顿特区居住用地分布
Figure 1-5 Spatial Distribution of Residential Land in Washington DC，US
图片来源：http://www.dcgrassrootsplanning.org/maps/，在原图基础
上绘制

图 1-6 德国柏林中心城区居住用地分布
Figure 1-6 Spatial Distribution of Residential Land in Berlin，Germany
图片来源：https://www.stadtentwicklung.berlin.de/planen/fnp/pix/fnp/fnp_ak_
jan_2021.pdf，在原图基础上绘制

早期城市
居住模式与空间特征的多元丰富
Diversity of Living Pattern and Spatial Characteristics in Early Cities

早期传统城市中，经过较长时间积淀稳定而成的传统民居构成了城市的肌理本底，具有鲜明的地域文化特征，回应着不同地域的自然特征，体现着不同文化的价值理念，各具特色。

雅典庭院式住宅　雅典背山面海，城市布局不规则，中心是卫城，周边分布着大量的居住地区。民居相对朴素，贫富住宅混杂，仅在用地大小与住宅质量上稍有差别。希腊的气候决定了防御冷热和潮湿是住宅建设中非常重要的因素。住宅多采用列柱中庭，不同功能的房屋围绕中庭布局，屋顶开口使得火烟能排出室内，屋顶斜坡可收集雨水。

北京四合院　北京城历经元明清的发展，形成了以街道和胡同为骨架的方整城市格局，大量的四合院镶嵌其间，形成了北京独特的城市肌理。四合院成为人们居住的主要单元，以四面房屋围合院落，以单进院落或者多进院落形成一个家庭的居住空间。

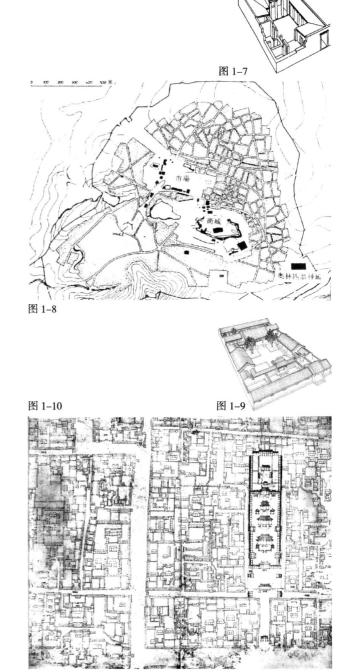

图 1-7

图 1-8

图 1-10　　　　图 1-9

图 1-7 希腊传统住宅
Figure 1-7 Traditional Greek House Peristyl
图片来源：张汀，张玉坤，王丙辰. 古希腊与古罗马传统民居建筑中的庭院探析 [J]. 山东建筑工程学院学报，2004（01）：36-39
图 1-8 公元前 5 世纪下半叶的雅典城市平面
Figure 1-8 Athens City Plan in Later 5th Century BC
图片来源：沈玉麟. 外国城市建设史 [M]. 北京：中国建筑工业出版社，2000

图 1-9 北京四合院
Figure 1-9 Beijing Courtyard
图片来源：贾珺. 北京四合院 [M]. 北京：清华大学出版社，2009
图 1-10 北京隆福寺地区的胡同四合院
Figure 1-10 Hutongs and Courtyards in Longfusi District，Beijing
图片来源：清乾隆《京师全图》

近现代城市
工业化和城市化的突飞猛进带来居住形态的巨大变革

The Revolution of Living Pattern and Spatial Characteristics in Modern Cities during Dramatic Industrilization and Urbanization

始于 18 世纪中叶的工业革命推动了工业化和城市化进程，带来城市居住方式和居住建筑的急剧变化。大量人口涌进城市，在城市中寻求安身落脚之地。为解决居住短缺的问题，新的居住地区与居住建筑不断出现。现代城市规划的起源，与这一时期为解决过度拥挤的居住所带来的公共卫生安全问题紧密关联。

集中式居住的供给 集中式住宅的建设是伴随着住房短缺问题的解决应运而生的。曾有文字记载早在 17 世纪中期英国伦敦商人就为了尽可能多地盖房屋，采用了紧密排列的集合住宅形式①。为解决工业革命后大量工人的居住问题，19 世纪上半叶英国城市中为工人阶层建设了大量的集中式住宅，采用连续的通透式住宅以及规则的行列式布局②，保障通风采光等居住环境品质的同时提升了居住供给的效率；这成为日后住宅单元和住区的雏形。

居住从私人事务转向公共事务 1851 年英国出台的《工人阶级住房法令》和《公共住房法令》，标志着居住从私人事务转向公共事务，集中式居住供给模式的出现，使其区别于传统民居。

伴随着工业化和城市化进程中城市和居住模式的演进，一系列新的居住区规划思想涌现，对此后的城市发展和空间布局产生了深远的影响。

田园城市 英国学者埃比尼泽·霍华德（Ebenezer Howard）的田园城市提供了新的城市建设及居住方式。在 1898 年出版的《明日：一条通向真正改革的和平道路》（*To-morrow: A Peaceful Path to Real Reform*）一书中，霍华德提出一种兼有城市和乡村优点的理想城市，他称之为"田园城市"。在理想的田园城市模型中，位于农业田园之间的城市居住 3 万人，5000 人左右形成一个"区"（wards），每个区包含了地方性的商店、学校和其他服务设施，这可被视作为社区、邻里单位思想的萌芽。居民可以方便到达城市周边的农田和自然环境，把便捷的城市生活和优美的乡村环境结合在一起。距英国伦敦 56 公里的莱奇沃思（Letchworth）是第一个实践的田园城市案例，韦林（Welwyn）是第二个案例，也是英国新市镇建设的先行者。

---

①伦敦商人的做法是："把土地划成街道和小房子的宅基地，然后把土地出售给工人，按沿街每一英尺多少钱计算，剩下没有卖出的土地上，他就自己盖房子。这样做土地可以作为抵押品使土地租金增高。……伦敦建起来许许多多这类密集的住房"。
参见：[美]刘易斯·芒福德著.城市发展史——起源、演变和前景[M].宋峻岭，倪文彦 译.北京：中国建筑工业出版社，2005

②早期背靠背（back-to-back）住宅，即两套住宅后墙对后墙靠在一起，并可连续多个单元形成一排住宅。这样的布局方式充分体现了经济性：节约用地以提供更多的住宅单元，且每个住宅单元有三面与其他住宅共用墙面，节省建筑材料，此外规则的房间布局也使得建设工期缩短。背靠背住宅适应了英国工业革命期间对住宅的大量需求，得以大量建设。但由于在朝向和通风上的先天缺陷使其最终被淘汰，取而代之的是通透式住宅，即每个住宅单元拥有完整的进深，使得采光通风条件得以根本改善，并可以在房屋进深上有着更加灵活的安排。

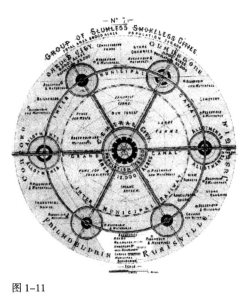

图 1-11　　　　　　　　　　　　图 1-13 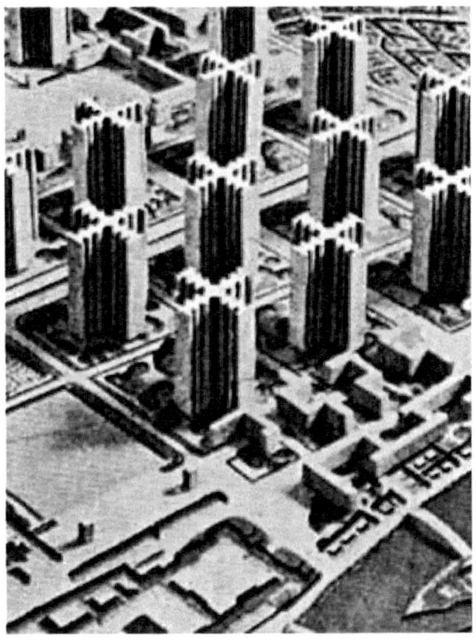　　　　　　　　　　　图 1-14

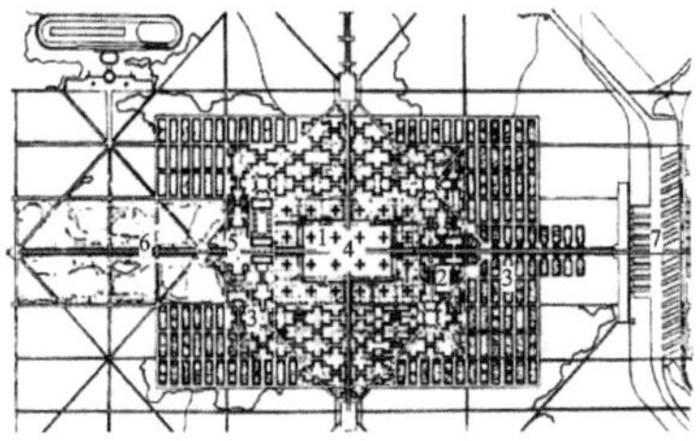

　　光明城市　法国建筑师勒·柯布西耶（Le Corbusier）的"光明城市"提供了另一类居住方式，即在注重社区邻里构成和人车分流的基础上，以中高层住宅容纳更多的居民，提供更多的开放空间和阳光绿化。在 1933 年出版的《光明城市》（*La Ville Radieuse*）一书中，柯布西耶描绘了有别于传统城市的"光明城市"面貌。其中，12～15 层高的居住楼蜿蜒围合形成居住区，以 2700 人为一组形成若干居住单元。在每个居住单元中，配置社区中心、托儿所和幼儿园、小学、公共活动场所等公共服务设施。停车场和垂直交通电梯位于居住单元的中心，服务周边居民。立体的人车分流体系在光明城市的居住区中得以应用：居住楼的底层架空，全部留给行人。光明城市中的新居住方式以及点状高层办公商业楼、网格分布的高速公路，确立了现代主义高密度城市

的基本模式。柯布西耶将光明城市运用在巴黎的城市规划设想中。相对于巴黎传统公寓楼的"走廊式街道"方式（公寓一面朝向街道，一面朝向内院，无法拓展），光明城市中典型居住公寓有着更多的阳光和空间，人被重新置于自然环境之中。

　　在实践层面，1952 年于法国马赛市郊建成的被称为"马赛公寓"（Unité d' Habitation）的居住大楼，开创了高层居住的新模式。大楼有 18 层，23 个不同居住单元，大部分居住单元采用跃层式布局，内部有独立楼梯联系上下。每 3 层设 1 条公共走廊，节约交通面积。

　　邻里单位　"邻里单位"作为一种新的居住区规划理论在工业化时期开始兴起。工业化进程中小汽车的广泛使用改变了城市交通主导方式。1929年美国社会学家克拉伦斯·佩里（Clarence Perry）

图 1-11 霍华德的田园城市
Figure 1-11　Garden City Proposal by Ebenezer Howard
图片来源：[英]埃比尼泽·霍华德著.明日的田园城市 [M].金经元译.北京：商务印书馆，2010
图 1-12 田园城市实践—英国小镇莱奇沃思的规划
Figure 1-12　the Plan of Letchworth，the First Garden City in UK
图片来源：维基百科网站
图 1-13 勒·柯布西耶的光明城市设想
Figure 1-13　The Light City by Le Corbusier
图片来源：[瑞士]W·博奥席耶编著.勒·柯布西耶全集　第 2 卷 [M].牛燕芳，程超译.北京：中国建筑工业出版社，2005

图 1-14 光明城市规划在巴黎的应用设想
Figure 1-14　The Light City Plan Proposal in Paris
图片来源：[瑞士]W·博奥席耶编著.勒·柯布西耶全集　第 2 卷 [M].牛燕芳，程超译.北京：中国建筑工业出版社，2005

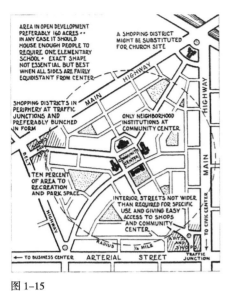
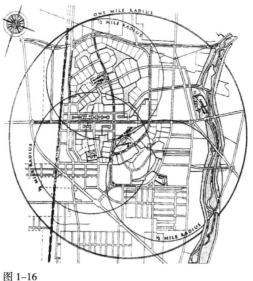
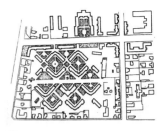

图 1-17

图 1-15　　　　　　　　图 1-16　　　　　　　　图 1-18

在其出版的论著《邻里与社区规划》（*Neighborhood and Community Planning*）中提出了"邻里单位"理论，并由建筑师斯坦（Clarence Stein）确立了邻里单位的图示。这一图示首先考虑小学生上学不穿越马路，以小学为圆心、1/2 英里（800 米左右）为半径设立邻里单位。邻里是城市居住空间的基本单元，小学及公共服务设施位于邻里中心，城市主要交通干道形成边界，快速交通不得穿越邻里单位内部，以保障居住内部的安全。尽管佩里提供了邻里单位的多种实施形态，比如多层公寓楼，但在美国语境下，该理论的主角始终是独栋家庭住宅。

美国新泽西州的雷德朋（Radburn）被视作是继承了田园城市传统，对"邻里单位"理论有所贡献的经典案例。1928 年设计的雷德朋新城中由城市机动车干道围合形成"大街坊"，创立了人行与汽车交通完全分隔的做法，形成了雷德朋模式，并在一定程度上为苏联和中国公有制经济下的单位大院和居住区提供了蓝本。

苏式街坊　1920 年代，苏联在开始进行大规模住宅建设时，力求扩大建设规模和降低建设费用。修建包括住宅和服务型设施的大型居住建筑群成为住宅建设的特征，而周边式成为居住建筑群广为采纳的布局方式。1925 年建设的乌萨切夫卡工人村是一个典型案例，房屋围绕绿化庭院布局，庭院中布置了儿童游戏场地。这被认为是住宅建设的新形式，体现了社会主义体系的巨大优越性。1930~1950 年，斯大林"社会主义现实主义"时期的城市建设强调有强烈仪式感的巴洛克式街道，建筑沿周边布置，不但可取得很强的秩序感，而且有利于形成整齐的街道景观，因而成为住宅区的主流规划方式。

图 1-15 邻里单位的图示
Figure 1-15 Neighborhood Unit Diagram
图片来源：PERRY C S. Regional survey of New York and its environs Volume Ⅶ：Neighborhood and community planning Monograph Ⅰ：The neighborhood unit[M]. New York: Regional Plan of New York and its Environs, 1929
图 1-16 雷德朋住区的邻里单元模式
Figure 1-16 The Neighborhood Unit Diagram in Radburn
图片来源：STEIN C S. Toward new towns for America[M]. New York: Reinhold, 1957

图 1-17 莫斯科沙博洛夫克街的住宅群总平面，1926~1928 年
Figure 1-17 Residential Area Plan in Moscow, 1926~1928
图片来源：[苏]博恰罗夫等著. 中国建筑学科研究院，教育情报部编. 苏联建筑艺术 1917~1987[M]. 王正夫，彩群等译. 哈尔滨：黑龙江科学技术出版社，1989
图 1-18 乌萨切夫卡工人村
Figure 1-18 Osachevka Worker Village in Russia
图片来源：https://archistorik.livejournal.com/22326.html

图 1-19 英国伦敦米尔班克住宅区工人住房（欧文·弗莱明设计，1897 年建设。1890 年成立的伦敦郡委员会依法兴建工人住房，米尔班克住宅区是工人住房的典型案例）
Figure 1-19 The London Mansion Block – Millbank Estate（Designed by the LCC's Architects Department under Owen Fleming，built in 1897）
图片来源：http：//studioackt.blogspot.com/2013/08/housing-as-city-making-london-mansion_4517.html

图 1-22 奥地利维也纳斯坦纳住宅（阿道夫·路斯设计，1910 年建设，去除了建筑装饰，展现了路斯提出的"装饰就是罪恶"，实践了"体积规划"观念，即内部组织的复杂体
Figure 1-22 Steiner House in Vienna，Austria（Designed by Adolf Loos，built in 1910）
图片来源：https：//en.wikipedia.org/wiki/Steiner_House

图 1-20 法国巴黎富兰克林路 25 号公寓建筑（奥古斯特·佩雷设计，1903 年建设，采用柱梁式混凝土结构）
Figure 1-20 Reinforced-concrete apartment building at 25 rue Benjamin Franklin，Paris（Designed by Auguste Perret，built in 1903）
图片来源：https：//en.wikipedia.org/wiki/Auguste_Perret

图 1-23 苏联纳科夫公寓（摩西·金兹堡设计，1928 年建设，2017 年修复。所有的居单元由上下两层室内空间构成，通过套内楼梯连接，每三层居住单元中间共享一条公走道兼活动长廊，采用混凝土框架结构，拥有屋顶花园和架空的底层）
Figure 1-23 Narkomfin Building in Russia（Designed by Moisei Ginzburg，built in 1928）
图片来源：衡寒宵.发展的分歧 柯布西耶与金兹堡对现代人居空间形态的构想及启示 时代建筑，2020（06）：6-11

图 1-24 意大利柯摩 Novocomum 住宅（朱塞佩·特拉尼设计，1928~1929 年建设，是意大利最早运用现代建筑语言的作品之一，采用钢筋混凝土结构，砖石材料填充，以悬阳台强调建筑的水平感）
Figure 1-24 Novocomum Apartment，Como，Italy（Designed by Giuseppe Terragni，built between 1928 and 1929）
图片来源：https：//divisare.com/projects/340156-giuseppe-terragni-burcin-yildirim-novocomum-apartment

图 1-21 西班牙巴塞罗那米拉公寓（安东尼·高迪设计，1906~1912 年建设，采用自由、有机的形式，应用框架承重体系）
Figure 1-21 Casa Milà in Barcelona，Catalonia，Spain（Designed by Antoni Gaudí，built between 1906 and 1912）
图片来源：https：//en.wikipedia.org/wiki/Casa_Mil%C3%A0

图 1-25 德国西门子城住宅区（汉斯·夏隆等设计，1929~1931 年建设。单体分别由 6 位建筑师设计，进行了多样尝试，是为 1.8 万户低收入家庭设计的中小型面积住宅）
Figure 1-25 Großsiedlung Siemensstadt in Berlin, Germany（Designed by Hans Scharoun, et al., built in 1929~1931）
图片来源：https://en.wikipedia.org/wiki/Gro%C3%9Fsiedlung_Siemensstadt

图 1-28 美国芝加哥湖滨大道 860~880 号（密斯·凡·德·罗设计，1951 年建设，使用钢、铝和玻璃，展现激进的极简主义）
Figure 1-28 860-880 Lake Shore Drive Apartments in the Streeterville Neighborhood of Chicago, Illinois, U.S.（Designed by Ludwig Mies van der Rohe, built in 1951）
图片来源：https://en.wikipedia.org/wiki/860%E2%80%9380_Lake_Shore_Drive_Apartments

图 1-26 英国伦敦高门地区的高点 1 住宅（卢贝特金设计，1935 年建设，建成后作为现代集合住宅形式的最佳范例而广为人知，成为形式和功能处理的样板）
Figure 1-26 The Highpoint I in Highgate, London, UK（Designed by Berthold Lubetkin, built in 1935）
图片来源：https://commons.wikimedia.org/wiki/Category：Highpoint_Apartments

图 1-29 德国柏林汉莎地区公寓建筑（阿尔瓦·阿尔托设计，1955 年建设，是为柏林"汉莎地区国际建筑展览会"设计的多层住宅，其中庭体现了为普通百姓服务的理念）
Figure 1-29 Hansaviertel Apartment House, Berlin, Germany（Designed by Alvar Aalto, built in 1955）
图片来源：https://hansaviertel.berlin/en/bauwerke/klopstockstrasse-30-32-alvar-aalto/；https://hiddenarchitecture.net/hansaviertel-apartment-house/

图 1-30 瑞士哈伦住宅区（五人工作室设计，1955~1961 年建设，强调结构秩序）
Figure 1-30 Siedlung Halen in Herrenschwanden, Switzerland（Designed by Atelier5, built between 1955 and 1961）
图片来源：https://www.myswitzerland.com/en-gb/experiences/halen-estate-a-milestone-of-modern-architecture/

图 1-27 法国马赛公寓（勒·柯布西耶设计，1947~1952 年建设，是现代主义大师柯布西耶着重公共住房系列计划的第一个项目，开创了高层居住的新模式，可容纳约 1600 名居民，大部分居住单元采用跃层式布局，每三层设一条公共走廊）
Figure 1-27 Unité d'Habitation in France（Designed by Le Corbusier, built between 1947 and 1952）
图片来源：https://www.archiposition.com/items/20190114104401

图 1-31 英国谢菲尔德公园山住宅（林恩及史密逊设计，1957~1961 年建设，是在第二次世界大战后贫民窟清理计划背景下，用现代长排楼房创造的高密度低收入住宅区，一个城市中相对独立的"集体小社会"）
Figure 1-31 Park Hill in Sheffield, South Yorkshire, England（Designed by Jack Lynn and Ivor Smith, built between 1957 and 1961）
图片来源：https://en.wikipedia.org/wiki/Park_Hill,_Sheffield

图 1-34 西班牙卡尔佩 Xanadu 住宅（里卡多·波菲尔设计，1968 年建成，是一座俯瞰地中海的 18 层公寓楼，采用传统的加泰罗尼亚建筑风格，并融合现代建筑理念）
Figure 1-34 Xanadu in Calp, Spain（Designed by Ricardo Bofill Taller de Arquitectura, completed in 1968）
图片来源：https://en.wikipedia.org/wiki/Xanadu_（Calp）

图 1-32 英国巴比肯屋村（张伯伦、鲍威尔与本恩公司设计，1965~1976 年建设，是英国粗野主义建筑的代表作之一。整个建筑群除了高层和多层居住用房外，还包括学校、博物馆、青年会设施、消防站、诊所、音乐学院、图书馆、美术馆和大型表演艺术场所）
Figure 1-32 Barbican Estate, UK（Designed by Chamberlin, Powell and Bon, built in 1965~1976）
图片来源：https://en.wikipedia.org/wiki/Barbican_Estate

图 1-35 日本东京胶囊公寓（黑川纪章设计，1971 年建设，是日本建筑界代谢运动的代表作品，共包含 140 块预铸建筑模块，每个独立单位可以独立更换）
Figure 1-35 Nakagin Capsule Tower in Tokyo, Japan（Designed by Kisho Kurokawa, built in 1971）
图片来源：https://ja.wikipedia.org/wiki/%E4%B8%AD%E9%8A%80%E3%82%AB%E3%83%97%E3%82%BB%E3%83%AB%E3%82%BF%E3%83%AF%E3%83%BC%E3%83%93%E3%83%AB

图 1-33 加拿大蒙特利尔栖息地 67（摩西·萨夫迪设计，为 1967 年世界博览会设计，属粗野主义建筑，由 354 个相同的水泥预制构件组装而成，共 12 层、146 个房间）
Figure 1-33 HABITAT 67 in Montreal, Quebec, Canada（Designed by Moshe Safdie, built as a pavilion for Expo 67）
图片来源：https://en.wikipedia.org/wiki/Habitat_67

图 1-36 日本六甲集合住宅（安藤忠雄设计，一期建设于 1978~1983 年，是安藤忠雄获普立兹克奖的重要案例，顺应山势，将现代高层建筑呈梯状排布）
Figure 1-36 Rokko Housing, Japan（Designed by Tadao Ando, phase I built between 1978 and 1983）
图片来源：https://xtech.nikkei.com/kn/atcl/bldcolumn/15/00036/111600008/

图 1-37 印度孟买干城章嘉公寓大楼（查尔斯·柯里亚设计，1983 年建设，是对现代文化、不断加剧的城市化以及当地气候的直接回应，具有很强的西方现代公寓楼特征，而花园露台公寓实际上是对传统印度平房特征的现代诠释）
Figure 1-37 Kanchanjunga Apartments in Mumbai India（Designed by Charles Correa，built in 1983）
图片来源：Pagnotta, Brian. "AD 经典：干城章嘉公寓大楼 " [AD Classics：Kanchanjunga Apartments / Charles Correa] 04 1 月 2015. ArchDaily.（Trans. 杨眞）Accesed 20 7 月 2021.

图 1-40 英国伦敦格林威治千年村（拉尔夫·厄斯金设计，1999 年建成，棕地再生项目，运用低能耗技术和再生能源技术，20% 住宅单元为保障房）
Figure 1-40 Greenwich Millennium Village in London，England（Designed by Ralph Erskine，completed in 1999）
图片来源：https：//en.wikipedia.org/wiki/Greenwich_Millennium_Village

图 1-38 德国柏林 IBA 社会住宅（彼得·埃森曼设计，1981~1985 年建设，解构主义的代表作品）
Figure 1-38 IBA Social Housing in Berlin，West Germany（Designed by Peter Eisenman，built between 1981 and 1985）
图片来源：https：//eisenmanarchitects.com/IBA-Social-Housing-1985

图 1-41 荷兰阿姆斯特丹鲸鱼住宅（de Architekten Cie 设计，1995~2000 年建设，是地标性的集合住宅，通过抬高建筑对传统的封闭式体块进行改造，公共空间从下面穿过，功能包括公寓、办公和零售空间，在街区内部还有一个由 West 8 设计的私人花园）
Figure 1-41 The Whale，a Residential Block in Amsterdam，Netherlands（Designed by de Architekten Cie，built between 1995 and 2000）
图片来源：https：//cie.nl/the-whale?lang=en

图 1-39 德国柏林西里西亚门住宅（阿尔瓦罗·西扎设计，1984 年建成，旨在重建城市肌理，用七层转角楼恢复被战争摧毁的街角。这是西扎在葡萄牙之外的第一个建成作品。项目参加柏林 1987 年的世界建筑节）
Figure 1-39 "Bonjour Tristesse" Apartments in Berlin，Germany（Designed by Alvaro Siza Vieira，completed in 1984）
图片来源：https：//en.wikipedia.org/wiki/%C3%81lvaro_Siza_Vieira

图 1-42 智利 Villa Verde 社会住宅（亚历杭德罗·阿拉维纳设计，2010 年建设，提供给居民刚好满足智利法律要求的低收入住房，居民自行扩建剩余部分）
Figure 1-42 Villa Verde Housing，Social Housing in Constitución，Chile（Designed by Alejandro Aravena，built in 2010）
图片来源："Villa Verde Housing / ELEMENTAL" 13 Nov 2013. ArchDaily. Accessed 20 Jul 2021. <https://www.archdaily.com/447381/villa-verde-housing-elemental> ISSN 0719-8884

图 1-43

图 1-44

图 1-45

当代城市
居住方式更加多样化、智能化和生态化
Pursing for Diversified, Intelligent and Ecological Living in Contemporary Cities

20 世纪中期后开启的全球化进程和后工业化进程中，社会经济演变带来了新的居住需求。

居住需求的进一步多元化 家庭规模和构成显著变化，不断变小的平均家庭人口规模以及细分的居住需求使得小面积住宅、青年共享公寓等新型居住方式方兴未艾。可持续发展理念和新技术应用使得面向未来的居住方式探索广泛兴起。

智能化和生态化居住的积极探索 信息技术的迅猛发展推动了智能家居的发展，远程工作与线上线下服务的结合模糊了居住、工作、休闲等不同功能的空间边界，多用途生活工作空间逐渐产生。与此同时，生态化居住空间的营造也在不断探索。意大利博埃里事务所（Boeri Studio）2014 年在米兰设计的 Bosco Verticle 塔楼住宅，探索了垂直绿化与居住的结合，获得了众多的高层建筑奖项。此外，阿布扎比零碳城市马斯达（Masdar City）中的集合住宅、日本未来智慧城市编织城市（Woven City）中的绿色智能住宅、多伦多滨水智慧社区等，都在积极探讨尝试面向未来的居住模式与居住空间。

图 1-43 阿布扎比零碳城市马斯达中的居住场景
Figure 1-43 Ecological House in Masdar City
图片来源：https：//masdar.ae/en/forasustainablefuture?utm_source=googleutm_medium=paid_searchutm_campaign=Masdar_FASF_SEM_April-2021_EN
图 1-44 日本编织城市中的智慧生态居住场景
Figure 1-44 Ecological and Smart Living Situation in Woven City
图片来源：https：//www.woven-city.global

图 1-45 米兰垂直森林项目
Figure 1-45 Bosco Verticale Project in Milan
Deutschen Architekturmuseums 为该项目颁发了国际高层建筑奖（2014 年），它被高层建筑和城市人居委员会（CTBUH）评选为"世界上最棒的高层建筑"（2015 年）
文字和图片来源：Moreira，Susanna. "垂直绿化对城市景观的影响" [Verticalização verde: impactos no nível do solo e na paisagem urbana] 11 3月 2021. ArchDaily.（Trans. Milly Mo）Accesed 23 6月 2021. < https：//www.archdaily.cn/cn/958233/chui-zhi-lu-hua-dui-cheng-shi-jing-guan-de-ying-xiang>

老旧住区住宅更新与城市发展共荣共生
2. Co-flourishing of Old Urban Residential Area Regeneration and Urban Development

城市老旧住区住宅更新：从大拆大建、有机更新到街区复兴
Urban Residential Area Regeneration : from Redevelopment, Organic Renewal to Renaissance

　　城市发展伴随持续的城市更新。人们的生产生活方式在不断变迁，对居住的要求也在不断改变，作为承载居住方式的物质环境，住区住宅也在持续回应上述要求。一些住区住宅在漫漫历史长河中仍得以保留延续，如传承百年乃至千年的传统民居地区、贯穿百年工业化进程的工厂居住区等；一些住区住宅则被拆除重建，原来的地区转变成为新的居住区或者其他的城市功能地区，或者局部改建加建以适应新的居住要求。住区住宅规划建设的模式理念、建造技术、材料工艺等在漫长的过程中不断演替变化。

　　现代建筑之死——美国圣路易斯市普鲁特艾格住房项目的建设和拆除　美国自 20 世纪 40 年代开始实施贫民窟改造，1949 年的"住房法"（Housing Act）启动了重塑美国城市的"市区重建计划"（Urban Renewal Program），清理贫民窟，将清理出来的土地出售给私人开发商用于建设中产阶级住宅和商业开发。首个开展市区重建计划的大城市匹兹堡老城地区多半被拆除，改建为公园、办公楼、体育场。

波士顿几乎 1/3 的旧城中心区被拆毁重建。但在城市中心区环境面貌得以改善的同时，也破坏了原有社会网络，使得贫困居民无家可归，一些珍贵的城市历史文化资源也在此过程中被拆除。

　　在"市区重建计划"中，美国密苏里州圣路易斯市的普鲁特艾格住房项目（Pruitt-Igoe）是一个广受批评的典型案例。1950 年，圣路易斯市运用《住房法案》联邦资金，通过一个包含 5800 套保障性住房的巨型小区建设，来清除 DeSoto-Carr 贫民窟并进行再开发，预期成为"密西西比河上的曼哈顿"。这组现代主义风格的塔楼住宅群，深受柯布西耶的"光明城市"概念的启发。但是在当时根深蒂固的种族思想背景下，再加上混乱的住房政策，这组被寄希望于以理性建筑设计战胜贫穷和社会弊病的代表作，最终经历了二十多年的混乱之后，整个小区于 1972~1977 年被拆除。广为流传的是建筑评论家查尔斯·詹克思（Charles Jencks）的说法："1972 年 7 月 15 日下午 3 点 32 分，现代主义建筑死于密苏里州圣路易斯市。"

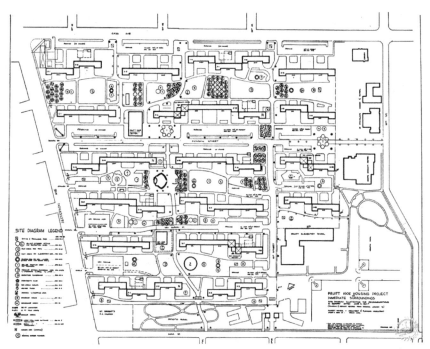

图 1-46（a）

老城有机更新——北京菊儿胡同　在反思的基础上，注重保护原有特色，注重促进社区发展的老旧住区住宅更新模式在欧美城市开始兴起，物质环境的更新以保留原有建筑为主，加以改造提升以促进环境的改善。同时，多方参与的社区营造成为老旧住区住宅更新中的重要内容，其实施积极地促进了地区复兴。

吴良镛先生主持的北京菊儿胡同住宅更新项目探索了一种新的四合院住宅模式。菊儿胡同位于北京东城区一个典型的内城街区，中华人民共和国成立之后老城地区人口持续增长，院落内搭建日益增加，经过 30 年，原来的四合院已经变成了大杂院，

院内住户众多，私搭乱建严重，房屋缺乏维护，整体居住品质较差。菊儿胡同项目是从 1979 年开始探讨小规模、渐进式的有机更新，于 1988 年付诸实践。在这个街区复兴项目中，设计、规划和发展创造了一种新的改造方式：采用四合院的空间模式设计新的合院住宅，以 3~4 层的围合式住宅组群形成新的院落环境，保留了原有树木和原有居民，居民生活环境得以显著改善，住宅管理改革得以更好地实施，现代生活需求与传统文化延续能在这一历史地区得到整合。

1992 年，菊儿胡同获亚洲建筑师协会金质奖章，1993 年获得联合国"世界人居奖"。

图 1-46　现代建筑之死——美国圣路易斯市普鲁特艾格住房项目的建设和拆除

（a）总平面图；（b）项目鸟瞰；（c）拆除时情景

Figure 1-46　Modern Architecture Died, the Construction and Demolishment of Pruitt-Igoe House Project in St. Louis, US

文字和图片来源：Fiederer, Luke. "AD 经典：普鲁特艾格住房项目 / 山崎实" 12 1 月 2018. ArchDaily.（Trans. 韩双羽）Accesed 22 10 月 2021. <https://www.archdaily.cn/cn/886845/ad-jing-dian-pu-lu-te-ai-ge-zhu-fang-xiang-mu-shan-qi-shi>

图1-47（a）　图1-47（b）

　　建筑巧妙干预——法国波尔多社会住宅（**Grand Parc Bordeaux**）**改造**　法国波尔多社会住宅楼改造获得2019年欧洲密斯凡德罗奖（Mies van der Rohe Award），主持该项目的两位法国建筑师安妮·拉卡顿（Anne Lacaton）和让-菲利普·瓦萨尔（Jean-Philippe Vassal）获得2021年普利兹克奖（The Pritzker Architecture Prize）。波尔多社会住宅改造项目的基本主张是"永不拆除、移除或替换，以添加、改造与再利用为前提"（Never demolish, never remove or replace, always add, transform and reuse）。住宅楼没有被夷为平地或重建，取代外立面的是增添外层"冬季花园"与露天阳台，住户原先狭窄的小窗由大型玻璃推门替代，而扩建部分均由预制模板制作完成，随后通过起重机安装就位。翻修后的大楼立面使得住宅内部更加明亮，增加了更多的户外空间。这个项目包括530间公寓，涵盖3个住宅区，被称赞为"从根本上改善了居住者的空间和生活质量"，并优化了他们的经济和环境生活成本，其借鉴意义有助于为欧洲战后社会住房区的普遍困境提供参考。

图1-47 菊儿胡同项目改造前后
（a）改造前；（b）改造后，远处为钟鼓楼
Figure 1-47　Ju'er Hutong Residential Project Before and After the Regenaration
图片来源：清华大学建筑学院提供

图 1-48 法国波尔多社会住宅改造

Figure 1-48 Grand Parc Bordeaux Renewal Project

（a）改造过程中；（b）改造完成后；

（c）（d），（e）（f），（g）（h），（i）（j）改造前和改造后对比；

（k）（l）扩建部分——每间公寓拥有"冬季花园"与露天阳台；

（m）扩建部分示意

文字和图片来源：Niall Patrick Walsh. "Grand Parc Bordeaux Wins 2019 EU Prize for Contemporary Architecture – Mies van der Rohe Award" 11 May 2019. ArchDaily. Accessed 22 Dec 2021. <https://www.archdaily.com/914806/grand-parc-bordeaux-wins-2019-eu-prize-for-contemporary-architecture-mies-van-der-rohe-award> ISSN 0719-8884

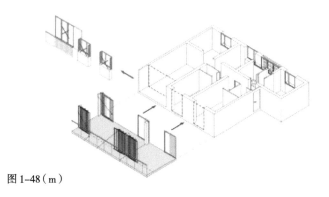

图 1-48（m）

长效维护机制的不断探索

Continuous Exploration of Long Term Maintenance Mechanism

在世界范围内，相当数量的国家和城市建立了住区住宅的更新维护机制[①]。产权所属不同使得老旧住区住宅更新的实施机制也有所不同。私有权属的住区住宅由产权方进行维护，在政府的管理法规要求下进行；由政府或政府管辖机构开展的工作多针对公有产权的住区住宅。

中国香港 香港房屋委员会负责制定和推行公营房屋计划，同时负责公共屋村的维修保养，进行结构勘察维护、室内环境维护和电梯更新升级等工作。2005年开展的"全面结构勘察计划"旨在为楼龄超过或接近40年的公共租住屋村进行详细勘察，以确定楼宇结构是否安全，以及评估为持续保存这些楼宇15年或以上所需的修葺方案和经济效益。经上述计划确定予以保留的屋村开展"屋村维修及改善工程"，除加固结构外，还会优化公共空间并添加新的设施。

新加坡 新加坡建屋发展局是新加坡组屋（公共住房）的建设管理机构，自1989年启动主要提升项目（MUP，Main Upgrading Program），针对建成20年以上的组屋开展公寓部分的结构加固和卫生间升级，以及公共区域的设施升级、电梯和候梯厅更新、门廊和通道更新、增设停车楼等举措。1993年启动中期升级计划（IUP，Interim Upgrading Program），针对暂不满足MUP的组屋公共区域进行维护提升。1995年实施的改造更新策略（ERS，Estate Renewal Strategy）整合了一系列改造和再开发计划，包含MUP、IUP和部分街区重建计划（SERS，Selective En bloc Redevelopment Scheme，是住宅拆除重建项目）。2007年侧重公寓内部的家居改善计划（HIP，Home Improvement Programme）和侧重邻里环境的邻里更新计划（NRP，Neighbourhood Renewal Programme）出台。在ERS之外，2007年的重塑家园计划（ROH，Remaking Our Heartland）旨在通过公共空间和公共设施优化，加强社区特色和凝聚力。

日本 日本国土交通省2010年发布《团地型住宅公寓再生手册》，对建成超过30年的团地住宅的修复判断（改造或重建）、修复内容和程序以及现行法律制度进行了汇编，指导团地住宅的修复。依据更新需求，在物质层面应对住宅内部、建筑本体公共部分和小区公共部分3个层面的问题，同时在活动层面提升住宅（区）的活力。实施方法考虑改造或重建，可将小区全部对象作为一个实施对象，也可面向单栋或多栋建筑。

[①]该部分内容详见附录4。

中国城市进入
老旧小区更新的关键时期

3. Chinese Cities at a Critical Stage of Old Urban Residential Area Regeneration

新中国成立后住宅建设发展简要历程

Brief History of Residential Construction after the Foundation of People's Republic of China

1949 年之前，住房以市场供应为主。1949 年新中国成立后至 1978 年改革开放之前，中国在城镇范围内实行福利性质的住房分配，以国家统包、无偿分配、广覆盖、低租金、低居住水平和无限期使用为主要特点。这一期间全国城镇住宅建设量相对较小，年均竣工面积约 0.18 亿平方米。

1978~1994 年，住房商品化改革开始探索，具体措施主要包括：以成本价出售公有住房、提租补贴、实行优惠价售房、鼓励自建住房等。这一阶段的住房制度改革使得我国城镇住房完成了由完全福利性向部分福利性的转变。在此期间住宅建设量开始快速增长。1979~1989 年，共完成约 16.54 亿平方米的城镇住宅建设，年均达到 1.5 亿平方米，远远超过之前阶段的规模。住宅的大量建设使得人民群众的居住条件得以逐渐改善。

1994~1998 年，住房改革全面启动，1998 年是中国住房市场化标志性的一年，建立了新的住房制度。随着住宅市场化改革的推进，住宅建设逐渐进入了高潮期。从 1995 年开始，住宅年竣工量超过 10 亿平方米，2008 年后超过 15 亿平方米，至 2011 年左右开始达到近 20 亿平方米的高峰。

表 1-1 全国 1949~1989 年住宅建设的主要指标

指标 年份	1949~1978 年平均	1978	1979	1980	1981	1982	1983	1984	1985	1986	1987	1988	1989	备注
全社会住宅建设投资（亿元）	—	70.01	141.78	219.66	295.75	357.11	416.10	465.61	641.63	729.35	872.06	1067.02	1063.84	1979~1989 年合计 6269.91 亿元，平均每年 570 亿元
全社会住宅建设投资占国民生产总值比例（%）	1.5	2.01	3.70	5.077	6.39	7.09	7.39	6.89	7.70	7.71	7.89	7.61	6.74	1979~1989 年平均 6.74%
城乡住宅竣工面积（建筑面积，亿平方米）	1	1.3752	4.7477	6.0211	6.9444	7.1459	8.6450	7.5820	9.0972	11.7667	10.7697	10.4801	8.3197	1979~1989 年合计 91.5395 亿平方米，平均每年 8.3218 亿平方米
城镇住宅建设投资（亿元）	12.31	39.21	78.33	127.36	149.23	190.91	193.75	208.19	314.81	327.21	368.21	449.67	400.56	1979~1989 年合计 2808.23 亿元，平均每年 255.29 亿元
城镇住宅竣工面积（建筑面积，亿平方米）	0.1774	0.3752	0.7477	1.0211	1.1661	1.3890	1.4090	1.4718	1.8780	1.9302	1.9313	2.0334	1.5638	1979~1989 年合计 16.5364 亿平方米，平均每年 1.5032 亿平方米

数据来源：林志群. 中国城市住宅建设回顾 [J]. 城市规划，1991（02）：54–57。

表 1-2 全国 2015~2019 年竣工建筑面积（亿平方米）

年份	住宅	产业功能					文体及娱乐
		商服	办公	科研、教育和医疗用房	厂房	仓库	
2015	28.40	2.87	2.32	1.65	5.25	0.27	4.42
2016	28.40	3.03	2.35	1.76	4.99	0.28	4.24
2017	28.03	2.96	2.33	1.87	4.97	0.31	4.40
2018	27.84	2.81	2.09	1.82	5.10	0.31	4.02
2019	27.10	2.86	1.92	1.80	4.90	0.23	4.02

数据来源：国家统计局网站。

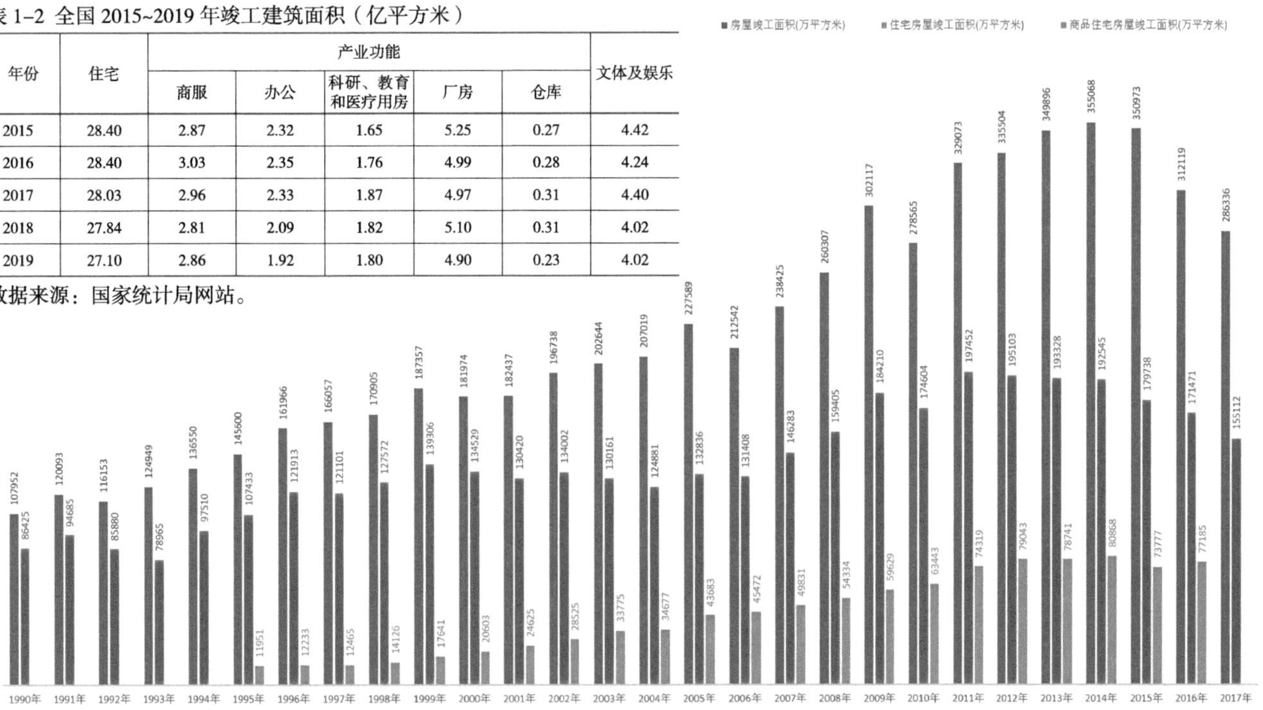

图 1-49

中国老旧小区的更新需求规模巨大

The Huge Scale of Demand for Regeneration of Urban Residential Areas in China

存量住区住宅已成为未来中国城镇居住供给的绝对主体 2004 年，建设部政策研究中心公布了 21 项小康社会的指标，其中包括城镇人均居住面积 35 平方米。2019 年国家统计局发布《建筑业持续快速发展城乡面貌显著改善——新中国成立 70 周年经济社会发展成就系列报告之十》，报告数据显示，2018 年我国城镇居民人均住房面积达到 39 平方米，已经超过了住房面积的小康目标。尽管今后仍将持续有新住宅的建设，但毫无疑问的是，存量住区住宅已经成为我国城镇居住供应的绝对主体。

建成 20~30 年以上的老旧小区已经形成了数量庞大的更新需求 我国建成 20~30 年以上的住宅住区数量巨大。依据国家统计局公布的国内房屋竣工数据，1981~2017 年，竣工房屋总面积约 730 亿平方米，其中住宅的竣工面积约 470 亿平方米；在住宅之中，商品房的竣工面积为 100 亿平方米。基于竣工面积的统计，1990 年之前建成（即建成超过 30 年）的住宅面积约为 120 亿平方米，2000 年之前建成的（即建成超过 20 年）的住宅面积约为 230

图 1-49 全国 1990~2017 年住宅房屋及商品房竣工面积（万平方米）
Figure 1-49 Built Area of Residential Houses and Commercial Houses
数据来源：国家统计局网站

注：上图中的住宅指专供居住的房屋，包括别墅、公寓、职工家属宿舍和集体宿舍（包括职工单身宿舍和学生宿舍）等。但不包括住宅楼中作为人防用、不住人的地下室等。住宅按照用途可以划分为经济适用住房和别墅、高档公寓等。按照户型结构可以划分为 90 平方米以下住房、144 平方米以上住房等。房屋竣工面积指报告期内房屋建筑按照设计要求已全部完工，达到住人和使用条件，经验收鉴定合格或达到竣工验收标准，可正式移交使用的各栋房屋建筑面积的总和。

亿平方米。即便考虑到在快速的城市化进程中，有一部分建成后被拆除的住宅面积需从上述数字中扣除，但建成 20~30 年以上的住宅，已经占到存量住宅的 1/4~1/2 是大体可以确定的。

基于我国建筑行业在建造方式和材料方面的发展历史，既有建成 20~30 年以上的房屋，受限于当时的经济投入不足和对未来生活水平快速提升的估计不足，普遍存在结构安全隐患、节能性能落后和设施设备老化严重的状况，而在一些特定历史阶段中建成的低标准住宅更是与现有居住要求之间存在很大差距。这些都使得建成 20~30 年以上的、超过百亿平方米的住区住宅成为老旧小区，面临着普遍的更新需求。

未来将持续面对老旧小区更新需求的巨大规模
2000 年之后建成的年均 10 亿~20 亿平方米的住区住宅随着时间的推移，将陆续成为老旧小区。与现有以建成时间为划定标准而开展工作不同，以结构安全、节能性能等为主要指标的更新需求随着老旧小区数量的快速增加也将持续涌现。住宅建筑约占城镇建筑规模的一半，可以说，当前的中国城镇正处于老旧小区更新需求快速增长的阶段，未来将持续面对常态化的规模巨大的老旧小区更新需求。

国家积极推动老旧小区更新改造
Promotion of Old Urban Residential Area Regeneration on National Level

2017 年底，住房和城乡建设部在厦门、广州等 15 个城市启动了城镇老旧小区改造试点。2019 年以来中央层面多次推动老旧小区改造。6 月 19 日，国务院总理李克强主持召开常务会议，部署推进城镇老旧小区改造相关工作。7 月 30 日，中共中央政治局会议指出，要稳定制造业投资，实施城镇老旧小区改造、城市停车场、城乡冷链物流设施建设等补短板工程。7 月 31 日，国务院常务会议再次提出，鼓励把社区医疗、养老、家政等生活设施纳入老旧小区改造范围，给予财税支持，打造便民消费圈。2020 年 4 月 14 日，国务院总理李克强主持召开国务院常务会议，做出明确部署，确定加大城镇老旧小区改造力度，提出改造后不光要"好看"，关键要"好住"。《国务院办公厅关于全面推进城镇老旧小区改造工作的指导意见》（国办发〔2020〕23 号）的颁布标志着城镇老旧小区改造工作正式上升到国家层面[1]。

同时，2020 年以来，住房和城乡建设部总结地方实践探索，印发了多批《城镇老旧小区改造可复制政策机制清单》供各地学习借鉴。2021 年《城镇老旧小区改造实用指导手册》出版[2]。

① 国家部委接连颁布多项改造政策推进老旧小区改造工作，包括《住房和城乡建设部办公厅 国家发展改革委办公厅 财政部办公厅关于申报 2021 年城镇老旧小区改造计划任务的通知》（建办城〔2020〕41 号）；《住房和城乡建设部等部门关于开展城市居住区社区建设补短板行动的意见》（建科规〔2020〕7 号）；《国家发展改革委关于印发〈中央预算内投资保障性安居工程专项管理暂行办法〉的通知》（发改投资规〔2019〕1035 号）；《财政部住房和城乡建设部关于印发〈中央财政城镇保障性安居工程专项资金管理办法〉的通知》（财综〔2019〕31 号）；《城镇老旧小区改造试点工作方案》《住房和城乡建设部关于推进老旧小区改造试点工作的通知》（建城函〔2017〕322 号）等。

② 《城镇老旧小区改造实用指导手册》详细阐述了城镇老旧小区改造的重要政策、典型经验、关键举措、详细方案、资金筹措以及保障机制，提供老旧小区改造的实施路径，探索老旧小区改造的资金保障，对各级政府全面审图推进老旧小区改造提供思路和工作指引。

各地因地制宜积极探索
Local Attempts of Old Urban Residential Area Regeneration

从城市政府角度推动老旧小区的更新改造率先开始于上海、北京、广州等大城市，并迅速在全国范围内开展起来。

北京 北京市政府 2012 年 1 月出台了《北京市老旧小区综合整治实施意见》，全市开展了针对公房的老旧小区综合整治工作试点。2017 年 8 月 21 日，北京市住房城乡建设委印发《关于组织开展老旧小区摸底调查的通知》。2018 年 3 月 4 日北京市人民政府办公厅发布《老旧小区综合整治工作方案（2018~2020 年）》，老旧小区改造更新工作已经由试点工作进入了全面展开阶段。

上海 上海市从"十二五"期间开始进行旧住房改造，主要集中在纳入保障性安居工程的成套改造、屋面及相关设施改造、厨卫改造三类综合改造。工作重点从"拆除—改造—保留"的优先顺序逐步转向了优先保留的"保留—改造—拆除"。2018 年初，上海市政府印发《上海市住宅小区建设"美丽家园"三年行动计划（2018~2020）》，进一步推动形成"党委牵头、政府监管、市场服务、社会参与、居民自治、法治保障"六位一体、良性互动的住宅小区综合治理格局。

广州 2009 年广州开始进行针对"旧城镇、旧厂房、旧村庄"的三旧改造，2016 年颁布《广州市城市更新办法》，率先提出在老城区、历史文化街区采用以人居环境改善、文化品质提升和产业升级为主的"微改造"方式。同年，老旧小区的微改造工作启动，由广州市城市更新局牵头组织、区委区政府为实施责任主体，采用市、区财政资金和居民出资共同支持的方式，到 2018 年底推进 600 多个老旧小区的改造，基本建立起了微改造的工作机制和政策体系，探索"决策共谋、发展共建、建设共管、效果共赢、成果共享"的广州模式。

此外，广东、福建、浙江、山东、宁夏、重庆、杭州等国内众多的省市政府也相继出台政策，推进老旧小区的更新治理工作。

肆 中国城市老旧小区更新面临的主要问题

4. Key Issues of Old Urban Residential Area Regeneration in Chinese Cities

物质环境逐渐衰败
Gradual Decay of Physical Environment

  住区住宅建设时刻处于当时的社会经济背景、对居住方式的认识、技术材料发展状况、建设管理投入水平等诸多背景之中，建成年限较长的老旧小区在一定程度上难以适应当代生活的需求，同时也面临着建筑结构、建筑材料和市政设施设备的损耗破败。与此同时，原来居住在这些地区的居民大多进入了中老年，一方面对环境设施的维护投入往往有所不足，另一方面对物质环境的安全性、适老性要求也更高。

房屋产权关系复杂
Complexity of Property Right Issues

  由于我国住房从分配制向市场化过渡的发展历史，老旧小区多形成了较为复杂的产权特点，这是典型的具有时代特征的中国城市特色问题。例如原有公房房改售房后，常存在已出售公房和未出售公房混杂并存的状况，或同一小区或住宅楼内多个产权单位并存，也多存在住宅户内已出售，但楼道等公共部分仍为售房单位或房管部门所管辖的状况，复杂产权使得维护机制的协商共建也相对棘手。

图 1-50 典型老旧小区现状

Figure 1-50 Typital Current Situation of Old Urban Residential Area

图片来源：黄鹤 摄

物业管理制度有待完善
Imperfection of Property Management System

　　管理缺位是造成老旧小区物质环境老化破损的关键原因。市场经济之前的住区住宅建设及使用过程中并没有建立物业管理制度，多由居民所在单位进行统一管理。随着改革开放和市场经济的发展，发展较好的单位对其住区住宅通常有着持续的投入和维护管理，这些住区住宅通常状况较好。而那些原产权单位在发展过程中因经营不善而解体的住区住宅，或重组后未有效延续管理机制的住区住宅，就面临部分或者完全失管的现象，其物质环境的衰败尤其严重。并且由于长期失管的情况和居民收入水平的限制，居民对于付费建立物业管理制度多不认可，甚至抵触。这使得即便衰退的环境亟待改善，但仍难以建立有效的实施途径开展更新工作。

经济可持续发展模式尚需探索
Unsustainability of Investment Model

　　老旧小区改造因为点多面广、工作量大、情况复杂、资金平衡困难，不易于形成合理的回报机制。在当前的工作之中，仍是以政府投入为主体。2020年7月21日，国务院新闻办公室举行《关于全面推进城镇老旧小区改造工作指导意见》国务院政策例行吹风会上，介绍了老旧小区相关投资途径。目前主要依靠中央和地方财政投入。中央预算内投资主要支持供水、排水、道路等与小区相关的配套基础设施建设，以及养老、托育、无障碍、便民服务等小区及周边的配套公共服务设施建设。在今后的相关工作开展中，经济可持续的整治更新模式尚待探索，需通过建立改造资金政府与居民、社会力量合理共担的机制，创新投融资模式，多渠道筹措改造资金。

图 1-50 典型老旧小区现状（续）
Figure 1-50 Typical Current Situation of Old Urban Residential Area
图片来源：黄鹤　摄

北京老旧小区更新研究的目的

5. The Purposes of Research on Old Urban Residential Area Regeneration in Beijing

北京作为首都，环境品质提升和社会经济发展在全国范围内有着示范意义。习近平总书记2014年和2017年两次视察北京，提出要努力把北京建设成为国际一流的和谐宜居之都。2017年9月和2020年8月，党中央、国务院先后批复了《北京城市总体规划（2016年—2035年）》和《首都功能核心区控制性详细规划（街区层面）（2018年—2035年）》，明确了北京的规划目标。和谐宜居环境的营造对北京城市的高质量发展具有举足轻重的作用，老旧小区的更新是其中的重要构成。

在客观需求和中央重视的背景下，北京市老旧小区更新整治工作开展实施。2012年1月《北京市老旧小区综合整治实施意见》出台，在全市开始开展整治工作。此后，《老旧小区综合整治工作方案（2018~2020年）》和《北京市老旧小区综合整治工作手册》等政策文件相继颁布。老旧小区相关工作已经由试点探索进入了全面展开的阶段。2021年6月10日，《北京市人民政府关于实施城市更新行动的指导意见》发布，老旧小区改造是其重要更新方式。

基于此，《北京老旧小区更新研究》开展编制工作，以期达到如下目标：

回顾历史，科学分析

Reviewing History, Clarifying Definition and Identifying Features

通过梳理北京住区住宅的发展历程，厘清不同时期住区住宅规划建设、住宅改造、技术发展和政策演变方面的关键特征，界定老旧小区，研判不同类型老旧小区的更新需求，明确更新的主要类型。

系统梳理，提供借鉴

Summarizing Laws, Regulations, Policies and Technical Standards

在规划层面，梳理政策法规和相关规划，形成老旧小区更新的工作依据。开展老旧小区的调查研究，将需要更新的小区分为保护修缮、综合整治、拆除重建三个不同类别，对暂不需要更新的小区实施日常维护。在设计层面，从住宅本体和小区环境两方面，梳理综合整治内容和技术标准，形成策略合集，为相关工作提供借鉴。

案例精选，经验总结

Studying Cases and Experiences

基于国内城市在老旧小区更新整治方面进行的的广泛实践，选取已经实施的典型案例，概要总结其中具有示范价值的经验部分，供开展类似工作的老旧小区参考。

北京市恩济里小区
刘杨凡奇 摄

第二章 新中国北京住区住宅发展历程

Beijing Urban Residential Area Development History Since 1949

　　北京住区住宅的建设、运行和更新始终紧密镶嵌在城市经济社会发展的总体进程之中：新中国成立后城市居住供给主要着眼于解决住房短缺。早期规划建设思想和居住标准受到苏联模式的影响，随后因反对浪费而出现了低标准住宅的建设。改革开放后城市居住的中心议题转向质量提升。在市场化的进程中住区住宅得到长足发展，设计建造标准不断提升，服务管理体系不断健全，多元住房供应体系逐步建构。随着城市全面进入存量住房阶段，居住高品质发展成为新的关键任务。老旧小区的更新工作开始提上日程，同时智能化、生态化居住也成为新的发展目标。

　　系统梳理北京住区住宅发展历程是开展老旧小区更新工作的基础：不同社会经济发展阶段中的住区住宅有着显著的时代印记。通过梳理筛选出典型代表性项目并加以保护修缮，记载历史、传承文化。通过归纳住区住宅类型，研判其主要特征，从而实施不同的更新策略。通过研究住区住宅的抗震、节能、宜居性能标准演变，结合住区住宅的既有状况可明确更新目标。通过整理住房供应体系和管理制度，可因势利导地完善更新实施机制。

　　The construction, operation and regeneration of urban residential areas in Beijing have always been closely embedded in the overall process of urban economic and social development: after the founding of the People's Republic of China, the urban housing supply mainly focused on solving the housing shortage. The planning and construction ideas at the early years and housing standards were influenced by the Soviet Union model, followed by the housing construction of low standards due to the governmental policies against wasting resources. After the era of reform and opening up, the core issue of urban housing shifted to the quality improvement. In the process of marketization, residential housing has been developed rapidly, design and construction standards have been continuously upgraded, service management systems have been improved, and a diversified housing supply system has been gradually constructed. As the city enters the stage of stock housing, the development of high-quality housing becomes a new key mission. The regeneration of old urban residential areas is in the top list of works of the urban development, while the intelligent and ecological living has become a new development goal.

Systematic analysis of the development process of Beijing urban residential areas is the basis for the regeneration work: residential housing in different social and economic development stages has distinctive marks of the times. Through identifying the typical representative projects, preserving and restoring them, the history and the culture could be documented and continue being inherited. By categorizing various residential housing, researching and identifying its main characteristics, so as to implement corresponding regeneration strategies. By studying the evolution of seismic, energy-saving, and livability evaluation standards of residential housing, the regeneration goals in the context of the existing conditions of residential housing can be clarified. By organizing the housing supply system and management system, the renewal implementation mechanism according to the situation can be improved.

计划经济时代的住房分配制

1. Establishment of Housing Allocation System in the Planned Economy Era

中华人民共和国成立后，在计划经济体制下逐步建立了以分配为主的住房体系。为了解决住房需求，建设了一批成排的平房住宅[1]。1952年，面向新的住宅区建设，北京都市计划委员会提出了"邻里单位"的设想[2]，1953年又提出了"街坊制度"[3]。随着苏联援助项目的引进，"单元住宅"出现[2]。1955年，在苏联专家指导下北京市建筑设计院设计了第一套住宅通用图[4]。"小区"规划思想和理论也在1957年由苏联专家引入[5]。1958年，全国掀起了"大跃进"的浪潮，在城市兴起了"城市人民公社化"运动，建成了"社会主义大楼"[1, 2, 4]。同期，在"反浪费"和学习"干打垒"精神的背景下，建设了一批"小、窄、低、薄"的住宅和简易楼[1-5]。至20世纪70年代初，高层住宅开始集中建设[1, 4, 6]。

住宅建筑技术在不断发展中。1952年开始采用预制，1954年起采用空心楼板，砖混和钢筋混凝土技术逐步成熟[7]。1966年邢台地震后，抗震工作受到国家高度重视[8]。1976年河北唐山大地震后，北京开始对既有砖混住宅进行大规模抗震加固[2, 4, 5, 8]。

由于经济能力有限，新中国成立初期确立了"以租养房"的住宅维护机制，房租主要用于维修既有住房[3]。1958年，为庆祝中华人民共和国成立10周年，依靠财政投入，北京经历了一次比较大的城市更新改造，其中涉及一定量的居住区[1]。20世纪70年代中期，大片危旧房状况日趋严重，仅靠维修难以彻底解决问题，北京对局部地区开始实施"滚雪球"方式的改造，主要依靠房屋租金，但由于资金不足、滚动周期长，后期此方式已很难适应现实的需求[1, 3]。

图2-1

图 2-2

房屋登记
Housing Registration

  1949 年 5 月 16 日，北平市军事管制委员会公布了由叶剑英主任、谭政副主任签署的《规定处理本市房屋问题办法》布告，郑重宣布一切公私房屋的所有权人都应将其所有的房屋进行登记，请领登记证。布告发布一个月后，也就是从 1949 年 6 月 16 日起，北平市开始举办城区私有房地产权登记[1]。

以租养房的维护机制
Covering Maitainence Cost with Rent

  1949 年北平和平解放后，北平市军事管制委员会和北平市人民政府接管了北平公共房产，并于当

年底开始修缮[3]。

  1950 年随着市级公房开始收租，房屋修缮确定"质量、成本、时间"三原则，因修缮范围仅限安全，提出"不倒、不塌、不漏"的修缮方针。全年修缮费投资为房租收入的 91.1%[3]。

  1952 年 4 月，北京市房地产管理局成立后，根据统一管理的方针，制定了公房修缮标准①，并改革房屋管理与修缮体制，实行"管修合一"，根据房屋普查的情况，制订修建计划，在"保证安全、保护房屋方便生活、照顾多数"的原则下，大力维修、养护房屋，保证了房屋的正常使用[3]。

---

① 1952 年，以整体房屋为标准，将公房分为五类，作为确定修缮工程和修缮的范围标准：甲类，新中国建立后建设的正规性建筑和永久性建筑；乙类，新中国建立前所建并未毁坏者；丙类，一般房屋健康正常可保安全者；丁类，必须挑顶、拆砌等方能保证安全者；戊类，应拆除另建者。1953 年 11 月，市房地产管理局制定《公房修缮暂行管理办法》，对房屋等级和修缮范围进行修改。甲等，新建正规性建筑，基本不进行一般修缮工程；乙等，建造年代虽远、结构坚固的较高级建筑，有重点地进行油漆粉刷及改善设备；丙等，原结构设计坚固合理、院落整齐宽敞的正规性房屋，可进行较全面维护和适当改善；丁等，建造年代较远、已经陈旧或有毁损的正规性房屋或结构简陋的房屋，以整修为主或做局部性维护；戊等，原结构设计不合理的、地势过洼存水无法解决的、房屋简陋程度与所

在地不相称的、布置过紊乱的、三间以下畸零房屋，以局部加固或支顶方法保证安全，一般不进行维护与改善；己等，凡戊等房屋非经大部整修或翻建，不能保证安全者，可计划拆除。

图 2-1 1954 年建成的百万庄住宅区
Figure 2-1 Baiwanzhuang Residential Neighbourhood Built in 1954
图片来源：北京市地方志编纂委员会.北京志・城乡规划卷・建筑工程设计志 [M].北京：北京出版社，2007
图 2-2 四合院街区鸟瞰
Figure 2-2 Quadrangle Courtyard
图片来源：北京市规划和自然资源委员会网站

"幸福村"与"排子房"
Rows of Bungalows in Happy Village

1950 年起，为解决劳动人民的住房需求，由房管部门、市建筑公司、城区各区政府建设了北京解放后最早的一批平房住宅①。在法塔寺建设的 24 栋青砖平房，每栋 8 间独立成院，由此形成新的居民区，是最早以"幸福村"命名的地方之一[1]。后为了降低成本，试建了一批用土坯做墙身的房屋。这些平房住宅一般坐北朝南，成行排列，室内只是居住空间，俗称"排子房"。到 1962 年，新建住宅中共有 224 万平方米的简易平房，约占城区新建住宅的 1/3，其中成片建设的有 18 万平方米[1, 5]。

"邻里单位"的设想
Neighbourhood Unit

1952 年，北京都市计划委员会提出的甲、乙两个城市规划的初步方案中，体现了住宅区建设的"邻里单位"设想。规划方案指出："现代的住宅区多以邻里为基础，大同小异，虽然有许多变化，但都遵守一个同样的原则，每一个邻里人口 5000 人。高速干道绕其外围，不让穿行里内。邻里之内则以小学、文娱设施、日常售品供应设施组成邻里中心，周围建造住宅。由各住宅到邻里中心都有便于往返而约略相等的距离；因为除了非以本邻里为目的的车辆都在里外干道上行驶外，里内路上车辆流量极

①最早兴建的平房住宅，首先出租给军烈属和从危险建筑物中迁出的住户以及贫苦、没房居住的市民，像当年在贾家园建设的平房住宅，就用于安置龙须沟等地迁来的居民。最早一批平房住宅每间房屋的建设成本在 7500 斤~1 万斤小米，工人代表反映租不起，根据这种情况，随即试建一批用土坯做墙身的房屋，每间成本一般不超过 3500 斤小米。20 世纪 50 年代，新建了一批住宅楼房的同时，在一些地区修建了简易的平房住宅"排子房"，比较集中的地区主要有永定门外安乐林、东直门外左家庄、朝阳门外九王坟、阜成门外扣钟庙、复兴门外真武庙等地。20 世纪 90 年代后，许多简易平房改建成了新的楼房住宅小区。

图 2-3 复兴门外邻里式住宅区
Figure 2-3 Fuxingmenwai Neighborhood Unit
图片来源：北京市规划和自然资源委员会网站

图 2-4

少，能经常保持行人安全与住户的安静。各邻里单位之间的交往，可由干道上的公共汽车等联系，停车站即设于每个邻里单位的适当地点上"[2]。

当年在此设想下建设了复兴门外邻里住宅[①]，由真武庙头条胡同分隔成南北两块，路北沿复兴门外大街布置 13 幢三层联排街坊式住宅以及一组副食和百货商场，现已拆除[1, 5, 9]。

建筑结构开始尝试采用预制
Prefabricated Construction

新中国成立初期，住宅大多采用砖混结构，楼板多为木模板现浇。1952 年开始采用预制结构，1954 年起采用空心楼板，以后有了大量发展[7]。

"街坊"制度
Residential Neighbourhood

1953 年，北京市委规划小组在《改建与扩建北京市规划草案》中提出："居住区采取街坊制度，一般为九至十五公顷。为节约用地和市政设施，建筑层数一般不低于 4~5 层。街坊要统一规划、统一设计、综合建设，配套建设文化福利设施，安排绿地和儿童游戏场，保证居住区有充分阳光和新鲜空气"[3]。

棉纺厂职工生活区、百万庄住宅区和东北郊酒仙桥电子管厂职工生活区等，就是按照这个设想建设起来的[1-4]。

①复兴门外邻里式住宅区（又称复外邻里、真武庙邻里住宅）仿照了西方"邻里单位"的思想，位于今复兴商业城及其南侧的真武庙二条胡同以北地段，占地约 4 公顷，由真武庙头条胡同分隔成南北两块。路北沿城市干道布置三层联排街坊式住宅，路南设计了 11 栋两层独立花园式住宅，内部道路采用尽端式格局，沿复兴门外大街南侧建设了副食和百货商场。真武庙"邻里住宅"的出现，是 20 世纪 50 年代初北京对西方现代城市规划和住宅建设思想在新的历史条件下应用的探索，同期上海在建设"新中国第一工人新村"曹杨新村时，也采用了"邻里住宅"模式。

图 2-4 棉纺厂生活区
Figure 2-4 Mianfanchang Residential Neighbourhood
棉纺厂职工生活区，占地 23 公顷，建设住宅 44 栋，建筑总面积 20.8 万平方米。这个生活区由若干周边式的街坊组成，每个街坊占地 1~2 公顷。同期建造的百万庄住宅区占地约 12.9 公顷，中心是一块约 2 公顷的公共绿地，周围由 6 个住宅街坊和一组花园或住宅组成。3 层住宅按轴线对称的格局形成组合。
图片来源：北京市规划和自然资源委员会网站

单元住宅的原型
The Prototype of Dwelling Unit

1953 年，第一个五年计划开始，北京引进苏联一批大型工业项目。配合"一五"计划，城市住宅建设引进了苏联建筑标准，在工厂附近建设了相应的单元式工人住宅生活区[2,6]。这一时期的住宅多数是3层，采用清水砖墙、木屋架坡顶、混凝土楼板。每户设有厨房、厕所以及上下水、供暖设备等，一梯两户或三户[1]，人均居住面积按9平方米计算[5]。这种单元住宅在百万庄、三里河、和平里、酒仙桥等住宅区加以采用，并成为沿用至今的单元住宅原型。

此后，1957~1958 年一度出现片面节约的倾向，而在 1959 年，北京市总体规划提出的住宅指标回到每人居住面积 9 平方米[4]。

传统建筑大屋顶形式的探索
Combination of Traditional Large Roof and Modern Residence

建筑形式进行"社会主义内容、民族形式"的探索，一些建筑师找到了传统建筑大屋顶与苏式立面构图相结合的解决方法。按照西方古典三段式的建筑构图原则，采用中国古典建筑的坡屋顶作为建筑的顶部处理，同时将西方建筑雕饰与中国建筑的古典构件和图案结合起来。北京中轴线上的景山后街宿舍大楼即是典型代表[6]。

建筑设计规范出台
Introduction of Code for Building Design

1955 年，中华人民共和国建筑工程部出版了第一部《建筑设计规范》。规范第四篇第一章为"居住建筑"，提出了各功能空间的位置、尺寸和设计要点，以及防疫、晾晒、采光、通风、隔声、防火等要求。其中规定"卧室的面积不得小于9平方公尺，两人住的卧室宜为 12~15 平方公尺"[10]。

第一套住宅通用图集
The First Standard Blueprint of Dwelling Units

1955 年，在苏联专家指导下北京市建筑设计院设计了北京市第一套住宅通用图——"二型住宅"，设计指导思想是"远近期结合，以远期为主"。"合理设计，不合理分配"。"二型住宅"户型于西便门地区进行了实践[4]。

砌块技术应用
Application of Masonry Structure

1955 年上半年，在北京大学 3 栋 4 层学生宿舍（今 28 斋、29 斋、30 斋）6000 多平方米建筑中，首次试用了中型砖砌块，这是北京最早工业化住宅体系的探索。1958 年，阜成门外洪茂沟住宅区 9 栋 4 层大型砖砌块住宅楼建成，共 14200 平方米，纵墙承重，采用跨度 4.4 米、高 17 厘米预应力空心楼板和波形大瓦[2]。

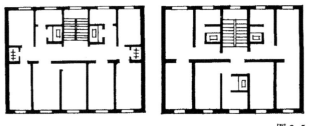

图 2-5

图 2-5 二型住宅通用图
Figure 2-5 Floor Plans of the First Standard Dwelling Units in Beijing
"二型住宅"单元平面一种为五开间一梯二户，每户 3-4 居室，一个厨房，一个卫生间，平均建筑面积为 98.88 平方米。另一种为一梯三户，每户 2 个居室，一个厨房，一个卫生间，平均面积为 62.92 平方米。"二型住宅"为 4 层砖混结构，层高 3.3 米，楼板、楼梯踏步板、休息板均为预制。因强调"标准化'工业化'减少构件规格"，只用了 3.20 米一种开间，6.00 米一种进深，一种窗，房间、厨房、楼梯间均较大，每个单元只三层以上设一个小阳台。
图片来源：北京市地方志编纂委员会. 北京志·城乡规划卷·建筑工程设计志 [M]. 北京：北京出版社，2007

小区规划思想的引入

Practice of the Residential Community Planning

1957 年，在苏联专家指导下，"小区"规划的理论和思想引进我国。城市居住区以"小区"为基本单位代替过去的"街坊"。小区的最小规模是以能设置一个小学校为基本条件，最大范围决定于经常性生活服务设施的服务半径，且受周围城市道路的约束。规划原则是城市交通不穿越小区，小孩上学、送托和居民购买日常生活用品可不出小区，从而更好地为居民提供安全、清静、方便、舒适的居住环境[5]。

1957 年开工建设的夕照寺小区[①]，首次应用小区规划理论进行规划设计。在布局上，虽仍强调轴线和对称，但结合斜向地形灵活布置，安排了不规则的地块，使室外空间有所变化[5]。

继夕照寺小区后，从 1957 年到 1965 年，北京又陆续建设了一批形式多样的居住小区，如成街和成片相结合、多层高密度的虎坊路小区；公共设施比较齐全、商业沿街布置、绿化环境优美的和平里小区；结合装配式大板住宅特点、争取户户朝南的龙潭小区等。这一时期居住建筑层数提高到 4~5 层，层高在 3 米左右，住宅尽可能多地有良好的日照和通风，生活服务设施和上下水、供电、供暖等基础设施较为完善[1]。

①夕照寺小区位于古迹夕照寺的南边，占地 15.3 公顷，规划居住人口 5087 人，住宅平均 3.6 层，人口毛密度每公顷 322 人。公共建筑的内容，除了中小学、托幼、主副食商店外，还有公共食堂、小区服务中心和居住区级综合商场。

图 2-6　虎坊路小区
Figure 2-6　Hufanglu Residential Area
图 2-7　和平里小区
Figure 2-7　Hepingli Residential Area
图 2-8　龙潭小区
Figure 2-8　Longtan Residential Area
图片来源：北京市规划和自然资源委员会网站

住宅面积标准降低
Reduction of Dwelling Unit Floor Area Quota Per Capita

1957年，建工部认为"二型住宅"面积标准太高，提出住宅设计四条原则：一是合理布局，保证使用；二是应用新技术；三是每人平均居住面积不大于4平方米；四是居住面积系数不小于50%。根据上述原则，设计了5套户型，30个组合体，其中701丙3最受欢迎，是一种四层砖混结构住宅，横墙承重，一梯三户，建于夕照寺小区等地[4]。

1958年，在当时"反浪费"的口号下，强调快速施工，追求节约指标。国家计委于1957年颁布《住宅经济指标的几项规定》，每户居住面积不得超过18平方米。8011-4通用图、8011-7通用图、8012-5通用图即据此设计。受面积指标和造价的严格限制，其特点是"窄、小、低、薄"，居室、卫生间、厨房面积小，户内过道窄，室内净空低，隔墙、楼板薄，居住条件差[2, 4, 5]。这一时期在三里屯、和平里、车公庄、呼家楼、永安路等地建设了一定数量的低标准住宅。

1959年，根据北京市总体规划住宅居住面积指标为每人9平方米的规定，设计出住宅通用图9011~9018八种单元平面36套组合体，大部分为4层砖混结构，在和平里小区等多处兴建[4]。

煤气进入居民家
The Start of Gas Supply for Urban Residential Buildings

1958年3月，北京市都市计划委员会开展西郊古城地区的煤气试点，于12月向该地区18栋楼的522户居民通气，成为北京市煤气供应的发端[11]。

国庆十周年大规模城市改造
Large Scale Urban Reconstruction for the 10th National Day

1958年6月，在"大跃进"的形势下，北京市提出，如果每年拆除100万平方米，新建200万平方米，从1958年起用10年左右的时间完成城区改建的设想。1958年9月8日，北京市传达中共中央关于筹备中华人民共和国成立10周年及建设一批国庆工程的决定。当时的建设项目占地约193公顷，需拆除房屋2.1万多间，其中居民房屋1万余间，拆迁居民1.9万人。在扩建天安门广场、兴建人民大会堂、国家剧院、革命历史博物馆、科技馆、美术馆、民族文化宫等拆迁中，被拆迁的居民和单位大力支援，从9月10日到10月10日，仅用一个月就拆迁房屋1.6万间。国庆工程约为64万平方米，只用了10个月的时间，国庆工程完成后，大规模城市改建事实上告一段落。从1949年至1962年，城区改建共拆房147万平方米（不包括维修拆房和倒塌房屋27万平方米），其中拆除住房约100万平方米[1]。

（a） （b）

图2-9 标准降低后的典型通用住宅平面
Figure 2-9 Typical Standard Dwelling Units after Reduction of Floor Area Quota
（a）701丙3通用住宅平面；（b）8012-5通用住宅平面；

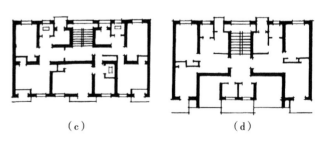

（c） （d）

（c）9013通用住宅平面；（d）9014通用住宅平面
图片来源：北京市地方志编纂委员会.北京志·城乡规划卷·建筑工程设计志[M].北京：北京出版社，2007

"公社大楼"
The Commune Building

1958 年，全国掀起"大跃进"的浪潮，在城市兴起了"城市人民公社化"运动。在此形势下，北京确定了新住宅一律按照人民公社的原则进行建设，既要便于集体生活，又要便于每个家庭男女老幼的团聚。每个居住区里，都要有为组织集体生活所必需的完备服务设施[1]。1960 年，在福绥境（今西城区白塔寺宫门口三条 1 号）、北官厅（今东城区北新桥北关厅胡同 14 号）和安化寺（今东城区广渠门内大街 14 号）三处开始兴建"公社大楼"①。这是北京第一次出现 8~9 层一般住宅，第一次在住宅楼里安装电梯。公社大楼为板式建筑，采用砖墙承重，在长走道的两侧安排住户，两端设电梯、楼梯。福绥境和北官厅两处建有地下室[2, 4, 5]。

图 2-10（a） 图 2-10（b）

图 2-10 福绥境公社大楼
Figure 2-10　The Fusuijing Commune Building
（a）1963 年；（b）2021 年
图片来源：（a）新住宅建筑实录[J]. 建筑学报，1963（07）：2；
（b）孙子荆 摄

开始城市热网供热
The Start of Heat Supply for Urban Residential Buildings

1957 年 7 月 25 日北京第一热电厂一期工程破土动工，1959 年一期工程完成，当年供热面积达到 61.5 万平方米，开始了北京市城市热网供热[12]。

装配式大板技术
Application of Assembling Large Plate Technology

1958 年 11 月，在小黄庄建筑科学院内，首次建成一栋 2 层装配式大板实验楼[13]。此后，在 1958 年至 1991 年间，共建成装配式大板住宅约 386 万平方米[2]。装配式大板住宅由工厂提供全部构配件，现场工作量小，建设周期短，适用于成片建设的标准化住宅，1976~1986 年有较大发展。

"干打垒"和简易楼
Rammed-Earth House and Low Standard Housing

20 世纪 60 年代初，大庆油田采用当地农民称为"干打垒"的夯土筑墙方法修建住房，"干打垒"成为厉行节约、艰苦奋斗的代名词[1]。1965 年，在学习大庆"干打垒""先生产后生活"的思想影响下设计了 31 套"简易楼"图纸[5]②③。同时，1966~1968 年，根据建筑工程部《关于住宅、宿舍建筑标准的意见》的规定，拆除 50 万平方米旧平房，建设 130 多万平方米、使用年限 20 年的二三层简易住宅楼[3]。

① 1961 年 1 月完成三栋大楼的全部土建工程，建筑面积共计 2.3 万平方米。住宅户型类似集体宿舍，以二室户为主，户内有卫生间，但不设厨房，每层设有公用厨房。楼下设公共食堂、托儿所和活动用房。随着"公社化"集体食堂的解散，结束了住宅设计没有厨房的短暂历史，原来没有厨房的住宅也进行了改造。
② "干打垒"住宅，每户建筑面积 32~34 平方米，层高 2.7 米，外墙厚 24 厘米，简易门窗，无纱扇、无暖气、户内无卫生间，上下水分层设置。
③同期，1966~1971 年，东四块玉、金鱼池等地推行 3~5 层低造价粉煤灰大板楼 94 栋、18 万平方米，在雅宝路、西安门、东直门等地建成 3 层为主的加气混凝土承重砌块楼。

居民用上液化石油气
Liquefied Petroleum Gas Used as Civil Fuel

1965 年 1 月，国家科委正式向北京市下达了以液化石油气作为民用燃料的"中间试验项目"。至 1965 年底，向 4882 户居民供应液化石油气的试验项目取得成功[11]。

高层住宅集中建设
Rapid Construction of High Rise Residential Buildings

20 世纪 70 年代初，中央领导提出保护耕地、城市建设向空中发展的方针[6]。1971 年，北京 9 层以上住宅只有 8 栋[1]，此后开始了高层住宅的集中建设。

1973 年，在建国门外建成 2 栋 16 层外交公寓①，采用灰色陶瓷锦砖贴面立面和装配式整体钢筋混凝土双向框架结构[4]。1974~1975 年，四类普通高层住宅体系（框架 – 剪力墙、滑动模板、大模板、装配式大板）分别开始试验试点②，探讨北京住宅的大量建设途径，使北京高层住宅建设量迅速增长[2]。1976~1977 年，为解决首都居民住房问题，在前三门大街集中建设 9~15 层的高层住宅楼房 34 栋，建筑面积 40 万平方米，每户约 55 平方米，内有厨房、厕所。结构上大规模采用了"内墙大模板现浇混凝土和外墙预制混凝土板"相结合的"内浇外板"技术[1, 5]。

图 2-11

图 2-12

图 2-13

①建外 16 层外交公寓位于朝阳区建国门外大街北侧，1973 年建成，为北京市第 1 栋 10 层以上的高层住宅，包括 16 层塔式公寓 2 栋、4~6 层板式公寓 2 栋及附属建筑。
② 1974~1977 年，框架 – 剪力墙板式普通高层住宅先后在厂桥、东大桥、安定门和西二环路兴建，共 9 栋，9~14 层。现浇剪力墙液压滑模高层住宅于 1974~1977 年在广播事业局、民航管理局、牛街三处先后建造，均为 12 层板式楼。现浇剪力墙大模板高层住宅于 1974 年在建国门东北侧 3 栋 14 层和 16 层外交公寓开始进行试点。装配式大板高层住宅于 1975~1977 年在天坛南小区东段进行 2 栋试点。

图 2-11 建外 16 层外交公寓（1973 年建成）
Figure 2-11 Jianguomenwai Diplomatic Apartment
图片来源：北京市地方志编纂委员会. 北京志·城乡规划卷·建筑工程设计志 [M]. 北京：北京出版社，2007
图 2-12 前三门住宅区（1976 年兴建，1985 年建成）
Figure 2-12 Qiansanmen Residential Area
图片来源：北京市地方志编纂委员会. 北京志·建筑卷·建筑志 [M]. 北京：北京出版社，2002
图 2-13 劲松居住区
Figure 2-13 Jingsong Residential Area
图片来源：北京市规划和自然资源委员会网站

图 2-14 前三门住宅

Figure 2-14 Qiansanmen Residential Buildings

（a）前三门大街沿街住宅；
（b）（c）塔式住宅一；
（d）（e）塔式住宅二；
（f）（g）板式住宅一；
（h）（i）板式住宅二；
（j）（k）板式住宅三

图片来源：北京市建筑设计院技术供应室.建筑设计资料　11　前

三门住宅 [M].北京：水利电力出版社，1979

"滚雪球"方式的改造
Reconstruction in a "Snowball" Mode

1973年，北京市房地产管理局和北京市城市规划管理局联合对市区危旧房进行了调查，集中成片的破旧危房有29片，主要分布在旧城区的关厢、城墙根、坛根（天坛、地坛、日坛、月坛）一带。1974年，北京市房地产管理局对东城区青年湖、金鱼池（原崇文区）、安化北里（原崇文区）及西城区的北营房、黑窑厂（原宣武区）进行了调研。调研表明，这些地区的人均居住面积只有3.86平方米，三类、四类房屋①都在90%以上，居住条件非常恶劣。为彻底解决这5片居住区的问题，采用了"拆一建三、分二余一"的方式予以拆除重建，新建住宅房屋中的2/3用于安置原住户，1/3作为扩大拆迁的周转房。拆除重建的起步阶段，房管部门先调剂出一些房源或采用平房安置需拆除住宅中的住户，然后拆出一两栋楼进行开工建设，并逐步扩大，这一方式被称之为"滚雪球"[1, 3]。

这一时期所需的改造建设资金，主要是用房管部门结余的租金解决。1974~1980年，共投资近1亿元，拆除危旧房7万多平方米，建成楼房29万平方米。由于资金不足、滚动周期长，后期此方式已很难持续实施[1, 3]。

①根据北京市房地产管理局《房屋结构质量分类试行标准》分类，一类和二类房屋为结构、用材和质量均较好的房屋；三类房屋为结构质量较差的房屋；四类房屋为结构老朽、简陋又破旧的房屋。三类和四类房屋属于危旧房，达到70%以上。

抗震工作受到高度关注
Seismic Resistance being Highly Concerned

1966年邢台地震后，抗震工作受到高度重视。1967年，在国家基本建设委员会内设立了"京津地区抗震办公室"，编制了京津地区工业与民用建筑抗震鉴定标准。1975年，国家建委组织京津两市加固了一批建筑物。1974年8月，国家建委批准发布《工业与民用建筑设计规范》TJ11—74。1976年国家地震局批准发布我国第一张《中国地震烈度区划图》[8]。

大规模抗震加固
Extensive Seismic Resistance Reinforcement

1976年河北唐山大地震后，为增强住宅抗震能力，按8度设防要求，设计了"76住1改""76住1"住宅通用图。"76住1改"采用五层四单元砖混结构标准设计，层高2.9米，在结构上纵墙拉通，每层设圈梁，内墙圈梁在楼板底，外墙圈梁与楼板平，按抗震构造要求，设有现浇钢筋混凝土组合柱[2, 4, 5]。

国家基本建设委员会对1974年的设计规范进行大幅度修订，发布了《工业与民用建筑设计规范》TJ11—78，将房屋建筑的设计烈度比地震烈度降低一度的规定提高为按基本烈度采用。自1977起，分期分批有计划地展开大规模的抗震加固[8]。

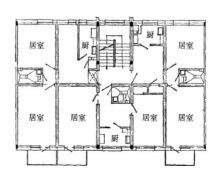

图2-15 "76住1改"甲单元平面图
Figure 2-15 Standard Dwelling Unit Floor Plan Modified for Seismic Resistance
图片来源：北京地区通用网络计划编制小组."76住1改"砖混结构住宅建筑通用网络图[J].建筑技术，1980（06）：24-25

改革开放后住宅供应向市场化过渡
2. Marketization of Urban Residential Buildings after the Reform and Opening up

1978 年党的十一届三中全会召开，作出了把党和国家的工作重点转移到现代化建设上来，实行改革开放的战略决策。

1978 年 10 月，邓小平同志视察了前三门住宅楼，对改进住宅的品质和舒适度提出要求。住宅开始从"生存型"向"适用型"转变。经过住宅设计竞赛和试点，诞生了经典户型 80.81 系列，被建设部领导称为"北京住宅设计的更新换代"[4, 5]。

20 世纪 80 年代后，住区住宅规划建筑设计从单体转向更注重小区整体，更加注重配套设施建设，建设部和北京市有关居住区配套建设的标准和规定相继出台。1989 年起，建设部在全国开展城市住宅小区建设试点，标志着我国住宅建设已开始进入数量与质量并重的阶段，北京市纳入第二批试点[14]。20 世纪 90 年代中期，建设部和北京市对居住区公共服务设施配套指标进行了完善[15]。

伴随着现浇钢筋混凝土技术的发展与广泛应用，20 世纪 80 年代中后期开始进行钢结构的探索[16]。对建筑的节能保温的标准逐步提高。

为了适应经济体制改革的要求，住房制度改革全国推开。1989 年 2 月 15 日，北京首批公开出售商品房[1]。1992 年，《北京市住房制度改革实施方案》获得了国务院住房制度改革领导小组的批复[1]。住房制度改革和房地产开发也为北京危旧房改造提供了经济动力，这一阶段，住宅分配、房改、危旧房改造、房地产开发并行，住宅供应向市场化过渡。

为适应小区社会化、专业化管理的需求，加强对居住小区的物业管理，1995 年《北京市居住小区物业管理办法》施行，意味着在新居住小区中开始全面开展物业管理工作。

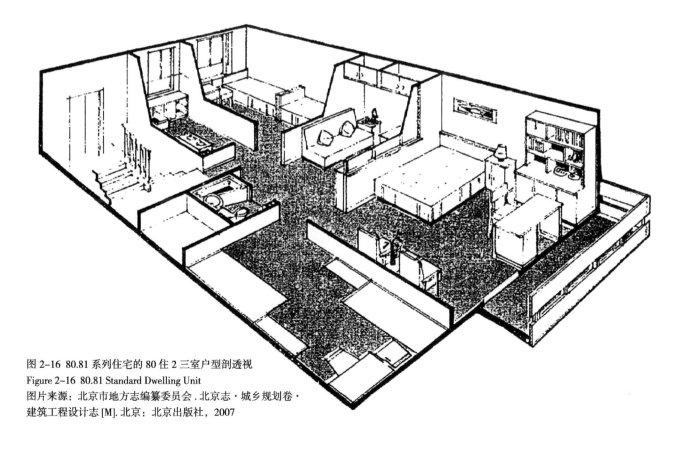

图 2-16 80.81 系列住宅的 80 住 2 三室户型剖透视
Figure 2-16 80.81 Standard Dwelling Unit
图片来源：北京市地方志编纂委员会 . 北京志 · 城乡规划卷 · 建筑工程设计志 [M]. 北京：北京出版社，2007

邓小平视察北京
Deng's Instructions for Residential Design during Beijing Inspection

1978 年 10 月，邓小平视察了前三门住宅楼，对改进住宅设计提出要求："设计要力求布局合理，增加使用面积，更多地考虑住户的方便。要安装洗澡设备，注意内部装修美观，多采用新型轻质建筑材料，降低房屋造价。"[5]

图 2-17 (a)

图 2-17 (b)

图 2-17 80.81 系列住宅外观
Figure 2-17 80.81 Standard Dwelling Unit
（a）80MD1；（b）80 住 2
图片来源：北京市建筑设计志编纂委员会.北京建筑志设计资料汇编下 [G]

住宅向"适用型"转变
From Habitable Housing to Suitable Housing

为了落实邓小平的指示精神，经过住宅设计竞赛和试点，1980 年北京市建筑设计院编制了大模体系、砖混系列住宅通用试用图，即北京市 80.81 系列住宅[1]，标志着住宅设计已从"生存型"向"适用型"转变[1]。

居住区公共设施配套建设规范化
Neighbourhood Public Service Facility Standard Promulgation

1980 年，国家建委提出居住区级及小区级公共服务设施指标[17]。

1985 年 10 月 26 日，为加强新建居住区公共设施和生活服务设施的配套建设，根据中共中央、国务院《关于对北京城市建设总体规划方案的批复》，北京市人民政府发布《关于新建居住区公共设施配套建设的规定》[18]。

住宅商品化初露端倪
The Beginning of Residence Commercialization

1982 年 4 月，国务院决定在江苏常州市、河南郑州市、湖北沙市、辽宁四平市实行公有住宅补贴出售的试点，采用国家、单位、个人合理分担的售房原则。1984 年 10 月，国务院决定扩大试点城市范围，北京[2]、上海、天津被列入[1]。

① 80.81 系列住宅层高从 2.9 米降低到 2.7 米，每户建筑面积由 53 平方米提高到 56 平方米，增加小方厅，厨房内增加切菜台、碗柜等，将只有一个蹲式大便器的厕所改进为设有坐便器、洗脸盆、澡盆（或淋浴）的卫生间。
② 1980 年 11 月，北京市将团结湖小区 2 栋住宅出售给个人，每平方米售价 180 元。1983 年，北京市将刘家窑南里的一幢 7500 平方米的住宅楼，以每平方米 835 元的价格售给 102 户华侨和侨属。1984 年 7 月，另一幢 3000 平方米的住宅楼出售给 54 户职工，每平方米 300 元，个人支付 1/3，单位补贴 2/3。（参考文献 [1，3]）

北京城市建设总体规划方案得到批复
The Approval of Beijing Mater Plan

北京市编制了《北京城市建设总体规划方案》并于 1982 年上报国务院，1983 年党中央、国务院原则同意了这个方案[3]。批复指出，大力加快城市基础设施建设，继续兴建住宅和文化、生活服务设施。要求 1990 年基本解决交通拥挤、电信不畅、供电、供水紧张等问题，逐步实现市区居民炊事燃气化，扩大集中供热。要继续抓好住宅建设，1990 年应基本解决无房户和居住严重困难户的住房问题[19]。

国家标准住宅建筑设计规范出台
Introduction of Design Code for Urban Residential Buildings

《住宅建筑设计规范》GBJ 96—86 于 1986 年出台并于 1987 年 7 月 1 日施行。规定住宅应按套型设计，每套必须独门独户，并应设有卧室、厨房、卫生间及贮藏空间。规定了低层、多层、中高层和高层住宅的层数。要求住宅层高不超过 2.8 米，起居室和卧室净高不低于 2.4 米。规范对户内卧室、起居室、过厅、厨房、卫生间、贮藏空间的面积提出要求。规定共用部分的楼梯和电梯、走廊和出入口、垃圾管道、地下室和半地下室、附件公共用房的设计要点[20]。

钢结构实验住宅样板房
Sample House of Steel Structure Experimental Residence

1986 年，意大利钢铁公司和冶研院合作，在冶研院内建了一座 2 层钢结构样板房。住宅结构开始钢结构的探索[16]。

1993 年，意大利与中国合作在恩济花园建成 10 栋 5~6 层轻钢结构住宅①约 5 万平方米[2]。

天然气入户
Natural Gas Used as Civil Fuel

1987 年，北京引入华北油田天然气。中关村地区北大中低压 03 号调压站于当年 12 月 28 日启动。北京大学中关园地区 1032 户居民率先用上天然气[21]。

住房制度改革开始全国推开
National Implementation of Housing System Reform

1988 年 2 月，国务院下发《在全国城镇分期分批推行住房制度改革实施方案》的通知，提出目标："按照社会主义有计划的商品经济的要求，实现住房商品化。从改革公房低租金制度着手，将现在的实物分配逐步改变为货币分配，由住户通过商品变换，取得住房的所有权或使用权，使住房这个大商品进入消费品市场，实现住房资金投入产出的良性循环，从而走出一条既有利于解决城镇住房问题，又能够促进房地产业、建筑业和建材工业发展的新路子"[22]。

---

①恩济花园轻钢住宅 1993 年建成，是意大利与中国合作的建设项目，位于恩济里小区东南侧八里庄北里，有 10 栋 40 个单元多层住宅（除 1 栋 5 层外，其余均为 6 层），总建筑面积 49105 平方米。采用轻型钢结构、预制与现浇叠合楼板，现浇楼梯，外墙为加气混凝土砌块，抹灰涂料饰面。每单元均设电梯，楼内设有防雷系统。屋顶为起脊坡屋面，铺红色陶瓦。层高 3 米，每套平均建筑面积 124 平方米。配套服务设施齐全，包括大型地下停车场、娱乐中心、游泳馆等。

图 2-18 《人民日报》1988 年 1 月 16 日头版对住房制度改革起步的报道

Figure 2-18 Report of Housing System Reform in People's Daily
图片来源：《人民日报》图文数据库网站

065

图 2-19 菊儿胡同危改项目
Figure 2-19 Ju'er Hutong Residential Project
图片来源：北京市规划和自然资源委员会网站

①详见第一章。
②小后仓危旧房改造方案由北京市建筑设计院设计，为具有四合院特点的多层住宅，1990 年 11 月竣工交付使用。改建后建有住宅楼 9 栋，综合服务楼 1 栋，绿地面积 2400 平方米，户均建筑面积 48.8 平方米。住宅楼为 2~6 层，室内房间为"三大一小一多"（厨房、门厅、厕所大，居室小，壁橱多）的设计，人均居住面积达到 7.3

大规模危旧房改造拉开序幕
The Start of Large Scale Dilapidated House Reconstruction

1983 年 9 月，北京市房地产管理局在 1973 年危旧房调查的基础上，对东城区、西城区、崇文区、宣武区、朝阳区危旧房集中地区重新进行了调查，确定了 29 片危旧房的范围，包括了 50 个自然片[1]。

1988 年，北京市决定在 4 个城区各选 1 平方公里的旧居住区，作为危旧房改造和住宅商品化试点。由于资金筹措难度太大，遂缩小试点规模，先在菊儿胡同①、小后仓②和东南园③三片进行改造试点[1]。

1990 年初，北京市房地产管理局对东城区、西城区、崇文区、宣武区、朝阳区、海淀区、丰台区危旧房再次进行调查。在调查的 4860 万平方米房屋中，三、四、五类房屋有 1362 平方米，占 28%。其中，房屋面积在 1 万平方米以上、占地在 1 公顷以上的成片危旧房有 202 片，面积占 55.9%[1, 3]。

1990 年 4 月，北京市做出加快危旧房改造的决定，确定了"一个转移、一个为主、四个结合"的方针，即城市建设重点，必须转移到新区开发与危旧房改造并重，危旧房改造以区为主，危旧房改造与新区开发、住房制度改革、房地产经营、保持古都风貌相结合。在 202 片中选择了 37 片作为第一批，其中 15 片相继开工。大规模的危旧房改造全面展开[1, 3]。

平方米。小后仓危旧房改造的建设资金，一是由政府提供 250 万元，占全部投资的 1/5；二是出售公共建筑，占全部投资的 3/5；三是由西城区房地产管理局垫付 1/5。
文字来源：北京市地方志编纂委员会.北京志·市政卷·房地产志 [M].北京：北京出版社，2000
③东南园危旧房改建后，由 39 栋楼房组成 5 个四合院式布局，并于琉璃厂文化街的建筑群体相协调，总建筑面积 1.27 万平方米，住房 230 套，人均建筑面积由原来的 6.92 平方米提高到 8 平方米。
文字来源：北京市地方志编纂委员会.北京志·市政卷·房地产志 [M].北京：北京出版社，2000

建筑节能标准降耗 30%
30% Reduction in Building Energy Consumption Standard

　　1988 年，北京市规划委、市建委等部门联合发布《民用建筑节能设计标准》（采暖居住建筑部分）《北京地区实施细则（试行）》DBJ 01-4-88（88），该标准是在以 80 住 2-4 住宅通用设计为能耗基准水平的基础上降耗 30%，即建筑物耗热量指标不应超过 25.3 瓦/平方米，采暖耗煤量指标不大于 17.4 千克标煤/平方米，称为第一步节能[①]，于 1991 年 1 月 1 日开始执行[23]。

节能住宅
Energy-Saving House

　　1980 年代末，开始推行多层节能住宅新体系，着重改革围护结构，逐步用新型材料代替空心黏土砖，达到国家节能标准。1989~1991 年，在铁家坟、西高井和南八里庄各建成一栋用粉煤灰加气混凝土砌块作外墙的 6 层住宅，内承重墙分别采用现浇混凝土、粉煤灰砖和黏土砖。1990 年，在安苑北里北区建成北京市第一个综合节能示范小区，其中 6 层砖混结构采用外墙内保温做法，用 240 毫米厚砖墙，内侧留 20 毫米空气层，再贴 32 毫米厚聚苯石膏板复合保温板。外窗试用单框双玻 25A 空腹节能密闭钢窗，屋顶板上铺 50 毫米厚再生聚苯板保温[2]。

图 2-20

图 2-21

图 2-22

①我国建筑节能以 1980~1981 年的建筑能耗为基础，按每步在上一阶段的基础上提高能效 30% 为一个阶段。北京市以 1980 年的能耗水平为基础，第一步节能是在此基础上节约 30%，简称为节能 30% 标准；第二步节能是在第一步节能的基础上再节约 30%，即 30%+70%×30%=51%，简称为节能 50% 的标准；第三步节能是在第二步节能的基础上再节约 30%，即 50%+50%×30%=65%，简称为节能 65% 的标准；第四步节能是在第三步节能的基础上再节约 30%，即 65%+35%×30%=75%。

图 2-20　槐柏树危改小区
Figure 2-20　Huaibaishu Area Regeneration Project
图 2-21　德宝危改小区
Figure 2-21　Debao Area Regeneration Project
图 2-22　小后仓胡同危改片区
Figure 2-22　Xiaohoucang Hutong Regeneration Project
图片来源：北京市规划和自然资源委员会网站

图 2-23 菊儿胡同危改项目

Figure 2-23 Ju'er Hutong Regeneration Project

（a）项目实施前；

（b）（c）（d）（f）项目实施后；

（e）项目获得 1993 年联合国"世界人居奖"，吴良镛先生在联合国领奖；

（g）项目的总平面图和剖面图

图片来源：清华大学建筑学院提供

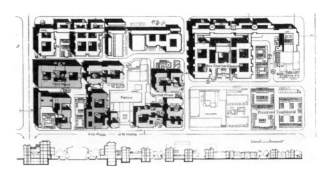

图 2-23（g）

图 2-24 (a)

图 2-24 (b)

图 2-24 (c)

图 2-24 (d)

图 2-24 小后仓胡同片区危改项目

Figure 2-24 Xiaohoucang Hutong Regeneration Project

（a）（b）（c）（d）项目实施后；

（e）项目实施前的总平面图；

（f）项目实施后的总平面图

图片来源：黄汇.北京小后仓危房改建工程中的点滴感受 [J]. 建筑学
报，1991（07）：2-9+2

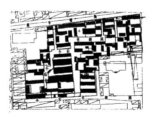

图 2-24 (e)

图 2-24 (f)

图 2-25（a）

图 2-25（b）

图 2-25（c）

商品房出现
The First Commercial Housing

1988 年，北京市房地产管理局出售西罗园小区新建住宅 2500 平方米共计 43 套，售价是每平方米 1000 元。销售并未公开，只面向房管局系统住房困难的职工。按照国务院的规定，新建住宅售价按标准价计算，各种优惠措施不适用年收入在 1 万元以上的住户，但一些高收入群体也闻讯前来登记。为解决有较高经济承受能力而住房困难家庭的住房问题，广安门外红莲小区、永定门外西罗园小区、东直门外十字坡小区确定为北京市首批公开出售的商品房并于 1989 年 2 月 15 日开始销售，价格分别为每平方米 1600 元、1700 元、1900 元。消息一经公布，356 套住宅在三天之内即被登记认购一空 [1]。

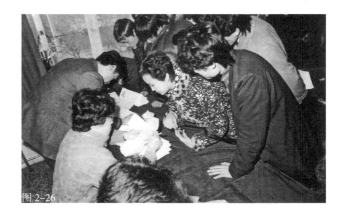

图 2-26

图 2-25 北京市首批公开出售的商品房
Figure 2-25 The First Commercial Housing in Beijing
（a）广安门外红莲小区；
（b）永定门外西罗园小区；
（c）东直门外十字坡小区
图片来源：孙子荆 摄

图 2-26 1989 年登记购买商品房
Figure 2-26 Register to Purchase Commercial Housing in Beijing
图片来源：徐步 . 北京生活 [M]. 广州：南方日报出版社，2010

北京住房制度改革
Housing Supply System Reform in Beijing

1991 年 11 月 23 日，国务院办公厅转发国务院住房制度改革领导小组《关于全面进行城镇住房制度改革的意见》[24]。

北京市在四年房改试点实践①的基础上，于 1992 年 4 月 7 日上报了《北京市住房制度改革实施方案》，一同上报的还有 7 个配套办法，包括《北京市住房基金管理办法》《北京市住房公积金制度实施办法》等 [25]，得到国务院住房制度改革领导小组的批复后，自当年 7 月 1 日起实施。改革方案确定了房改的 5 种基本形式：一是建立政府、单位住房基金；二是建立住房公积金；三是出售公有住房；四是逐步提高房租；五是集资合作建房 [1]。

其中出售公有住房规定：凡单元式住宅楼房，产权单位均可按准成本价向职工出售。市、区县房地产交易部门可组织房源，以市场价直接向家庭经济承受能力强而住房困难的本市城镇居民出售。同步实施配套改革。售房单位要落实售后维修管理工作，组织产权人成立楼房管理机构，建立公共维修基金，对楼房的共用部位、共用设施统一修缮管理。到 2002 年，北京累计出售公有住房 1 亿平方米，占可售公房总量的 83.4%[25]。

住宅小区建设试点推动整体水平提高
Pilot Residential Area Construction

1989 年起，建设部在全国开展城市住宅小区建设试点，在合理控制造价和执行国家建设标准的基础上，建设规划合理、设计新颖、功能齐全、设施配套、质量优良、环境优美，并具有民族风格和地方特色的城市住宅小区 [14]。北京市纳入第二批试点，恩济里小区②是北京市第一个试点小区 [2, 26]。

1991 年版北京城市总体规划得到批复
The Approval of Beijing City Master Plan 1991

1993 年 10 月，国务院批复《北京城市总体规划（1991 年—2010 年）》。规划第九部分"住宅和社区建设"提出，要大力进行城镇住宅和社区生活服务设施的配套建设，基本实现每户一套住宅，使居住条件明显改善，住宅标准要与经济发展水平相适应。市区居住区的建设，要由新区开发为主转向新区开发和旧区改造并重，加快对危旧房的改造。旧城区严格控制高层住宅建设。住宅标准和住宅设计要增加多样性和可选择性，满足现代生活需要。住宅造型要丰富多彩，避免千篇一律。把居住区建设成为组织居民生活的基本单位。新建居住区的规模一般为 1 万余户、3 万~5 万人，由若干小区组成。坚持统一规划、综合开发、配套建设、基础设施先行 [27]。

---

① 1988 年起到 1992 年初，北京市属单位 4300 万平方米住房进入房改，占市属住宅总面积的 90%。房改试点证明了房改的基本思路是可行的，大多数人对房改的意义和必要性有了较为深刻的了解，社会承受能力也大大增强，北京住房制度全面改革的时机已基本成熟。1992 年 5 月 21 日，国务院住房制度改革领导小组批准了《北京市住房制度改革实施方案》。

② 恩济里小区于 1990 年底开工，1993 年建成。小区占地 9.8 公顷，总建筑面积 14.73 万平方米。秉持"安静、安全、方便、舒适、优美"方针，以 4~6 层不同高度、板塔不同体型和坡顶平顶相间的楼房，围合成大小不同院落空间。主干路呈蛇形限制车速，两侧是带状绿地，重点部位设有小品建筑，组团之间留有较大绿地。该小区 1994年获建设部"全国城市住宅小区建设试点"金牌奖及规划设计、建筑设计、施工质量、科技进步一等奖，获 1995 年度中国建筑工程鲁班奖。

图 2-27（a）

图 2-27（b）

图 2-27 恩济里小区
Figure 2-27 Enjili Residential
Area
（a）（b）小区建成后；
图片来源：北京市规划和自然
资源委员会网站

图 2-27（c）

城市居住区规划设计规范出台
Introduction of Code for Urban Residential Area Planning&Design

1993 年，国家标准《城市居住区规划设计规范》GB 50180—93 颁布，并于 1994 年 2 月 1 日起施行。规范是在吸取国外经验、总结中华人民共和国成立以来已建城市居住区规划与建设经验的基础上制定的，将居住区规划结构分"组团、小区、居住区"三级，对住宅的间距、日照、配套服务设施、绿地率、活动场地、道路和管线等有了硬性的要求[28, 29]。

居住区公共服务设施配套指标的完善
Improvement of Neighbourhood Public Service Facility Standard

1994 年，为使居住区公共设施和生活服务设施配套建设进一步适应社会主义市场经济和住宅商品化的发展，更好地贯彻落实《北京城市总体规划》，北京下发了《北京市新建、改建居住区公共服务设施配套建设指标》，1995 年 1 月 1 日起实行[18]。

物业管理法规的建立
Establishment of Property Management Laws and Regulations

1995 年 10 月 1 日，《北京市居住小区物业管理办法》施行。该办法提出，居住小区已交付使用并且入住率达到 50% 以上时，应当建立物业管理委员会。物业管理企业受物业管理委员会及房地产产权人的委托，承担居住小区的物业管理[30]①。

（c）南入口单元与北入口单元平面图
图片来源：程述成主编. 建设部城市住宅小区建设试点办公室技术组汇编. 全国第二批城市住宅小区建设试点规划设计 [M]. 北京：中国建筑工业出版社，1993

①新建居住小区必须按《北京市居住小区物业管理办法》的规定统一实行物业管理。办法施行前已经验收交付使用的居住小区，应当依照办法逐步实行物业管理。

房地产业蓬勃发展中
住房保障体系逐步建立

3. Establishment of Affordable Housing System in the Rapidly Developing Real Estate Industry

20 世纪 90 年代，房地产业迅速兴起。1998 年国务院发布文件停止住房实物分配，逐步实行住房分配货币化[31]，进一步促进了房地产业的蓬勃发展。2004 年以后，面对繁荣发展的房地产市场，一系列政策相继推出，主要包括经营性土地（包括商品住宅）使用权招标拍卖挂牌出让政策[32]，住房供应结构调整的"7090"政策[33]，限制房价上涨过快和炒房投机行为的限购政策[34]，"限房价、竞地价"土地竞买政策[35] 等。

在市场化大背景下的住房保障体系开始建立。从 1998 年的经济适用住房[36]、2001 年的廉租住房[37]、2008 年的两限房[38] 和公共租赁住房[39]，到 2013 年的保障房"四房"合一[40] 和自住型商品房[41]，相关工作不断推进。

与此同时，老旧小区的更新也在持续进行。房地产开发带动的危旧房改造到 1994 年和 1995 年出现了一个高潮[1]。2011 年国务院公布《国有土地上房屋征收与补偿条例》[42]，拆迁条例同时废止。拆迁的终结使得一些历史遗留危改项目的推动更加艰难。2012 年北京开始开展老旧小区综合整治工作[43] 以改善一些环境衰败、脱管失管小区的居住条件。2013 年，国务院和北京市相继下发关于加快棚户区改造工作的有关意见[44, 45]，一些危改项目转为棚户区改造项目。

住宅的建造技术能力不断提高。2002 年，北京首座民用住宅钢结构建筑封顶[16]。北京市 2010 年提出发展住宅产业化[46]，2013 年提出全面发展绿色建筑、建设绿色生态示范区、建设绿色居住区等工作重点，目标从单一的节能转向全面绿色、生态发展[47]。

物业管理的相关法规政策不断完善。2003 年国务院发布《物业管理条例》[48]。2007 年《中华人民共和国物权法》出台，明确了业主对建筑物的权利，强化了物业管理的合法性[49]。2010 年北京市发布《北京市物业管理办法》[50]。2011 年《北京市生活垃圾管理条例》出台[51]。

图 2-28 回龙观文化居住区
Figure 2-28 Huilongguan Affordable Housing Residential Area
图片来源：澎湃新闻网站 2019 年 6 月 23 日转载《北京青年报》文章《北京回龙观地区拆分为：回龙观街道、龙泽园街道和史各庄街道》

图 2-29

房改带危改
Promoting Dilapidated House Regeneration by Real Estate Development

　　房地产开发带动了危旧房改造，到 1994 年和 1995 年出现了一个高潮。1999 年全市已改造危旧房 50 片，拆除房屋 150 万平方米，5.6 万户居民迁入新居。2000 年 3 月 23 日，北京市发布《加快城市危旧房改造实施办法（试行）》，确定通过"房改带危改"的方式推进危旧房改造[1, 52]。

建筑节能标准降耗 50%
The Second 30% Reduction in Building Energy Consumption Standard

　　1997 年，发布居住建筑节能 50% 的设计标准《民用建筑节能设计标准（采暖居住部分）北京地区实施细则》DBJ 01-602—97，1998 年 1 月 1 日开始执行[53]。

停止住房实物分配
Termination of Welfare-oriented Public Housing Distribution

　　1998 年 7 月 3 日，国务院下发《关于进一步深化城镇住房制度改革加快住房建设的通知》，提出深化城镇住房制度改革的目标：停止住房实物分配，逐步实行住房分配货币化[1]；建立和完善以经济适用住房为主的多层次城镇住房供应体系；发展住房金融，培育和规范住房交易市场。其中对于住房供应，提出对不同收入家庭实行不同的政策。最低收入家庭租赁由政府或单位提供的廉租住房，中低收入家庭购买经济适用住房，其他收入高的家庭购买、租赁市场价商品住房[31]。1999 年 9 月，北京相应出台《北京市进一步深化城镇住房制度改革加快住房建设实施方案的通知》[54]。

图 2-29 金鱼池地区"房改带危改"
Figure 2-29 Jinyuchi Area Regeneration Project
图片来源：《新东城报》2011 年 6 月 14 日文章《龙须沟沧桑巨变 几代人夙梦成圆——记新中国成立后金鱼池地区的三次变迁》

住宅设计规范修订

Revision of Design Code for Urban Residential Buildings

在住房制度改革的背景下，1999 年《住宅建筑设计规范》修订并改名为《住宅设计规范》GB 50096—1999，其目的是保障城市居民基本住房条件，提高城市居住质量。首次提出满足老年人、残疾人的特殊使用需求；首次将起居室列入住宅基本功能空间，做到"食寝分离、动静分区"；普通住宅套型不再按小、中、大来划分，而是按居住空间个数和使用面积大小分为四类；规定了厨房、卫生间的最小使用面积和设计要点；提出了室内环境舒适性，如室内噪声级、供暖温度的具体指标。2003 年，再次修订部分条文，修改了层高、室内栏杆和设备管线等内容，强调方便性与安全性[28, 55-57]。

城市居住区规划设计规范修订

Revision of Code for Urban Residential Area Planning and Design

伴随我国住房体制改革深化，为适应国家经济社会发展、居民居住水平的提高以及住宅市场化变革，1993 年版《城市居住区规划设计规范》经过局部修订形成 2002 年版本 [GB 50180—93（2002 年版）]，增加了老年人设施和停车等要求，对住区分级标准、配套设施、指标体系、日照间距等进行了调整[28, 58]。

图 2-30

图 2-31

图 2-30 广渠门京城仁合住宅
Figure 2-30 Jingchengrenhe, the First Low-rent Housing Project
本项目为北京市第一个廉租房项目，位于通惠河北路西侧广渠门北里社区，建筑平面为 U 形，建筑面积共 3 万多平方米，共计 402 套住房；其中一居室为无障碍设计，共 132 套，两居室共 162 套，三居室共 108 套。该项目于 2003 年建成，2004 年配租，针对廉租家庭中行动不便的残疾人及老年人较多的实际情况对南向靠近电梯位置安排了无障碍设计。
文字来源：北京市住宅建筑设计研究院有限公司提供
图片来源：孙子荆 摄

图 2-31 金隅美和园廉租房
Figure 2-31 Jinyumeihe Low-rent Housing Project
本项目为北京城八区内首个交用的廉租房项目
图片来源：刘杨凡奇 摄

图 2-32

经济适用住房
Affordable Housing Supply

1998 年 10 月 18 日，北京市人民政府办公厅印发《关于加快经济适用住房建设的若干规定（试行）》，明确经济适用住房是面向中低收入家庭的普通住宅，要体现适用、经济、美观、安全、卫生、便利的原则 [36]。1998 年 10 月 29 日，以回龙观、天通苑为代表的 19 个经济适用住房在北京市房地产交易中心集中展示，拉开了经济适用房开发建设的大幕 [1]。在第一批 19 个经济适用住房项目中，回龙观文化居住区是其中最大的项目。2000 年 12 月 29 日，北京市政府办公厅转发了市建委、市国土房管局《北京市城镇居民购买经济适用住房有关问题的暂行规定》 [59]。2007 年，北京市人民政府出台《北京市经济适用住房管理办法（试行）》 [60]。

图 2-32 回龙观文化居住区（第一批 19 个经济适用房项目中最大的项目）
Figure 2-32 Huilongguan Residential Area, the Largest One of the First 19 Affordable Housing Projects in Beijing
图片来源：回龙观社区网

廉租住房
Low-rent Housing Supply

2001 年 11 月 15 日晚上，北京市第一批廉租房摇号配租现场通过北京电视台电视转播播出，98 户家庭成为北京第一批廉租房住户 ①[1]。1999 年 4 月 22 日，建设部颁布《城镇廉租住房管理办法》，当年 5 月 1 日起施行 [61]。2001 年 8 月 21 日，北京市人民政府办公厅转发市国土房管局《北京市城镇廉租住房管理试行办法》，明确城镇廉租住房是指政府（单位）在住房领域实施社会保障职能，向具有本市非农业常住户口的最低收入家庭和其他需保障的特殊家庭提供的租金补贴或者以低廉租金配租的具有社会保障性质的普通住宅。承租廉租住房实行申请、审批、轮候制度 [37]。2007 年 9 月 25 日，北京市人民政府颁布《北京市城市廉租住房管理办法》 [62]。

① 2001 年 11 月 15 日晚，本市廉租住房首次摇号配租活动进行，电视台现场直播。孙宝信一家一直挤在一间 10.7 平方米的平房小屋里。六年级的女儿连床都没有，只能睡沙发。靠低保生活的他实在没有能力换房。直到参加了这次廉租房摇号，全家改善住房条件的梦终于可以实现了。当晚，包括孙宝信家在内的 98 个家庭幸运地被摇中，成为本市第一批廉租房住户。《北京市城镇廉租住房管理试行办法实施意见》的出台，无疑给了社会最低收入家庭极大的鼓舞。
文字来源：《北京日报》2001 年 11 月 16 日第 9 版，《首批廉租房住户摇出》

房地产业逐步成为支柱产业
The Real Estate Industry becoming Pillar Industry

房地产业逐步成为城市的支柱产业。居住区规划和住宅建筑设计，在市场经济的带动下，伴随市场主体的多元化，商品住宅产品类型日趋丰富多样，但也存在追求高容积率、住宅形式同质化等问题。

物业管理机制的完善
Property Management Mechanism Improvement

2001 年，北京市发布《关于规范和加强本市居住区物业管理若干意见》。意见提出，加快组建和完善业主委员会。物业管理通过组织业主委员会①来实施。业主委员会由全体业主通过一定方式推荐或选举产生，一般由 5 名至 15 名委员单数组成[63]。

2003 年 6 月 8 日由国务院发布《物业管理条例》，当年 9 月 1 日起施行。条例规定了业主和业主大会的权利和义务、建设单位对前期物业管理的选聘、物业管理服务企业的资格和职权范围、物业管理对物业的使用与维护、法律责任等[48]。

2010 年 5 月 27 日，北京发布《北京市物业管理办法》，当年 10 月 1 日实施，《北京市居住小区物业管理办法》同时废止[50]。

图 2-33

图 2-34

图 2-35

①《关于规范和加强本市居住区物业管理若干意见》提出，凡商品房、经济适用住房入住率超过 50%，或首户入住已满二年的新建居住小区，应组建业主委员会；1994 年底前投入使用的老旧小区，房改售房率超过 50% 的，应组建业主委员会。

图 2-33 中海凯旋
Figure 2-33 Zhonghai Kaixuan
图片来源：中建－大成建筑有限责任公司网站 http://www.zhong-da.com.cn/product/277992197
图 2-34 朗琴园四期
Figure 2-34 Langqinyuan Residential Area
图片来源：孙子荆 摄
图 2-35 中信城
Figure 2-35 Zhongxincheng Residential Area
图片来源：孙子荆 摄

经营性土地招拍挂
Land Use Right Selling by Bidding, Auction and Listing

2002 年，国土资源部发布《招标拍卖挂牌出让国有土地使用权规定》，明确工业、商业、旅游、娱乐和商品住宅等经营性用地应当以招标、拍卖或挂牌方式出让[32]。2004 年，国土资源部、监察部联合下发《关于继续开展经营性土地使用权招标拍卖挂牌出让情况执法监察工作的通知》，除历史遗留问题外，商业、旅游、娱乐和商品住宅等经营性土地供应必须严格按规定采用招标拍卖挂牌方式，2004 年 8 月 31 日前应完成历史遗留问题的界定和处理，俗称"831 大限"[64]。自此商品住宅用地不能再协议出让。

首座民用高层钢结构住宅封顶
Completion of the First Steel Structure High-rise Housing

2002 年 11 月 11 日，北京首座民用住宅钢结构高层建筑，位于金融街的金宸公寓 3、4 号楼封顶[16]。

建筑节能标准降耗 65%
The Third 30% Reduction in Building Energy Consumption Standard

2004 年发布北京地区居住建筑节能 65% 设计标准《居住建筑节能设计标准》DBJ 01-602—2004，当年 10 月 1 日全面执行。根据 2003 年对城八区住宅建筑面积普查和 2004 年住宅竣工情况抽样，北京住宅 26909 万平方米中，非节能住宅为 9379 万平方米[23]。

图 2-36 金宸公寓
Figure 2-36 Jinchen Apartment
金宸公寓 3、4 号楼位于北京市西城区金融街，是建设部批准的"钢结构住宅师范工程"，被列入建设部 36 个科技攻关项目之一。两楼均为地下 2 层，地上 13 层，层高净高 2.8 米。两栋建筑的外部尺寸均为 60 米长、20 米宽，均为单元式公寓。3 号楼为 3 个单元，每梯两户。4 号楼为 4 个单元。结构形式采用钢框架 - 混凝土核心筒结构体系。
图片来源：孙子荆 摄

图 2-37 金地·格林小镇
Figure 2-37 Golden Land·Green Town Commercial Residential Project
全国首批健康住宅试点项目，首个开展健康住宅社会环境专项研究与实践的健康住宅示范工程。
图片来源：孙子荆 摄
图 2-38 锋尚国际公寓
Figure 2-38 Fengshang International Apartment
国内第一次全面执行欧洲发达国家标准的住宅，运用了柔和天棚盘管辐射 + 置换式新风系统的配套新技术。
图片来源：孙子荆 摄

2004 版北京城市总体规划得到批复
The Approval of Beijing City Master Plan 2004

  2005 年 1 月 27 日，国务院批复修编后的《北京城市总体规划（2004 年—2020 年）》。规划提出，加快完善房地产业发展政策，规范房地产市场，加强政府行业管理与服务，积极引导和调控房地产业健康、有序发展。在严格遵循节约土地、节约能源、节约原材料原则的前提下，不断提高住宅质量与水平，满足人民生活水平不断提高的需求。注重社会公平，积极为低收入居民提供必要的住宅保障[65]。

"7090" 政策出台
The Introduction of "7090" House Supply Policy

  2006 年 5 月 24 日，国务院办公厅转发建设部等九部门《关于调整住房供应结构稳定住房价格意见》，该意见指出，房地产领域的一些问题尚没有得到根本解决，少数城市房价上涨过快，住房供应结构不合理矛盾突出，房地产市场秩序比较混乱。该意见提出，自 2006 年 6 月 1 日起，凡新审批、新开工的商品住房建设，套型建筑面积 90 平方米以下住房（含经济适用住房）面积所占比重，必须达到开发建设总面积的 70% 以上，俗称"7090"政策[①]。直辖市、计划单列市、省会城市因特殊情况需要调整上述比例的，必须报建设部批准[33]。

图 2-39

图 2-40

图 2-41

---

① "7090" 政策内容除切实调整住房供应结构外，还涉及进一步发挥税收、信贷、土地政策的调节作用；合理控制城市房屋拆迁规模和进度；进一步整顿和规范房地产市场秩序；有步骤地解决低收入家庭的住房困难问题；完善房地产统计和信息披露制度。

图 2-39 锦秋知春（菲列普·考克斯设计）

Figure 2-39　Jinqiuzhichun Commercial Residential Project，Designed by Philip Cox

图片来源：刘杨凡奇 摄

图 2-40 果岭 CLASS

Figure 2-40　Green CLASS Commercial Residential Project

图片来源：刘杨凡奇 摄

图 2-41 建外 SOHO（山本理显设计）

Figure 2-41　Jianwai SOHO Commercial Residential Project，Designed by Riken Yamamoto

总建筑面积 683821 平方米，含商业、写字楼及住宅。24 栋塔楼全部采用基底为 27.3 米 ×27.3 米的平面，30 度平面旋转，由南至北大致分为 3 个高度，南部为 12~16 层，中间为 20~28 层，北部为 30~33 层。外立面全部由方框元素构成，墙面、窗框、栏杆等全部采用白色。

文字来源：徐建伟. 简约建筑的人性化——建外 SOHO 设计 [J]. 建筑学报，2004（04）：40-43

图片来源：SOHO 中国网站

图 2-42

物权法颁布
Promulgation of the Property Law

2007 年 3 月 16 日，《中华人民共和国物权法》于第十届全国人民代表大会第五次会议通过，自 2007 年 10 月 1 日起施行。

《中华人民共和国物权法》规定了业主的建筑物区分所有权，明确了业主对建筑物内的住宅、经营性用房等专有部分享有所有权，对专有部分以外的共有部分享有共有和共同管理的权利；业主可以设立业主大会，选举业主委员会；以及业主共同决定事项的内容和通过事项的业主构成比例[49]。

图 2-42 当代 MOMA（斯蒂文·霍尔设计）
Figure 2-42 Linked Hybrid Commercial Residential Project，Designed by Steven Holl
图片来源：刘杨凡奇 摄

开展旧住宅区整治改造
Implementation of Old Urban Residential Area Renovation

2007 年 5 月 16 日建设部出台《关于开展旧住宅区整治改造的指导意见》，将旧住宅区整治改造纳入政府公共服务的范畴。整治改造的内容包括环境综合整治、房屋维修养护、配套设施完善、建筑节能及供热供暖设施改造四部分；提出建立统筹协调与分工负责的工作机制、建立规划先行的保障机制、建立多元的资金筹措机制、建立规范的市场运作机制、建立长效的后续管理机制，共计五项探索创新整治改造机制的要求[66]。

图 2-43 金域华府两限房项目（综合运用多种技术）
Figure 2-43 Jinyuhuafu，a Reasonably Priced Housing Project in Beijing
项目位于北京市昌平区回龙观地区，总建筑面积约 24.93 万平方米，于 2012 年底入住。项目中包含保障性住房和限价商品房。此项目中采用装配式建造技术，建筑的楼板、楼梯、内隔墙均采用预制构件，并获得绿色建筑二星设计标识。
文字和图片来源：北京市住宅建筑设计研究院有限公司提供

两限房供应
The Supply of Reasonably Priced Housing

两限房即限房价、限套型普通商品住房。2008年3月26日，《北京市限价商品房管理办法（试行）》出台。办法规定，限价房面积严控在90平方米以下，供应对象为本市中等收入住房困难的城镇居民家庭、征地拆迁过程中涉及的农民家庭以及市政府规定的其他家庭。符合条件的家庭，有三类家庭可优先购买，其中一类是解危排险、旧城改造和风貌保护、环境整治、保障性住房项目与市重点工程等公益性项目所涉及的被拆迁或腾退家庭。限价房5年内不得转让 [38]。

公共租赁住房入市
Public Rental Housing on Sale

经过大半年的酝酿，为解决"夹心层"住房保障，2008年政策租赁房开始起步。7月3日，北京市首次推出两块入市用地配建政策性租赁房。2009年5月，"政策性租赁房"更名为"公共租赁住房"。7月17日，北京市住建委等部门联合发布《北京市公共租赁住房管理办法（试行）》，当年8月1日起施行。公共租赁住房是指政府提供政策支持，限定户型面积、供应对象和租金水平，面向本市中低收入住房困难家庭等群体出租的住房 [39]。

图 2-44 住总·旗胜家园两限房项目（综合运用多种技术）
Figure 2-44 Jingqi Community, a Reasonably Priced Housing Project in Beijing
项目位于昌平区西三旗，用地面积 31.81 公顷，建筑面积 57.99 万平方米。本项目是北京市第一个社会保障性两限房项目。
文字和图片来源：北京市住宅建筑设计研究院有限公司提供

图 2-45 燕保·梨园家园（北京市第一个公共租赁住房项目）
Figure 2-45 Yanbao Liyuan Community, the First Public Rental Housing Project in Beijing
项目位于北京市通州区梨园镇五所南路，是北京市第一个公租房项目，共有 3 栋住宅楼，854 套住宅，在 2013 年 12 月开始配租。项目获得 2014 年度"中国保障性安居工程示范项目"称号。
文字和图片来源：北京市住宅建筑设计研究院有限公司提供

二手房交易量首次超过一手房

Preowned Residence Transaction Volume Exceeding Newly-built Residence

2009 年，根据链家房产的分析统计，当年北京市二手房成交 252431 套，一手住宅成交仅为 184290 套（含 25543 套保障性住房），二手房交易首次超过一手房 [67]。

住宅产业化

Housing Industrialization

2010 年 3 月 8 日，北京市住房和城乡建设委等 8 部门联合发布《关于推进本市住宅产业化的指导意见》。迎合住宅建设发展趋势，实现节能减排、推进绿色安全施工、提高住宅工程质量、改善人居环境以及促进产业调整 [46]。

限房价、竞地价

Land bidding with Limited Housing Price

为抑制房价的过快增长，同时为了保障和满足城市中低收入群体（即"夹心层"群体）的住房需求。2010 年 4 月，北京开始试点"限房价、竞地价"土地竞买方式，当年 5 月，首个项目房山区长阳镇起步区 6 号地成交 [68]。2011 年 1 月 26 日，国务院办公厅《关于进一步做好房地产市场调控工作有关问题的通知》中提出，大力推广"限房价、竞地价"方式供应中低价位普通商品住房用地 [35]。

图 2-46 雅世合金公寓
Figure 2-46 Yashi Hejin Apartment
项目是新型工业化体系的实验住宅，实施了内装工业化体系，并与结构体系完全分离
图片来源：刘东卫，张广源．雅世合金公寓 [J]．建筑学报，2012（04）：50-54
图 2-47 假日风景 B3 号、B4 号楼
Figure 2-47 Jiarifengjing, the First Prefabricated Housing Project in Beijing
项目被北京市建委授予"北京市住宅产业化试点工程"，其中 B3 号、B4 号楼为装配式整体剪力墙结构
图片来源：北京市住宅建筑设计研究院有限公司提供

图 2-48 金域缇香（首次装配式与基础隔震技术相结合）
Figure 2-48 Jinyutixiang, the First Prefabricated Housing Project Applying Seismic Isolation Technique in Beijing
其中三栋住宅楼选用全预制装配式剪力墙结构，装配式面积共 2.88 万平方米，7 号住宅楼为此领域中首次将预制装配整体式建立墙技术与基础隔震技术相结合的成果
图片来源：北京市住宅建筑设计研究院有限公司提供

限购政策出台
Release of Purchase Restriction Policy

为了遏制房价上涨过快和炒房等投机行为，2010 年 4 月 17 日国务院下发《关于坚决遏制部分城市房价上涨过快的通知》，首次提出"地方人民政府可以在一定时期内限定购房套数这一临时性措施"[69]。2011 年 1 月 26 日，国务院办公厅下发《关于进一步做好房地产市场调控工作有关问题的通知》，明确提出，各直辖市、计划单列市、省会城市和房价过高、上涨过快的城市，在一定时期内，要从严制定和执行住房限购措施[35]。

2010、2011、2013 年，北京市相继出台了住房的相关限购政策①[34]。

拆迁条例废止
Repeal of Regulation on the Dismantlement of Urban Houses

2011 年 1 月 19 日，国务院第 141 次常务会议通过并公布了《国有土地上房屋征收与补偿条例》，明确了政府是公共利益征收的唯一补偿主体；界定了公共利益范围，标志着公共利益征收与商业开发征收混为一谈的拆迁模式已成为历史；规定征收过程程序化、明确征收补偿标准等。2001 年由国务院公布的《城市房屋拆迁管理条例》同时废止[42]。

①依据北京市限购政策，对拥有 2 套及以上的本市户籍居民家庭和拥有 1 套及以上的非本市户籍家庭，暂停在本市向其售房。本市户籍成年单身人士在本市未拥有住房的，限购 1 套住房。对已拥有 1 套及以上住房的，暂停在本市向其出售住房。

图 2-49 龙湖·唐宁 ONE
Figure 2-49 Longfor·Tangning ONE Commercial Residential Project
图片来源：刘杨凡奇 摄
图 2-50 UHN 国际村
Figure 2-50 UHN International Village Commercial Residential Project
图片来源：刘杨凡奇 摄

生活垃圾管理立法
Approval of Administrative Measures for Domestic Garbage

2011 年 11 月 18 日，北京市第十三届人民代表大会常务委员会第二十八次会议通过《北京市生活垃圾管理条例》，2012 年 3 月 1 日起实施。该条例是全中国第一部生活垃圾管理方面的地方性法规。条例明确，生活垃圾处理是关系民生的基础性公益事业。加强生活垃圾管理，维护公共环境和节约资源是全社会共同的责任[51]。

老旧小区综合整治大规模开展
Old Urban Residential Area Renovation Launching Widely

2012 年 1 月，北京市政府出台了《北京市老旧小区综合整治工作实施意见》，提出对 1990 年之前建设且建设标准、设施设备、功能配套明显低于现行标准的老旧小区，实施以抗震节能为主、环境治理为辅的综合整治①。整治内容涉及房屋建筑本体和小区公共部分两方面[43]。

建筑节能标准降耗 75%
The Forth Reduction by 30% in Building Energy Consumption Standard

2012 年 6 月 14 日，北京市规划委等部门再次发布修订的地方标准《居住建筑节能设计标准》DB 11/891—2012，即节能 75% 标准，2013 年 1 月 1 日起实施[70]。

图 2-51 莲花池西里 6 号院公共区域改造
Figure 2-51 Public Area Renovation of No. 6 Lianhuachi West Residential Area
图 2-52 白云路 7 号院电梯增设
Figure 2-52 Elevator Installation in No. 7 Baiyun Road Residential Area
图 2-53 毛纺北小区立体停车库增设
Figure 2-53 Compound Mechanical Motor Vehicle Garage Adding in Maofangbei Residential Area
图片来源：北京市规划和自然资源委员会网站

①老旧小区综合整治的第一轮试点主要有东城区胡家园东区、春秀路小区、西城区灵境小区、安德馨居小区、白云路 7 号院小区、海淀区毛纺北小区等。来自市住建委的数据显示，"十二五"期间，全市共完成 6562 万平方米市属老旧小区综合整治（其中完成楼栋抗震节能改造共 5529 万平方米），共涉及小区 1678 个，楼栋 1.37 万栋，惠及 81.9 万户，1/7 的城镇居民受益。
文字来源：中华人民共和国中央人民政府网站 2017 年 11 月 2 日转载《北京日报》文章《北京启动新一轮老旧小区综合整治》

住宅设计规范修订
Revision of Design Code for Urban Residential Buildings

2011年《住宅设计规范》GB 50096—2011再次修订出台，2012年8月1日起实施。此次规范修编旨在落实国家建设节能省地型住宅的要求，高度重视民生与住房保障问题[71]。

规范将使用范围从"城市住宅设计"修改为"城镇住宅设计"，对术语进行重新核对。与《住宅建筑规范》进行协调，强调住宅设计时应做到的"技术措施"。重点论证和修改了技术经济指标的计算方法①。

规范对最小套型面积进行修改，积极配合建设"中小套型住宅"和保障性住房的国策，将原规范规定的各功能空间使用面积适当减小，将原使用面积不小于34平方米的套型改为30平方米。此外，规定由兼起居的卧室、厨房和卫生间等组成的住宅套型最小使用面积为22平方米[28]。

规范删除了原规范中不属于住宅单体设计的"日照间距""垃圾道设置""地下车库"等内容，重点增加了"层数计算""信报箱设置""排气道"等内容。此外，还对中高层电梯、连廊设置以及室外空调机位设置等设计问题提出有关规定。增设了室内空气质量等要求[28]。

保障性住房全面推进产业化
Affordable Housing Industrialization

北京市建委2012年发布《关于在保障性住房建设中推进住宅产业化工作任务的通知》，2014年发布《关于在本市保障性住房中实施绿色建筑行动的若干指导意见》，以保障性住房为重点全面推进住宅产业化②和绿色节能技术和装配式工法[74, 75]。

绿色建筑和绿色居住区发展建设
Promotion of Ecological Residential Area Construction

2013年5月13日，《北京市发展绿色建筑推动生态城市建设实施方案》发布，提出全面发展绿色建筑、建设绿色生态示范区、建设绿色居住区③等工作重点[47]。

城市居住区规划设计规范修订
Revision of Code for Urban Residential Area Planning and Design

2013年，为配合海绵城市建设工作，《城市居住区规划设计规范》（2002年版）针对低影响开发再次进行了局部修订，形成了2016年版规范。

本次修订的主要技术内容是：增补符合低影响开发的建设要求，对地下空间使用、绿地与绿化设计、道路设计、竖向设计等内容进行了调整和补充；进一步完善道路规划和停车场库配置要求等[72]。

---

①关于"套型建筑面积"的计算方法，目前至少有4~5项国家标准或行业标准的相关规定：《建筑面积计算规则》计算整座建筑；《房产测量规范》用于实测建筑面积，住宅套型边界采用墙体中心线。《城市居住区规划设计规范》涉及容积率计算，不包括地下室、半地下室、阳台以及斜屋顶下空间。《住宅设施规范》侧重住宅设计阶段，此次修编对面积计算的原则是：第一，强调建筑设计阶段面积计算与其他阶段略有不同；第二，2003版侧重以单元为单位进行方案比较，本版侧重以楼栋为单位的施工图设计；第三，系数从标准层的概念改为整栋楼系数的概念；第四，阳台面积计算顺应当前控制套型规模的政策，按50%折算。[27]
②保障性住房产业化的相关文件主要有《绿色保障性住房技术导则》

（建办〔2013〕195号）《关于在保障性住房建设中推进住宅产业化工作任务的通知》（京建发〔2012〕359号）《关于确认保障性住房实施住宅产业化增量成本的通知》（京建发〔2013〕138号）《关于在本市保障性住房中实施绿色建筑行动的若干指导意见》（京建发〔2014〕315号）《关于在本市保障性住房中实施全装修成品交房有关意见的通知》（京建法〔2015〕17号）等。
③根据《绿色建筑评价标准》GB/T 50378—2019，绿色建筑划分应为基本级、一星级、二星级、三星级4个等级。绿色居住区内二星级及以上的绿色建筑面积占总建筑面积的比例应达到40%，开发后径流排放量不大于开发前，硬质地面遮阴率不小于50%，垃圾分类收集率为100%等。

图 2-54（a）

图 2-54（b）

图 2-54（c）

棚户区改造
Shanty Area Regeneration

2013 年，国务院下发《关于加快棚户区改造工作的意见》，进一步加大棚户区改造力度，让更多困难群众的住房条件早日得到改善，同时有效拉动投资、消费需求，带动相关产业发展，推进以人为核心的新型城镇化建设，发挥助推经济实现持续健康发展和民生不断改善的积极效应 [44]。

2014 年，北京市政府发布《关于加快棚户区改造和环境整治工作的实施意见》，棚户改造项目包括：平房院落修缮项目、危旧房改造项目、城中村边角地整治项目、新增棚户区改造和环境整治项目。棚户区改造纳入征收范围为大规模改造延续了法制保障 [45]。

2019 年，北京市政府办公厅下发《北京市 2019 年棚户区改造和环境整治任务》的通知，提出推动棚改工作转型，包括由重项目启动向重项目收尾转变 [73]。

图 2-54 百万庄北里棚户区改造后建成的百万佳苑小区（北京中心城区首个棚改项目）

Figure 2-54 Baiwanzhuang Beili Shanty Area Regeneration Project, the First Shanty Area Regeneration Project in Central Beijing

百万庄北里项目位于北京市西城区，于 2013 年 12 月启动。百万庄地区改造前，平房、简易楼、成套楼交错分布，年久失修，情况复杂。历经 4 年施工，首批回迁居民于 2017 年底入住新建成的百万佳苑小区。

图片来源：孙子荆 摄

保障性住房"四房"合一
Affordable Housing System Integration

  2013 年 4 月 19 日，北京正式开始执行"四房"合一政策，不再按照廉租房、经济适用房、两限房、公租房四类分别申请，而是统一按照"四房"中准入标准最宽松的公租房审核，将符合条件的家庭纳入轮候，先通过公租房予以保障，有可配售房源时，按轮候家庭意向及不同保障住房资格核定配售[40]。

自住型商品住房申购
Affordable Commercial Housing Application

  2013 年 10 月，北京市住建委等五部门联合发布《关于加快中低价位自住型改善型商品住房建设的意见》[41]。11 月 11 日，北京市第一批 7 个自住型商品房规划方案揭晓，分布在朝阳、海淀、丰台、昌平四区；11 月 30 日，北京首个自住型商品房接受网上申购[76]。

图 2-55 郭公庄车辆段一期公共租赁住房项目
Figure 2-55 Guogongzhuang Public Rental Housing Project
项目获 2019 年"北京市优秀工程勘察设计奖"专项类装配式建筑设计优秀奖一等奖
图片来源：国务院国有资产监督管理委员会网站

图 2-56 燕保·百湾家园
Figure 2-56 Yanbao Baiwan Community，a Prefabricated Public Rental Housing Project
项目为全装配式公租房项目，于 2019 年底竣工，户型建筑面积从 40 平方米到 60 平方米不等
图片来源：北京市住宅建筑设计研究院有限公司提供
图 2-57 恒大御景湾（首个自住型商品房）
Figure 2-57 Hengda Yujingwan，the First Affordable Commercial Housing
图片来源：安居客网站

肆 存量更新和减量发展时代的来临

4. New Era of City Development Mainly Supported by Built-up Area Regeneration and Less New Urban Construction

2014 年和 2017 年，习近平总书记两次视察北京，对北京城市规划建设做出重要指示，提出要努力把北京建设成为国际一流的和谐宜居之都，提高城市管理水平[77, 78]。2015 年，中央城市工作会议时隔 37 年再次召开，这是关于中国城市发展的一次全方位部署，其内容与城市居民的衣食住行、生老病死、安居乐业等都息息相关[79]。2016 年的中央经济工作会议提出，"房子是用来住的、不是用来炒的"，党的十九大报告对此再次明确[80]。

住房保障体系逐步完善。为了抑制房价，北京土地出让 2016 年首次在"限房价、竞地价"基础上，再竞投自持面积和高标准建设方案[81]。2017 年，北京成为住房和城乡建设部第一批全国利用集体建设用地建设租赁住宅的试点[82]。同年 9 月，北京首个共有产权住房项目公开摇号[83]。

居住品质要求逐步提高。北京市 2015 年修订居住公共服务设施配置指标[84]，2016 年启动首批智慧小区示范工程建设[85]。2017 年 9 月 30 日，中共中央、国务院批复《北京城市总体规划（2016 年—2035 年）》，这是全国首个建设用地规模减量的总体规划，在城市总体规划中首次提出统筹推进老旧小区综合整治和有机更新[86]。次年，北京发布《老旧小区综合整治工作方案（2018—2020 年）》[87]。

住宅建造技术向进一步工业化、产业化、集成化迈进。2016 年、2017 年，国务院、北京市先后提出加快发展装配式建筑[88, 89]。抗震技术规范不断优化，第五代《中国地震动参数区划图》2015 年发布，《建筑抗震设计规范》于 2016 年修订[90]。

基层治理和街区更新不断创新。2019 年年底，北京市大会常委会通过《北京市街道办事处条例》，将北京基层首创的"街乡吹哨、部门报到"工作机制写进条例，首次提出街区更新[91]。修改后的《北京市生活垃圾管理条例》[92] 和新修订的《北京市物业管理条例》[93] 出台，进一步完善了居住管理。

图 2-58 灵境小区综合整治后
Figure 2-58 Lingjing Residential Area Renovation: A Case of Old Urban Residential Area Renovation
图片来源：北京市西城区房屋土地管理中心提供

习近平视察北京

Xi's Instruction for Urban Development during Beijing Inspection

2014 年 2 月 25 日、26 日，习近平总书记到北京视察，就推进北京发展和管理工作提出要求。一是要明确城市战略定位，坚持和强化首都全国政治中心、文化中心、国际交往中心、科技创新中心的核心功能，努力把北京建设成为国际一流的和谐宜居之都。二是要调整疏解非首都核心功能。三是要提升城市建设特别是基础设施建设质量，形成适度超前、相互衔接、满足未来需求的功能体系，遏制城市"摊大饼"式发展，以创造历史、追求艺术的高度负责精神，打造首都建设的精品力作。四是要健全城市管理体制，提高城市管理水平。五是要加大大气污染治理力度[77]。

加强居住公共服务配套设施建设

Improvement of Neighbourhood Public Service Facilities Standard

2015 年 2 月 2 日，为做好各类居住项目公共服务设施的配置、补充和完善工作，进一步提高居住公共服务设施规划建设和管理水平，北京市人民政府下发了《关于印发〈北京市居住公共服务设施配置指标〉和〈北京市居住公共服务设施配置指标实施意见〉的通知》，并自印发之日起施行[84]。

抗震技术标准不断提高

Continuous Improvement of the Seismic Standards

2015 年 5 月 15 日，第五代《中国地震动参数区划图》发布，并于 2016 年 6 月 1 日正式实施。门头沟、昌平、怀柔、密云等区设防烈度由原Ⅶ度（0.15g）、二组调整为Ⅷ度（0.20g）、二组，东城、西城剩余 12 个区由Ⅷ度（0.20g）、二组调整为Ⅷ度（0.20g）、一组。同时，1989 年发布的《建筑抗震设计规范》GBJ 11—89 于 2001 年、2008 年、2010 年、2016 年相继进行了修订[90]。

中央城市工作会议召开

City Work Conference Held by the Central Committee of the Communist Party of China

2015 年 12 月 20 日至 21 日，中央城市工作会议时隔 37 年再次召开。会议指出，我国城市发展已经进入新的发展时期。要顺应城市工作新形势、改革发展新要求、人民群众新期待。尊重城市发展规律。统筹空间、规模、产业三大结构，提高城市工作全局性。统筹规划、建设、管理三大环节，提高城市工作的系统性。统筹改革、科技、文化三大动力，提高城市发展持续性。统筹生产、生活、生态三大布局，提高城市发展的宜居性。统筹政府、社会、市民三大主体，提高各方积极性[79]。

图 2-59（a）

图 2-59（b）

图 2-60

"三供一业"分离移交
Infrastructure Supply Reform

2016 年 6 月 11 日，国务院国资委、财政部发布《关于国有企业职工家属区"三供一业"分离移交工作指导意见》，其目标是 2016 年开始，在全国推进国有企业（含中央企业和地方国有企业）职工家属区"三供一业"①分离移交工作，维修改造相关设备设施，达到城市基础设施的平均水平，分户设表、按户收费，交由专业化企业或机构实行社会化管理，2018 年年底基本完成[94]。

装配式建筑发展
Promotion of Prefabricated Architecture

2016 年 9 月 27 日，国务院办公厅下发《关于大力发展装配式建筑的指导意见》，提出以京津冀、长三角、珠三角三大城市群为重点推进地区，因地制宜发展装配式混凝土结构、钢结构和现代木结构等装配式建筑。力争用 10 年左右的时间，使装配式建筑面积占新建建筑面积的比例达到 30%[88]。

2017 年 2 月 22 日，北京市办公厅下发《关于加快发展装配式建筑的实施意见》，加快推动北京市装配式建筑发展，要求自 2017 年 3 月 15 日起，新纳入本市保障性住房建设项目和新立项政府投资的新建建筑应采用装配式建筑[89]②。

图 2-59 装配式工程"朝青知筑"项目预制构件装配现场
Figure 2-59 Prefabricated Component assembly at Chaoqingzhizhu Project
图片来源：北京城建集团网站 2019 年 8 月 28 日文章《集团首个自主开发装配式工程开始预制构件装配》
图 2-60 北京城建集团装配式工艺展厅
Figure 2-60 Prefabricated Construction Method Exhibition Hall
图片来源：北京市工程建设质量管理协会网站 2019 年 9 月 17 日文章《北京城建集团装配式建筑探索之路》

①"三供一业"是指企业的供水、供电、供热和物业管理。
②在国务院办公厅和北京市办公厅相继发文后，北京市相关部门陆续印发了《北京市发展装配式建筑 2017 年工作计划》（京装配联办发〔2017〕2 号）、《北京市发展装配式建筑工作联席会议制度》（京装配联办发〔2017〕1 号）、《北京市建设工程计价依据——消耗量定额（装配式房屋建筑工程）》（京建发〔2017〕90 号）、《北京市装配式建筑专家委员会管理办法》（京建发〔2017〕382 号）、《关于印发〈北京市装配式建筑项目设计管理办法〉的通知（市规划国土发》〔2017〕407 号）、《关于在本市装配式建筑工程中实

限房价、竞地价、竞自持、竞方案
Advancing the Policy of Land bidding with Limited Housing Price

2016 年 9 月 30 日，北京市住建委等多部门联合制定《关于促进本市房地产市场平稳健康发展的若干措施》，其中强化"限房价、竞地价"的交易方式①，在严控地价的同时，对项目未来房价进行预测，试点采取限定销售价格并将其作为土地招拍挂条件的措施，有效控制房地产价格快速上涨，并鼓励房地产开发企业自持部分住宅作为租赁房源。除此之外，也强化"7090 政策"、自住型商品住房用地供应、差别化住房信贷政策、房地产开发企业及其销售行为管理、房地产经纪机构及其经纪活动管理、房地产市场违法违规行为查处等措施[81]。

智慧小区建设
Smart Community Construction

2016 年 11 月 18 日，北京市住建委启动首批智慧小区示范工程建设。智慧小区是指充分利用互联网、物联网、大数据、云计算等新一代信息技术的集成应用，提供相关的法律法规、行业政策、物业信息、物业服务、O2O 服务等，为小区居民提供一个安全、舒适、便利的现代化、智慧化生活环境，从而形成基于信息化、智慧化社会管理与服务的一种新的小区管理形态[85]。

房子是用来住的，不是用来炒的
Houses are for Living, not for Speculation

2016 年 12 月，中央经济工作会议提出，要坚持"房子是用来住的、不是用来炒的"定位[80]。2017 年 10 月，习近平总书记在党的十九大报告中再次明确，"坚持房子是用来住的、不是用来炒的定位，加快建立多主体供给、多渠道保障、租购并举的住房制度，让全体人民住有所居"[95]。

北京全面进入存量房时代
Beijing Fully Entering the Era of Pre-owned Residence Transaction

2016 年，多家媒体报道北京已全面进入存量房时代，二手房在住宅成交中的比例进一步上升[96]。2018 年，北京新建预售商品住房成交 3.8 万套，存量住房成交 14.8 万套，存量房已占总成交量 80%。

租赁住房建设扩展到集体土地
Affordable Housing Construction on Rural Land

为了破解征地上市单一途径带来的高地价以及保证农民持续合法增收等问题，集体建设用地直接入市成为政策突破口。2017 年 8 月 21 日，国土资源部、住房和城乡建设部联合印发《利用集体建设用地建设租赁住房试点方案》②。2017 年 11 月，北京市规划国土委、市住建委联合印发《关于进一步加强利用集体土地建设租赁住房工作的有关意见》[82]。

行工程总承包招投标的若干规定（试行）》（京建法〔2017〕29 号）、《关于加强装配式混凝土建筑工程设计施工质量全过程管控的通知》（京建法〔2018〕6 号）、《北京市发展装配式建筑 2018 年~2019 年工作要点》（京装配联办发〔2019〕1 号）、《北京市发展装配式建筑 2020 年工作要点》等。

① 2016 年，北京海淀区永丰产业基地的 3 宗地块以及大兴区黄村镇的地块，采取同时设定房屋未来销售限价、设定地价上限、设置竞投自持面积和高标准建设方案的竞买方式入市。
②利用集体建设用地建设租赁住房第一批试点为北京、上海、沈阳、南京、杭州、合肥、厦门、郑州、武汉、广州、佛山、肇庆、成都等 13 个城市。2017 年 5 月 24 日，北京市第一批试点项目海淀唐家岭，927 套租赁住房正式面向海淀区保障房家庭开展现场选房、签约入住工作。
文字来源：中华人民共和国中央人民政府网站 2017 年 5 月 25 日文章《北京：900 余套集体建设用地租赁住房选房入住》

2016 版北京城市总体规划得到批复
The Approval of Beijing Master Plan 2016

2017 年 9 月 30 日，中共中央、国务院批复《北京城市总体规划（2016 年—2035 年）》。这是全国首个建设用地规模减量的总体规划。其中提出健全和优化住房供应体系、提高住房建设标准和质量等要求。首次在城市总体规划中提出，统筹推进老旧小区综合整治和有机更新，开展老旧小区抗震加固、建筑节能改造、养老设施改造、无障碍设施补建、多层住宅加装电梯、增加停车位等工作，提升环境品质和公共服务能力，建立老旧小区日常管理维护长效机制，促进物业管理规范化、社会化、精细化[86]。

共有产权房供应
Supply of Affordable Housing of Shared-Property Right

2014 年 4 月，北京、上海、深圳、成都、淮安、黄石 6 个城市被住房和城乡建设部确定为全国共有产权住房试点城市[97]。2017 年 9 月 20 日，北京市住建委会同市有关部门联合发布《北京市共有产权住房管理暂行办法》[98]。同年 9 月 30 日，首个推出的共有产权住房项目朝阳区锦都家园进行了公开摇号，初步审核通过 121186 户，摇取该项目可售房屋 427 套，购房人产权份额参照项目销售均价占同地段、同品质普通商品住房价格的比例确定[83]。

图 2-61 施工中的锦都家园共有产权房（北京市首个推出的共有产权房）
Figure 2-61 Jindujiayuan, the First Unveiled Shared-property Right Affordable Housing Project in Beijing
图片来源：新华网 2017 年 10 月 9 日文章《北京首个共有产权住房公开摇号 逾 12 万户摇取 427 套房源》
图 2-62 碧岸澜庭（二期）共有产权房
Figure 2-62 Bianlanting, a Shared-property Right Affordable Housing Project.
图片来源：北京市规划和自然资源委员会网站 2020 年 6 月 1 日文章《政策性产权住房》

图 2-63 永靓家园共有产权房（北京市首个竣工的共有产权房）
Figure 2-63 Yongliang Community, the First Copleted Shared-property Right Affordable Housing Project in Beijing
文字来源：北京市住宅建筑设计研究院有限公司提供
图片来源：北京市海淀区人民政府网站 2020 年 10 月 19 日文章《海淀区最大体量共有产权房项目"永靓家园"即将交房》

老旧小区综合整治成为城市工作重点
Old Urban Residential Areas Regeneration Becoming the Main Urban Task

2018 年 3 月 4 日，北京市人民政府办公厅发布《老旧小区综合整治工作方案（2018~2020 年）》，提出"六治七补三规范"①，具体整治内容采用菜单式，分为基础类和自选类，包含楼本体、小区公共区域和完善小区治理三方面。方案也对组织实施和保障措施提出了要求[87]。

全面推进城镇老旧小区改造工作
Fully Implementing Old Urban Residential Areas Regeneration

2019 年 6 月 19 日，国务院总理李克强主持召开国务院常务会议，部署推进城镇老旧小区改造。据各地初步摸查，目前全国需改造的城镇老旧小区涉及居民上亿人，量大面广，情况各异，任务繁重[99]。

2020 年 7 月 10 日，国务院办公厅下发《关于全面推进城镇老旧小区改造工作的指导意见》。意见指出城镇老旧小区改造是重大民生工程和发展工程，对满足人民群众美好生活需要、推动惠民生扩内需、推进城市更新和开发建设方式转型、促进经济高质量发展具有十分重要的意义。提出到"十四五"期末，结合各地实际，力争基本完成 2000 年底前建成的需改造城镇老旧小区改造任务[100]。

图 2-64（a）

图 2-64（b）

图 2-65

① "六治七补三规范"即：治危房、治违法建设、治开墙打洞、治群租、治地下空间违规使用、治乱搭架空线，补抗震节能、补市政基础设施、补居民上下楼设施、补停车设施、补社区综合服务设施、补小区治理体系、补小区信息化应用能力，规范小区自治管理、规范物业管理、规范地下空间利用。

图 2-64 劲松小区改造
Figure 2-64 Jingsong Residentail Area Regeneration
（a）增设儿童游戏场地； （b）改造公共空间
图片来源：孙子荆 摄
图 2-65 盆儿胡同 62 号院老旧小区引入市场化物业
Figure 2-65 Cooperation of Pen'er Hutong Residential Area and Property Management Company
图片来源：北京日报客户端"北京西城官方发布"账号 2021 年 1 月 18 日文章《老小区"大变样"！西城区首个物管会引入市场化物业公司项目签约》

基层治理和街区更新推进
Local Governance and District Regeneration

2019 年 11 月 27 日，北京市第十五届人民代表大会常务委员会第十六次会议通过《北京市街道办事处条例》，将北京基层首创的"街乡吹哨、部门报到"的工作机制写进条例。条例首次提出街区更新的概念，提出街道办事处组织居民和辖区单位参与街区更新，推动城市修补和生态修复，制定街区公共空间改造实施方案，扩大街区公共空间规模，提高街区公共空间文化品质[91]。

持续推进垃圾分类
Steadily Implementing Garbage Classification

2019 年北京市第十五届人民代表大会常务委员会第十六次会议通过的《关于修改〈北京市生活垃圾管理条例〉的决定》①，明确产生生活垃圾的单位和个人是生活垃圾分类投放的责任主体。2020 年 9 月 25 日北京市第十五届人民代表大会常务委员会第二十四次会议通过的《关于修改〈北京市生活垃圾管理条例〉的决定》，按照《中华人民共和国固体废物污染环境防治法》对相关法律责任作了修改，并增加了制止餐饮浪费，推动厨余垃圾减量的内容[92, 101]。

图 2-66 极小型电梯产品示范工程
Figure 2-66 A Miniaturized Elevator Installation Project in Beijing
图片来源：清华大学建筑学院王丽方教授团队提供
图 2-67 劲松小区垃圾分类
Figure 2-67 Garbage Classification in Jingsong Residential Area
图片来源：孙子荆 摄

①修改后的《北京市生活垃圾管理条例》提出按照厨余垃圾、可回收物、有害垃圾、其他垃圾的分类，分别投入相应标识的收集容器；废旧家具家电等体积较大的废弃物品，单独堆放在生活垃圾分类管理责任人指定的地点；建筑垃圾按照生活垃圾分类管理责任人指定的时间、地点和要求单独堆放等规定。

城市居住区规划设计标准出台

Promulgation of Standard for Urban Residential Area Planning

2018 年，在《城市居住区规划设计规范》基础上修订而成的《城市居住区规划设计标准》GB 50180—2018 出台，2018 年 12 月 1 日起实施[102]。

标准修订的主要技术内容包括：（1）适用范围从"城市居住区的规划设计"改为"城市规划的编制以及城市居住区的规划设计"；（2）调整居住区分级控制方式与规模，统筹、整合、细化了居住区用地与建筑相关控制指标；优化了配套设施和公共绿地的控制指标和设置规定；（3）与现行相关国家标准、行业标准、建设标准进行对接与协调；（4）对强制性条文的修改与调整[103]。

标准修订坚持以人为本、绿色发展、宜居适度，主要体现在：（1）居住区分级，以"生活圈"①取代过去"居住区－居住小区－居住组团"分级；（2）街区尺度约束，以居住街坊为基本生活单元，限定其规模尺度（约 2~4 公顷）；（3）住宅用地开发强度与建筑高度控制，提出了新建住宅建筑高度最大值不超过 80 米；（4）配套设施的完善，强调越必需越常用的设施，服务半径越小；（5）配建绿地的调整，总体上比原《规范》提高 3 平方米 / 人；（6）居住环境品质保障；（7）精细化设计与管理支撑[103]。

加快物业管理全覆盖

Promotion of Beijing Municipality Regulation on Property Management

《北京市物业管理条例》于 2020 年 5 月 1 日施行。条例提出本市物业管理纳入社区治理体系，坚持党委领导、政府主导、居民自治、多方参与、协商共建、科技支撑的工作格局。建立健全社区党组织领导下的居民委员会、村民委员会、业主委员会或者物业管理委员会、业主、物业服务人等共同参与的治理架构。支持社会资本参与老旧小区综合整治和物业管理。为进一步解决老旧小区物业失管等问题提供了法律保障[93]。

北京文明行为促进条例出台

Promulgation of Beijing Civilized Behavior Promotion Regulation

《北京市文明行为促进条例》自 2020 年 6 月 1 日起施行。条例在维护公共卫生、公共场所秩序、社区和谐等方面，提出相应应当遵守的文明行为规范和重点治理的不文明行为[104]。

建筑节能标准降耗 80%

The Fifth Reduction by 30% in Building Energy Consumption Standard

2020 年 7 月，北京地方标准《居住建筑节能设计标准》DB 11/891—2020 进行修订发布，2021 年 1 月 1 日起实施。在全国率先采用五步节能标准，将居住建筑节能降耗由 75% 提升至 80% 以上[105]。

---

① "生活圈"是根据城市居民的出行能力、设施需求频率及其服务半径、服务水平的不同，划分出的不同的居民日常生活空间，并据此进行公共服务、公共资源（包括公共绿地等）的配置。依据居住人口规模主要可分为 15 分钟生活圈居住区、10 分钟生活圈居住区、5 分钟生活圈居住区和居住街坊四级。"居住街坊"尺度为 150 ~ 250 米，相当于原《规范》的居住组团规模；由城市道路或用地边界线所围合，用地规模约 2 ~ 4 公顷，是居住的基本生活单元。围合居住街坊的道路皆应为城市道路，开放支路网系统，不可封闭管理。这也是"小街区、密路网"发展要求的具体体现。

北京市住宅设计规范出台
Release of Design Code for Urban Residential Buildings in Beijing

2020 年，北京市地方标准《住宅设计规范》DB 11/1740—2020 出台，2021 年 1 月 1 日起实施。在 2011 年修订的国家标准基础上，增加了卧室、起居室 (厅)、厨房、卫生间的最小面积，相应地将最小套型增大到 32 平方米和 24 平方米，提高了层高标准，增加了住宅套型出入口过渡空间、晾晒空间、模数协调设计的要求，强调了无障碍设计、安全疏散设计等。四层及四层以上新建住宅建筑或住户入口层楼面距室外设计地面的高度超过 9 米的新建住宅建筑，必须设置电梯。住宅交房前，套内所有功能空间的固定面粉刷和管线全部铺装完成，厨房和卫生间的基本设施全部安装到位 [28, 106]。

北京市老旧小区综合整治工作方案颁布
Release of Work Plan of Beijing Old Urban Residential Area Regeneration

2021 年 5 月，北京市老旧小区综合整治联席会议办公室印发《2021 年北京市老旧小区综合整治工作方案》，在"全市列入老旧小区综合整治计划小区数量和面积""全市老旧小区综合整治新开工小区数量和面积""全市老旧小区综合整治新完工小区数量和面积""已列入中央和国家本级综合整治计划开工项目数""制度机制建设"等方面提出工作目标 [107]。

实施城市更新行动
Implementing Urban Regeneration Action

2021 年 6 月 10 日，《关于实施城市更新行动的指导意见》发布。意见提出，更新方式主要包含：老旧小区改造、危旧楼房改建、老旧厂房改造、老旧楼宇更新、首都功能核心区平房 (院落) 更新等。开展老旧小区改造时，可根据居民意愿利用小区现状房屋和公共空间补充便民商业、养老服务等公共服务设施；可利用空地、拆违腾退用地等增加停车位，或设置机械式停车设施等便民设施；鼓励老旧住宅楼加装电梯。开展危旧楼房改建时，允许通过翻建、改建或适当扩建的方式进行改造，具备条件的可适当增加建筑规模，实施成套化改造或增加便民服务设施等 [108]。

北京市老旧小区综合整治标准与技术导则颁布
Release of Standards and Technical Guidelines for Beijing Old Urban Residential Area Renovation

2021 年 8 月 27 日，北京市住房和城乡建设委员会、北京市规划和自然资源委员会印发《北京市老旧小区综合整治标准与技术导则》，落实了北京市关于城镇老旧小区综合整治工作的要求，规范了北京老旧小区综合整治的术语、流程、主要内容和基本标准 [109]。

北京市塔院小区
刘杨凡奇　摄

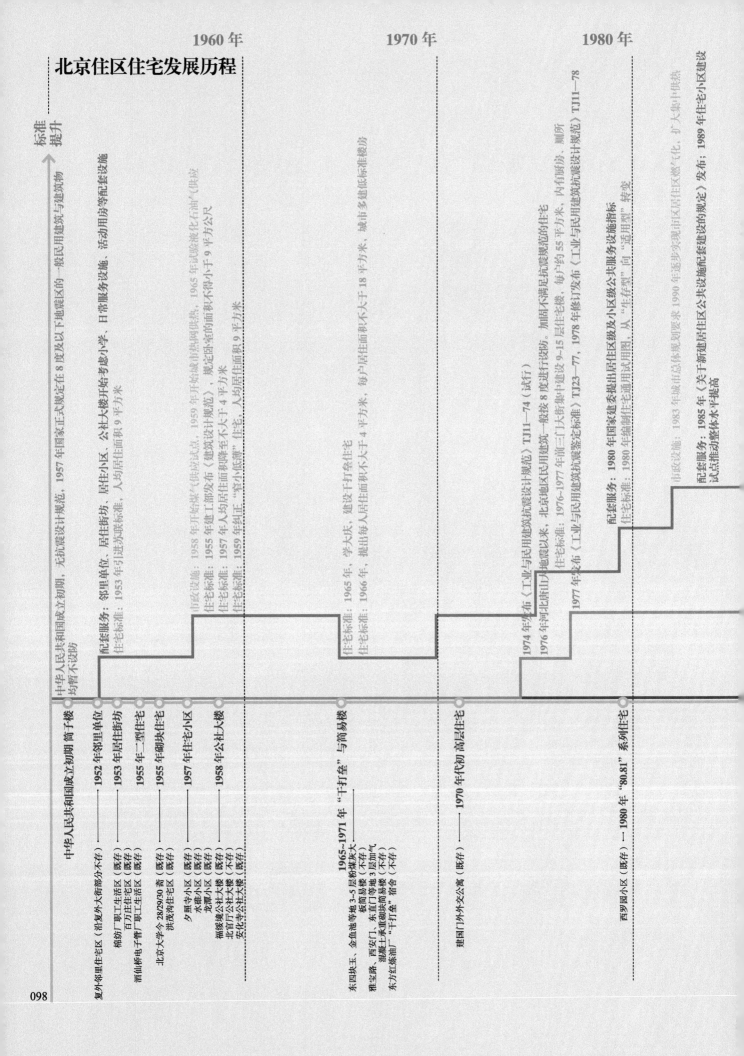

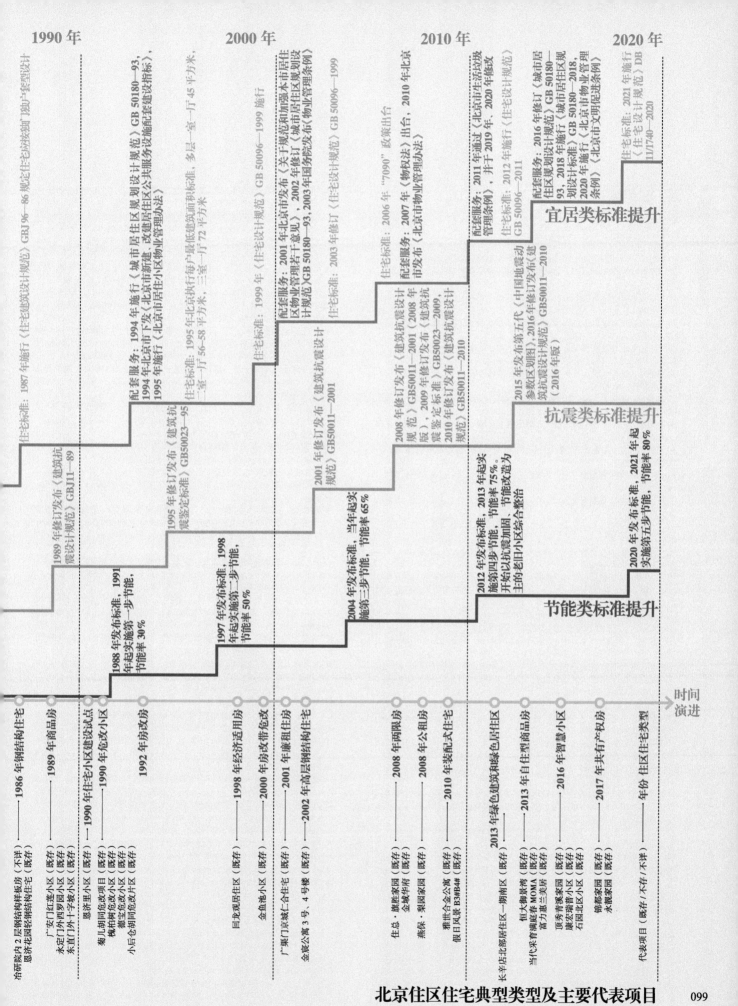

北京住区住宅典型类型及主要代表项目

图片来源：张璐 绘

099

参考文献

References

[1] 丁世华.当代北京居住史话[M].北京：当代中国出版社，2009.

[2]北京市地方志编纂委员会.北京志·建筑卷·建筑志[M].北京：北京出版社，2003.

[3]北京市地方志编纂委员会.北京志·市政卷·房地产志[M].北京：北京出版社，2000.

[4]北京市地方志编纂委员会.北京志·城乡规划卷·建设工程志[M].北京：北京出版社，2007.

[5]《住宅设计50年》编委会.住宅设计50年：北京市建筑设计研究院住宅作品选[M].北京：中国建筑工业出版社，1999：2-21.

[6]吕俊华，彼得·罗，张杰.1840-2000中国现代城市住宅[M].北京：清华大学出版社，2003.

[7]赵景昭，张锦文，姚焕华.建国卅五周年住宅建设成就建国35年来的北京市住宅建设[J].住宅科技，1984（10）：5-9.

[8]陈寿梁.建国以来我国抗震工作的发展与回顾[J].世界地震工程，1986（02）：1-6+23.

[9]北京市地方志编纂委员会编.北京志·城乡规划卷·规划志[M].北京：北京出版社，2007.

[10]中华人民共和国建筑工程部编.建筑设计规范.北京：建筑工程出版社，1955.02.

[11]北京市地方志编纂委员会.北京志·市政卷·燃气志[M].北京：北京出版社，2003.

[12]北京市地方志编纂委员会.北京志·市政卷·供热志[M].北京：北京出版社，2003.

[13]胡世德.北京住宅建筑工业化的发展与展望（续完）[J].建筑技术开发，1994（05）：40-44+22.

[14]顾启浩.小区试点与住宅产业现代化[J].城乡建设，1997（01）：19-20.

[15]北京市人民政府关于印发本市新建改建居住区公共服务设施配套建设指标的通知[EB/OL].（2002-08-05）[2021-06-22].http://www.beijing.gov.cn/zhengce/zfwj/zfwj/szfwj/201905/t20190523_72220.html.

[16]薛发.北京市钢结构住宅发展现状[J].工程建设与设计，2004（07）：4-6+80.

[17]刘晓钟，吴金祥.北京市居住区配套设施典型调研[J].建筑创作，2006（02）：78-81.

[18]北京市人民政府关于新建居住区公共设施配套建设的规定[EB/OL].（1985-10-26）[2021-06-22].http://www.beijing.gov.cn/zhengce/zfwj/zfwj/szfwj/201905/t20190523_71027.html.

[19]中共中央、国务院关于《北京城市建设总体规划方案》的批复[EB/OL].（1983-07-14）[2021-06-22].https://www.pkulaw.com/chl/c810613ae304cc44bdfb.html.

[20]中华人民共和国城乡建设环境保护部.工程建设规范汇编27建筑设计规范：住宅建筑设计规范：GBJ 96—86[S].北京：中国建筑工业出版社，1989.

[21]辰晓.北京燃气30年：全国第一个全网天然气化大城市[J].城市管理与科技，2008，10（06）：18-19.

[22]国务院关于印发在全国城镇分期分批推行住房制度改革实施方案的通知[EB/OL].（1988-02-25）[2021-06-22].https://www.pkulaw.com/chl/121e2c7d3a497676bdfb.html.

[23]田桂清，唐艳芬，杨瑾，尤克勤.北京既有非节能住宅建筑节能改造浅析[J].节能与环保，2006（02）：26-29.

[24]国务院办公厅转发国务院住房制度改革领导小组关于全面进行城镇住房制度改革的意见的通知[EB/OL].（1991-11-23）[2021-06-22].http://www.gov.cn/zhengce/content/2016-10/18/content_5121083.htm.

[25]北京市人民政府关于贯彻执行 国务院住房制度改革领导小组对北京市 住房制度改革实施方案批复的通知[EB/OL].（1992-05-30）[2021-06-22].http://www.beijing.gov.cn/zhengce/zfwj/zfwj/szfwj/201905/t20190523_71838.html.

[26]程适成主编；建设部城市住宅小区建设试点办公室技术组汇编.全国第二批城市住宅小区建设试点规划设计[M].北京：中国建筑工业出版社.1993.

[27]北京城市总体规划（1991年至2010年）总则[EB/OL].（1998-08-01）[2021-06-22].https://www.pkulaw.com/lar/aaab230769f679c739ff3b55ff7aed64bdfb.html.

[28]《住宅设计规范》编制组.《住宅设计规范》GB 50096—2011修订要点综述[Z].

[29]中华人民共和国建设部.城市居住区规划设计规范：GB 50180—93[S].北京：中国建筑工业出版社，1993.

[30]北京市居住小区物业管理办法[EB/OL].（1995-07-07）[2021-06-22].http://www.beijing.gov.cn/zhengce/zfwj/zfwj/szfl/201905/t20190523_75681.html.

[31]关于进一步深化城镇住房制度改革加快住房建设的通知[EB/OL].（1998-07-03）[2021-06-22].https://www.pkulaw.com/chl/ea8df74579120ababdfb.html.

[32]招标拍卖挂牌出让国有建设用地使用权规定[EB/OL].（2007-09-28）[2021-06-22].http://www.gov.cn/ziliao/flfg/2007-10/09/content_771205.htm.

[33]国家税务总局关于调整住房供应结构稳定住房价格意见的通知[EB/OL].（2006-05-30）[2021-06-22].http://www.chinatax.gov.cn/chinatax/n810341/n810765/n812183/200605/c1197507/content.html.

[34]北京市人民政府办公厅关于贯彻落实国务院办公厅文件精神进一步加强本市房地产市场调控工作的通知[EB/OL].（2011-02-15）[2021-06-22].http://www.beijing.gov.cn/zhengce/zhengcefagui/201905/t20190522_57060.html.

[35]国务院办公厅关于进一步做好房地产市场调控工作有关问题的通知[EB/OL].（2011-01-27）[2021-06-22].http://www.gov.cn/zwgk/2011-01/27/content_1793578.htm.

[36]北京市人民政府办公厅印发关于加快经济适用住房建设的若干规定（试行）的通知[EB/OL].（1998-10-18）[2021-06-22].http://www.beijing.gov.cn/zhengce/zfwj/zfwj/bgtwj/201905/t20190523_74485.html.

[37]北京市城镇廉租住房管理试行办法[EB/OL].（2004-05-25）[2021-06-22].http://zjw.beijing.gov.cn/bjjs/xxgk/fgwj3/fggz/315071/index.shtml.

[38]北京市人民政府关于印发北京市限价商品住房管理办法（试行）的通知（京政发〔2008〕8号）[EB/OL].（2009-07-09）[2021-06-22].http://zjw.beijing.gov.cn/bjjs/xxgk/fgwj3/fggz/315125/index.shtml.

[39]北京市住房和城乡建设委员会、市发展和改革委员会、市规划委员会等关于印发《北京市公共租赁住房管理办法（试行）》的通知[EB/OL].（2009-07-17）[2021-06-22].https://www.pkulaw.com/lar/3f23110bef0cb711e0c4c419ee1efc25bdfb.html.

[40]关于进一步完善我市保障性住房申请、审核、分配政策有关问题的通知[EB/OL].（2013-04-11）[2021-06-22].http://zjw.beijing.gov.cn/bjjs/xxgk/fgwj3/gfxwj/zfcxjswwj/315988/index.shtml.

[41]关于加快中低价位自住型改善型商品住房建设的意见[EB/OL].（2013-10-23）[2021-06-22].http://zjw.beijing.gov.cn/bjjs/fwgl/zzxspzf/zcfg/353892/index.shtml.

[42]国有土地上房屋征收与补偿条例[EB/OL].（2011-10-21）[2021-06-22].http://www.gov.cn/zwgk/2011-01/21/content_1790111.htm.

[43]北京市人民政府关于印发北京市老旧小区综合整治工作实施意见的通知[EB/OL].（2012-07-20）[2021-06-22].http://www.beijing.gov.cn/zhengce/zfwj/zfwj/szfwj/201905/t20190523_72558.html.

[44]国务院关于加快棚户区改造工作的意见[EB/OL].（2013-07-12）[2021-06-22].http://www.gov.cn/zwgk/2013-07/12/content_2445808.htm.

[45]北京市人民政府关于加快棚户区改造和环境整治工作的实施意见（京政发[2014]18号）[EB/OL].（2017-05-25）[2021-06-22].http://zjw.beijing.gov.cn/bjjs/zfbz/zcfg/swszfjzbgzxzwj/401367/index.shtml.http://zjw.beijing.gov.cn/bjjs/gcjs/kjzc/tztg/320233/index.shtml.

[46]关于印发《关于推进本市住宅产业化的指导意见》的通知[EB/OL].（2010-04-08）[2021-06-22].http://zjw.beijing.gov.cn/bjjs/gcjs/kjzc/tztg/320233/index.shtml.

[47]北京市人民政府办公厅关于印发发展绿色建筑推动生态城市建设实施方案的通知[EB/OL].（2012-05-29）[2021-06-22].http://www.beijing.gov.cn/zhengce/zfwj/zfwj/bgtwj/201905/t20190523_75392.html.

[48]物业管理条例[EB/OL].（2008-03-28）[2021-06-22].http://www.gov.cn/zhengce/content/2008-03/28/content_4809.htm.

[49]中华人民共和国物权法[EB/OL].（2007-03-19）[2021-06-22].http://www.gov.cn/flfg/2007-03/19/content_554452.htm.

[50]北京市物业管理办法[EB/OL].（2010-04-20）[2021-06-22].http://www.beijing.gov.cn/zhengce/zhengcefagui/201905/t20190522_56713.html.

[51]北京市生活垃圾管理条例[EB/OL].（2011-12-16）[2021-06-22].http://www.beijing.gov.cn/zhengce/zhengcefagui/201905/t20190522_56852.html.

[52]北京市人民政府办公厅关于印发北京市加快城市危旧房改造实施办法（试行）的通知[EB/OL].（2011-12-16）[2021-06-22].https://www.pkulaw.com/lar/788c0ef0721bee28431d3fabed777b33bdfb.html.

[53]陈绮.实行第二阶段建筑节能的目标和要求——民用建筑节能设计标准（采暖居住建筑部分）北京地区实施细则（DBJ01-602-97）简介[J].建筑技

术开发, 1997（06）: 13-14.

[54] 中共北京市委、北京市人民政府关于印发《北京市进一步深化城镇住房制度改革加快住房建设实施方案的通知》[EB/OL].（1999-09-01)[2021-06-22].https：//www.pkulaw.com/lar/fd1e987ca4e1af607630d0d2f9105e64bdfb.html.

[55] 中华人民共和国建设部. 住宅设计规范: GB 50096—1999[S]. 北京: 中国建筑工业出版社, 1999.

[56] 中华人民共和国建设部. 住宅设计规范: GB 50096—1999（2003 年版）[S]. 北京: 中国建筑工业出版社, 2003.

[57] 张华.《住宅设计规范》（GB 50096—1999）简介 [J]. 建筑知识, 1999（06）: 12-13.

[58] 中华人民共和国建设部. 城市居住区规划设计规范: GB 50180—93（2002 年版）[S]. 北京: 中国建筑工业出版社, 2002.

[59] 北京市人民政府办公厅转发市建委等部门关于北京市城镇居民购买经济适用住房有关问题暂行规定的通知 [EB/OL].（2000-12-29)[2021-06-22]. http：//www.beijing.gov.cn/zhengce/zfwj/zfwj/bgtwj/201905/t20190523_74726.html.

[60] 北京市人民政府关于印发北京市经济适用住房管理办法（试行）的通知 [EB/OL].（2000-12-29)[2021-06-22]. http：//www.beijing.gov.cn/zhengce/zfwj/zfwj/szfwj/201905/t20190523_72444.html.

[61] 建设部关于颁布《城镇廉租住房管理办法》的通知 [EB/OL].（1999-04-19)[2021-06-22]. https：//www.pkulaw.com/chl/7b44a1b373c0e415bdfb.html.

[62] 北京市人民政府关于印发北京市城市廉租住房管理办法的通知 [EB/OL].（2007-09-28)[2021-06-22]. http：//www.beijing.gov.cn/zhengce/zfwj/zfwj/szfwj/201905/t20190523_72483.html.

[63] 北京市人民政府办公厅转发市国土房管局关于规范和加强本市居住区物业管理若干意见的通知 [EB/OL].（2001-11-30)[2021-06-22].http：//www.beijing.gov.cn/zhengce/zfwj/zfwj/bgtwj/201905/t20190523_74795.html.

[64] 国土资源部、监察部关于继续开展经营性土地使用权招标拍卖挂牌出让情况执法监察工作的通知 [EB/OL].（2004-03-18)[2021-06-22].http：//f.mnr.gov.cn/201702/t20170206_1436131.html.

[65] 北京城市总体规划（2004 年—2020 年）[EB/OL].（2005-01-12)[2021-06-22].http：//hgk.tjj.beijing.gov.cn/query/queryTopicInfoForExter.action?yhid=guest&subjectTypeCode=0&isxbb=0&specialTopicDTO.specialTopicCode=fdsafdsa33409#.

[66] 建设部关于开展旧住宅区整治改造的指导意见 [EB/OL].（2007-05-16)[2021-06-22].https：//www.pkulaw.com/chl/3ba321eb5e5ab306bdfb.html.

[67] 09 年北京二手房交易量首次超一手 今年仍领跑 [EB/OL].（2010-01-26)[2021-06-22].http：//news.focus.cn/bj/2010-01-26/848425.html.

[68] "限房价、竞地价"的前世今生！[EB/OL].（2017-08-23)[2021-06-22].https：//www.sohu.com/a/166759859_394124.

[69] 国务院关于坚决遏制部分城市房价过快上涨的通知 [EB/OL].（2010-04-17)[2021-06-22].http：//www.gov.cn/zwgk/2010/04/17/content_1584927.htm.

[70] 北京市规划委员会. 居住建筑节能设计标准: DB11/89—2012[S/OL].[2021-06-22].http：//dbba.sacinfo.org.cn/stdDetail/4ed3819049d4151ddc681b3941d68cad.

[71] 中华人民共和国住房和城乡建设部. 住宅设计规范: GB 50096—2011[S]. 北京: 中国建筑工业出版社, 2011.

[72] 中华人民共和国建设部. 城市居住区规划设计规范: GB 50180—93（2016 年版）[S]. 北京: 中国建筑工业出版社, 2016.

[73] 北京市人民政府办公厅关于印发《北京市 2019 年棚户区改造和环境整治任务》的通知 [EB/OL].（2019-04-17)[2021-06-22].http：//www.beijing.gov.cn/zhengce/zhengcefagui/201905/t20190522_62013.html.

[74] 关于在保障性住房建设中推进住宅产业化工作任务的通知 [EB/OL].（2012-10-17)[2021-06-22].http：//zjw.beijing.gov.cn/bjjs/xxgk/fgwj3/gfxwj/zfcxjswwj/315788/index.shtml.

[75] 关于在本市保障性住房中实施绿色建筑行动的若干指导意见 [EB/OL].（2014-08-22)[2021-06-22].http：//zjw.beijing.gov.cn/bjjs/xxgk/fgwj3/qtwj/zfbzltz/317485/index.shtml.

[76] 北京首批自住房 3 处在五环内 共约 16000 套 [EB/OL].（2013-11-12)[2021-06-22].http：//finance.people.com.cn/n/2013/1112/c1004-23508498.html.

[77] 习近平在北京考察 就建设首善之区提五点要求 [EB/OL].（2014-02-26)[2021-06-22].http：//www.xinhuanet.com/politics/2014/02/26/c_119519301.htm.

[78] 习近平在北京考察: 抓好城市规划建设 筹办好冬奥会 [EB/OL].（2017-02-24)[2021-06-22].http：//www.xinhuanet.com/politics/2017/02/24/c_129495572.htm.

[79] 中央城市工作会议在北京举行 习近平李克强作重要讲话 [EB/OL].（2015-12-23)[2021-06-22].http：//cpc.people.com.cn/n1/2015/1223/c64094-27963704.html.

[80] 中央经济工作会议明确楼市发展方向: "房子是用来住的, 不是用来炒的"[EB/OL].（2016-12-16)[2021-06-22].http：//www.gov.cn/zhengce/2016/12/16/content_5149066.htm.

[81] 北京市人民政府办公厅转发市住房城乡建设委等部门《关于促进本市房地产市场平稳健康发展的若干措施》的通知 [EB/OL].（2016-09-30)[2021-06-22].http：//zjw.beijing.gov.cn/bjjs/xxgk/gsgg/391380/index.shtml.

[82] 两部门关于印发《利用集体建设用地建设租赁住房试点方案》的通知 [EB/OL].（2017-08-28)[2021-06-22].http：//www.gov.cn/xinwen/2017/08/28/content_5220899.htm.

[83] 北京首个共有产权住房公开摇号 逾 12 万户摇取 427 套房源 [EB/OL].（2017-10-09)[2021-06-22].http：//www.xinhuanet.com/house/2017-10-09/c_1121773813.htm.

[84] 北京市人民政府关于印发《北京市居住公共服务设施配置指标》和《北京市居住公共服务设施配置指标实施意见》的通知 [EB/OL].（2015-02-19)[2021-06-22].http：//www.beijing.gov.cn/zhengce/zhengcefagui/201905/t20190522_58262.html.

[85] 北京市住房和城乡建设委员会关于开展首批北京市智慧小区示范工程建设工作的通知 [EB/OL].（2016-09-18)[2021-06-22].http：//zjw.beijing.gov.cn/bjjs/xxgk/gsgg/391374/index.shtml.

[86] 北京城市总体规划（2016 年 -2035 年）[EB/OL].（2018-01-09)[2021-06-22].http：//ghzrzyw.beijing.gov.cn/zhengwuxinxi/zxzt/bjcsztgh20162035/202001/t20200102_1554613.html.

[87] 北京市人民政府办公厅关于印发《老旧小区综合整治工作方案（2018-2020 年）》的 通知 [EB/OL].（2018-03-04)[2021-06-22].http：//www.beijing.gov.cn/zhengce/zhengcefagui/201905/t20190522_60968.html.

[88] 国务院办公厅关于大力发展装配式建筑的指导意见 [EB/OL].（2016-09-30)[2021-06-22].http：//www.gov.cn/zhengce/content/2016/09/30/content_5114118.htm.

[89] 北京市人民政府办公厅关于加快发展装配式建筑的实施意见 [EB/OL].（2017-03-03)[2021-06-22].http：//zjw.beijing.gov.cn/bjjs/gcjs/kjzc/tztg/413796/index.shtml.

[90] 苗启松, 陈曦. 浅谈新版《中国地震动参数区划图》对北京地区建筑结构设计的影响 [J]. 城市与减灾, 2016（03）: 59-63.

[91] 北京市街道办事处条例 [EB/OL].（2019-12-17)[2021-06-22].http：//www.beijing.gov.cn/zhengce/zhengcefagui/201912/t20191217_1243859.html.

[92] 北京市生活垃圾管理条例 [EB/OL].（2020-09-25)[2021-06-22].http：//www.beijing.gov.cn/zhengce/zhengcefagui/202009/t20200929_2102701.html.

[93] 北京市物业管理条例 [EB/OL].（2020-04-30)[2021-06-22].http：//zjw.beijing.gov.cn/bjjs/xxgk/fgwj3/fggz/1793593/index.shtml.

[94] 国务院办公厅转发国务院国资委、财政部关于国有企业职工家属区"三供一业"分离移交工作指导意见的通知 [EB/OL].（2016-06-22)[2021-06-22].http：//www.gov.cn/zhengce/content/2016-06/22/content_5084288.htm.

[95] 习近平: 决胜全面建成小康社会 夺取新时代中国特色社会主义伟大胜利——在中国共产党第十九次全国代表大会上的报告 [EB/OL].（2017-10-27)[2021-06-22].http：//www.gov.cn/zhuanti/2017-10/27/content_5234876.htm.

[96] 2016 年北京二手房成交创新高 进入存量房时代 [EB/OL].（2017-01-03)[2021-06-22].http：//www.xinhuanet.com/2017-01/03/c_1120237439.htm.

[97] 多地试点共有产权 政策助力住房保障 [EB/OL].（2018-08-09)[2021-06-22].http：//www.xinhuanet.com/politics/2020-08/09/c_1126343625.htm.

[98]《北京市共有产权住房管理暂行办法》今日正式发布 2017 年 9 月 30 日起开始实施！[EB/OL].（2017-09-20)[2021-06-22].http：//zjw.beijing.gov.cn/bjjs/xxgk/xwfb/432914/index.shtml.

[99] 李克强主持召开国务院常务会议 部署推进城镇老旧小区改造等 [EB/OL].（2019-06-19)[2021-06-22].http：//www.gov.cn/guowuyuan/2019/06/19/content_5401653.htm.

[100] 国务院办公厅印发《关于全面推进城镇老旧小区改造工作的指导意见》[EB/OL].（2020-07-20)[2021-06-22].http：//www.gov.cn/xinwen/2020/07/20/content_5528328.htm.

[101]《关于修改〈北京市生活垃圾管理条例〉的决定》解读 [EB/OL].（2020-09-29)[2021-06-22].http：//www.beijing.gov.cn/zhengce/zcjd/202009/t20200929_2102709.html.

[102] 中华人民共和国住房和城乡建设部. 城市居住区规划设计标准: GB 50180—2018[S]. 北京: 中国建筑工业出版社, 2018.

[103]《城市居住区规划设计标准》编制组.《城市居住区规划设计标准》GB 50180—2018 今天开始实施 [EB/OL].（2018-12-01)[2021-06-22].https：//mp.weixin.qq.com/s/AK6pfSzMbNXyA4GdtZu75Q.

[104] 北京市文明行为促进条例 [EB/OL].（2020-05-11)[2021-06-22].http：//www.beijing.gov.cn/zhengce/zhengcefagui/202005/t20200511_1893837.html.

[105] 北京市规划和自然资源委员会. 居住建筑节能设计标准: DB11/891—2020[S/OL].[2021-06-22].http：//dbba.sacinfo.org.cn/stdDetail/8b52562e9eab73af12c1f474e2f965fe22d383c6419213acf1d0b5738c960068.

[106] 北京市规划和自然资源委员会. 住宅设计规范: DB11/1740—2020[S/OL].[2021-06-22].http：//dbba.sacinfo.org.cn/stdDetail/8b52562e9eab73af12c1f474e2f965fe33480bdfa784da95fef7854ba35080d0.

[107] 关于印发《2021 年北京市老旧小区综合整治工作方案》的通知 [EB/OL].（2021-05-10)[2021-06-22].http：//zjw.beijing.gov.cn/bjjs/fwgl/tzgg/10982635/index.shtml.

[108] 北京市人民政府关于实施城市更新行动的指导意见 [EB/OL].（2021-06-10)[2021-06-22].http：//www.gov.cn/xinwen/2020/06/10/content_5616717.htm.

[109] 北京市住房和城乡建设委员会 北京市规划和自然资源委员会关于印发《北京市老旧小区综合整治标准与技术导则》的通知 [EB/OL].（2021-08-27)[2021-09-30].

第三章

老旧小区的界定和更新目标

Definition of Old Urban Residential Area and Goals of Regeneration

老旧小区,顾名思义,通常指建成时间较长或物质环境相对陈旧的居住小区。在我国城市发展的背景下,当前的主要对象是城市中建成时间在 20~30 年以上,有着较为迫切更新整治需求的居住小区。

老旧小区的更新目标包括:(1)安全健康:排除安全隐患,保证基本性能,维护公共秩序,保障居民身心健康。(2)舒适宜人:提高建筑本体宜居性,提升公共空间舒适度,增强生活便捷度,关注全龄友好。(3)特色传承:小区传承首都特色和北京地区特色,传承建筑文化特色。(4)智慧创新:完善小区的智能基础设施,更新能源设施,引入智能管理设施。(5)共治共享:在小区更新及后续维护过程中,探索多元共治机制,创新物业管理机制,完善保障机制。

Old Urban Residential Areas, as the name implies, usually refer to residential communities that have been built for a long time or have a relatively old physical environment. In the context of urban development in our country, the current main targets are residential areas in cities that have been built for more than 20-30 years and have more urgent needs for regeneration and renovation.

The goals of old urban residential area regeneration include: **(1) Safety and health**: eliminating safety hazards, ensure basic residential functions, maintain public order, and protect residents' physical and mental health. **(2) Comfortable and pleasant**: improving the livability of the buildings, promoting the comfort of public spaces, enhancing the convenience of life, and embodying all ages friendliness. **(3) Characteristic inheritance**: the regenerated area inheriting the architectural and cultural characteristics of Beijing as a national capital. **(4) Intelligent innovation**: adopting the intelligent infrastructure of the community, upgrading the energy facilities, and introducing intelligent management facilities. **(5) Co-governance and sharing**: exploring multiple co-governance mechanisms in the regeneration and subsequent maintenance, creating innovative property management mechanisms, and improving security mechanisms.

图 3-1 北京市西城区幸福北里
Figure 3-1 Xingfu Beili Residential Area in Beijing Xicheng District
图片来源：黄鹤 摄

壹

老旧小区的定义
1. The Definition of Old Urban Residential Area

老旧小区（Old Urban Residential Area），指在城镇国有用地上建成时间较长或物质环境相对陈旧，有较为迫切开展维护或更新需求的居住小区。我国 20 世纪 50 年代在苏联小区规划理论影响下形成的"居住区—居住小区—居住组团"层级，成为城镇居住的主体规划结构；其中居住小区是城镇居住规划建设最常见的基本单元。老旧小区，在广义范畴内覆盖这个三级空间结构，一般意义上主要针对居住小区这个层级，也是相关更新工作开展的主要对象。

老旧小区是所有居住小区生命周期中的客观阶段，其划定标准将不断细化。由于不同时代中社会经济条件、发展理念和建造技术及材料不同，居住小区的生命周期有所不同，老旧小区的划定标准也有所不同。当前我国城镇住区住宅以建成 20~30 年为期限划定为老旧小区，这是因为在物资短缺时代，受限于资源资金约束建设运维投入不足和对未来生活水准快速提升估计不足，这些居住小区在建成 20~30 年后就面临着较为普遍且急迫的更新整治需求。随着我国社会经济快速发展，特别是各类标准、建设管理和物业管理机制的完善，近 20 年来建设的居住小区质量得以提升，其生命周期得以延长，因而划定老旧小区的标准也会随之调整，不再以统一的建成时间为标准，将会细化至不同阶段不同建造方式而形成的寿命周期，并与管理维护状况叠加判断。

老旧小区的构成在不同时期有所不同。当前老旧小区的构成主体是公有产权房屋（包括房改房）。随着时间推移，商品房和保障房也将是老旧小区的组成部分。相关工作应由产权方主导进行。

一部分客观运行状况与当前需求差距较大的老旧小区需要开展更新工作。由于不同的时代特征和管理制度，应进一步从建筑生命周期和与当前需求差距的角度完善老旧小区更新需求的识别。

资料：老旧小区的界定

Definitions of Old Urban Residential Area

国务院（2020年）：城镇老旧小区是指城市或县城（城关镇）建成年代较早、失养失修失管、市政配套设施不完善、社区服务设施不健全、居民改造意愿强烈的住宅小区（含单栋住宅楼）。各地要结合实际，合理界定本地区改造对象范围，重点改造2000年底前建成的老旧小区。

国家机关事务管理局（2013年）：中央和国家机关各部门及所属单位、在京中央企业1990年以前建成的、建设标准不高、设施设备陈旧、功能配套不全的老旧住宅小区列入综合整治范围；1990年之后建成的老旧小区重点解决安全隐患等问题，开展节能改造。其中，1980年以前建成的老旧房屋要按照现行规范进行抗震检测鉴定和必要的加固改造。

中国城市科学研究会（2019年）：城市旧居住区是城市建成区范围内建成使用20年以上，或环境质量差、配套设施不足、建筑功能不完善、结构安全存在隐患、能耗水耗过高、建筑设备老旧破损的居住生活聚居地。

北京市（2021年）：老旧小区指建成年代较早、建设标准较低、基础设施老化、配套设施不完善、未建立长效管理机制的住宅小区（含单栋住宅楼）。本市现阶段，老旧小区建成年代较早是指2000年底以前建成。

广州市（2018年）：《广州市老旧小区微改造设计导则》按建设年度分类，将老旧小区分为新中国成立前、新中国成立后至1980年、1980~1990年和1990~2000年四类。

上海市（2021年）：旧住房更新改造范围主要包括2000年底前建成，使用功能不完善、配套设施不健全、群众改造意愿迫切的老旧小区，有条件的区可以适当将2005年底前建成的小区纳入改造范围。

文字来源：
国务院：《国务院办公厅关于全面推进城镇老旧小区改造工作的指导意见》；
国家机关事务管理局：《关于开展中央和国家机关老旧小区综合整治工作的通知》；
中国城市科学研究会：《城市旧居住区综合改造技术标准》T/CSUS 04—2019；

北京市：《北京市老旧小区综合整治标准与技术导则》；
广州市：《广州市老旧小区微改造设计导则》；
上海市：《关于加快推进本市旧住房更新改造工作的若干意见》

北京老旧小区的现状
2. An Overview of Old Urban Residential Areas in Beijing

北京市辖区范围内城镇国有土地上的住宅主要包含以下几类：成套化住宅、非成套的公寓和宿舍、承担居住功能的商办类房屋。参考统计局的住宅竣工数据以及文献资料中的住宅数据，北京现有存量住宅规模约为6亿~7亿平方米[①]。统计数据显示，1990年底前竣工（建成30年）住宅数量约6200万平方米，2000年底前竣工（建成20年）的约1.59亿平方米。2000年后住宅建设迎来高峰，至2016年底之前，年均约2000万平方米的住宅竣工量使得北京将在2020年之后迎来老旧小区更新需求的快速增长。

北京核心区的住宅建设时期相对较早，老旧小区的更新需求率先呈现。以西城区为例，根据2012年的房屋普查数据，既有住宅总量约5300栋，建筑面积3000余万平方米。其中建成30年以上（1990年前建成）的住宅数量3500余栋，建筑面积1000余万平方米，数量占比超过一半，面积超过1/3。未来十年，西城区建成30年以上的住宅总计将达到约4200栋，建筑面积1500余万平方米，数量占西城区住宅数量的80%，面积占约一半[②]。从产权类型来看，总的公房数量和老旧小区中的公房数量都很大。

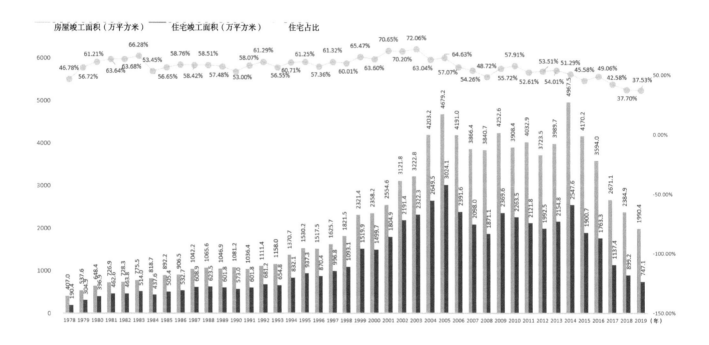

图3-2 北京市1978~2019年住宅竣工面积
Figure 3-2 1978–2019 Built Housing Areas in Beijing
注：2007年及以前，表中数据不包含农村农户房屋施工和竣工面积。
数据来源：北京市统计局

①关于北京住宅的数据有如下信息：依据董光器先生在《古都北京五十年演变录》一书中所记载，1949年中华人民共和国成立时城市住宅1354万平方米，老城范围内住宅1160万平方米，建造年代一半建于清末之前，一半建于民国时期。
《北京志·市政卷·房地产志》提供了1949~1990年住宅竣工面积，将其与北京市统计年鉴提供的数据整合，1949~2019年北京市竣工住宅面积约56702万平方米。《北京志·市政卷·房地产志》提供了1990年住宅实有住宅面积为9945万平方米，略少统计年鉴中提供的竣工住宅数量。由于统计年鉴中未将非居住用地上的居住面积纳入统计口径，例如商办类居住面积等，因此现有住宅量将高于统计年鉴中的竣工数据。
②依据北京市西城区房屋管理局提供的房屋普查数据统计得出。

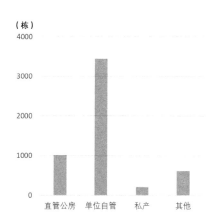

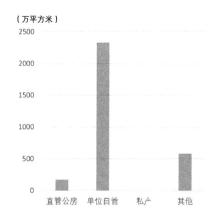

图 3-3　1949~1990 年北京市西城区住宅数量产权分布

Figure 3-3　The Property Types of Urban Residential Buildings in Beijing Xicheng District 1949–1990

数据来源：西城区房屋管理局

图 3-4　1949~1990 年北京市西城区建成住宅面积产权分布

Figure 3-4　The Property Types of Urban Residential Building Areas in Beijing Xicheng District 1949–1990

数据来源：西城区房屋管理局

图 3-5　北京市西城区各年份建成住宅空间分布

Figure 3-5　Spatial Distribution of Urban Residential Buildings in Xicheng District，Beijing

图片来源：依据北京市西城区房屋管理局 2012 年房屋普查数据绘制

图 3-6　北京市西城区各年份建成住宅面积（地上）

Figure 3-6　Temporal Distribution of Urban Residential Buildings in Xicheng District，Beijing

图片来源：依据北京市西城区房屋管理局 2012 年房屋普查数据绘制

图 3-5

图例
■ 1949 年以前建成住宅
■ 1950~1959 年建成住宅
■ 1960~1969 年建成住宅
□ 1970~1979 年建成住宅
□ 1980~1989 年建成住宅
■ 1990~1999 年建成住宅
■ 2000~2009 年建成住宅
■ 2010~2012 年建成住宅

图 3-6

安全健康的小区
A Safe and Healthy Residential Area

排除安全隐患。将安全作为老旧小区更新的基本底线,加固建筑结构,修补建筑构件,疏通消防通道,规范消防设施,增设安防管理设施,完善防疫、防汛系统,排除公共和居住部分的安全隐患。

保证基本性能。维护水、电、气、热、照明等基础设施的性能,落实日常管理和养护修缮。

维护公共秩序。打击房屋和公共空间的违法违规使用,制止开墙打洞、违法建设、安装地桩地锁、违规设置户外广告等行为。制止住宅和小区环境使用中的不文明行为。

保障居民身心健康。满足基本民生需求,体现人文关怀,增强小区居民的安全感,提供舒展身心的活动项目和活动场地。

舒适宜人的小区
A Comfortable and Pleasant Residential Area

提高建筑本体宜居性。提升建筑节能性能,提升优化楼内公共部分空间品质,改善楼内公共照明,完善规范建筑外立面及构件、设施设备及线路。

提升公共空间舒适度。梳理修补小区交通道路,规范机动车和非机动车停车。完善公共空间、绿化空间建设,保护古树、大树、名贵树种。

增强社区生活便捷度。推进小区文化、康体、老人服务等公共服务设施的补充完善,加强公共服务设施的混合利用。同时完善相关服务项目,提升宜居性。

关注全龄友好。增设无障碍坡道和设施,在有需求的住宅单元加装电梯。通过小区人文环境的营造以及社区活动的开展,形成和谐包容的邻里关系。

特色传承的小区
A Residential Area of Characteristics Inheritance

传承首都特色。展现北京的"首都风范、古都风韵、时代风貌"。遵循上位规划和导则中对建筑高度、城市天际线、景观眺望系统、城市第五立面、城市色彩以及城市风貌等方面的管控要求。

传承区域特色。注重地区特色的发掘与弘扬,注重特色片区中老旧小区在色彩、尺度、细节和第五立面等方面的特色维护,与周边环境取得协调。

强化建筑特色。尊重老旧房屋的时代特征,因地制宜地维护其建造技术、材料、建筑构件等方面的特色。

图3-7(b)

图3-7(a)

智慧创新的小区

A of Intelligent Innovation Residential Area

降低资源消耗。建设智能基础设施，鼓励对现有市政设施进行智能化改造，在计费、保修等环节提高运行效率。

推进节能低碳。结合停车位、机械停车设施等设置电动车充电桩。有条件的小区可考虑太阳能设备或其他新能源设施的加装，降低碳排放。

营造智慧生活。安全设施智能化，通过监控信号智能识别安全隐患，设置定点呼救设施，照明设施智能化，引入社区交互管理系统。更好地服务居民需求，以智慧科技引领新的生活方式。

共治共享的小区

A Co-governed and Shared Residential Area

探索多元共治机制。强化党建引领。健全政府统筹协调机制，加强全过程指导和监督，下沉管理重心，定期评估更新相关工作，应急兜底，保基本民生。发挥居民的主体作用，发动社会力量参与。

完善物业管理长效机制。健全物业管理体系，老旧小区更新工作与物业管理完善同步实施，健全物业服务综合评价机制，形成公平合理、良性竞争的市场环境。

图 3-7 北京老旧小区综合整治
Figure 3-7 Old Urban Residential Area Renovation in Beijing
图片来源：北京市规划和自然资源委员会网站

北京老旧小区更新的依据

4. Laws, Regulations, Policies, Planning Requirements and Technical Standards for Old Urban Residential Area Regeneration in Beijing

法律法规
Laws and Regulations

老旧小区更新涉及的法律法规主要有《中华人民共和国民法典》《物业管理条例》《城市绿化条例》《北京市物业管理条例》《北京市生活垃圾管理条例》《北京市街道办事处条例》《北京市文明行为促进条例》《北京历史文化名城保护条例》等①。

政策文件
Policies

政策文件包括老旧小区更新的纲领性文件，如《国务院办公厅关于全面推进城镇老旧小区改造工作的指导意见》《北京市老旧小区综合整治工作手册》以及年度工作方案等。

还包括针对更新特定环节的专项文件，如《中国残联关于在国家老旧小区改造中切实落实无障碍改造工作的通知》《北京市住房和城乡建设委员会关于加强老旧小区房屋建筑抗震节能综合改造工程质量管理的通知》《北京市园林绿化局关于印发本市老旧小区绿化改造基本要求的通知》等。

此外，建筑设计施工、城市规划管理等领域的其他政策也会与此相关，如《房屋建筑工程抗震设防管理规定》《城市生活垃圾管理办法》《北京市推进供热计量改革综合工作方案》《北京市既有建筑改造工程消防设计指南》等①。

①法律法规和政策文件详见附录 2。

国民经济和社会发展规划
Economic and Social Development Planning

2021 年 1 月 27 日北京市第十五届人民代表大会第四次会议批准《北京市国民经济和社会发展第十四个五年规划和二〇三五年远景目标纲要》。纲要指出，建设高品质宜居城市，落实城市更新计划，大力推进老旧小区改造。分类推进老旧小区改造、危旧楼改造和简易楼腾退。力争完成全市 2000 年底前建成的老旧小区改造任务。统筹基础类和"菜单式"自选类项目，系统推进抗震加固、节能改造、专业管线改造，精准实施适老化改造、加装电梯、绿化改造，补充便民设施和停车设施。

空间规划
Spatial Planning

包括城市总体规划、分区规划、详细规划、专项规划等。

城市总体规划

2017 年 9 月 13 日，《北京城市总体规划（2016 年—2035 年）》获中共中央国务院批复，确定了建设国际一流的和谐宜居之都的发展目标，提出：

统筹推进老旧小区综合整治和有机更新。开展老旧小区抗震加固、建筑节能改造、养老设施改造、

文字来源：中华人民共和国国家发展和改革委员会网站；北京市规划和自然资源委员会网站

无障碍设施补建、多层住宅加装电梯、增加停车位等工作，提升环境品质和公共服务能力。建立老旧小区日常管理维护长效机制，促进物业管理规范化、社会化、精细化。

加强精细化管理，创建一流人居环境。加强公房管理，治理直管公房违规转租及群租、私搭乱建等问题，提升房屋利用质量与效率。

此外，总体规划在城市设计等方面的要求也与老旧小区更新相关：

进行特色风貌分区。中心城区形成古都风貌区、风貌控制区、风貌引导区三类，中心城区以外地区建设平原特色、山前特色与山区特色的三类风貌区。

建立以中心城区为重点，覆盖市域的建筑高度管控体系。重点针对中心城区划定历史文化控制区、城市景观控制区、城市安全控制区、绿色生态控制区四类特殊控制引导区，明确高度控制要求，制定相应管理办法。

加强城市天际线塑造。保护老城平缓有序的城市天际线，严格控制老城建筑高度与体量。

加强城市整体空间形态控制。构建看城市、看山水、看历史、看风景的城市景观眺望系统。

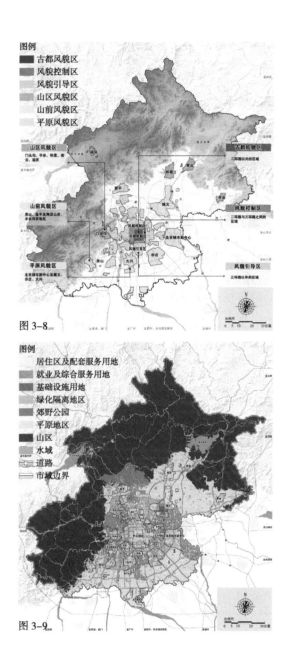

图 3-8 《北京城市总体规划（2016 年—2035 年）》市域风貌分区示意图
Figure 3-8 Urban Feature Areas in Beijing City Master Plan 2016–2035
图片来源：北京市规划和自然资源委员会网站

图 3-9 《北京城市总体规划（2016 年—2035 年）》市域用地功能规划图
Figure 3-9 Land Use in Beijing City Master Plan 2016–2035
图片来源：北京市规划和自然资源委员会网站

加强城市第五立面管控。塑造肌理清晰、整洁有序的第五立面空间秩序，营造与自然山水和谐相融、与历史文化交相辉映、具有高度可识别性的城市第五立面。重点管控好老城、重点视廊区域及机场起降区域的城市第五立面，将城市第五立面整治与城市修补、生态修复相结合，通过建筑屋顶绿化美化与有序整理、城市绿化补充与修饰等手段，全面提升第五立面整体品质。

加强城市色彩管控。充分汲取古都五色系统精髓，规范城市色彩使用，形成典雅庄重协调的北京城市色彩形象。建立城市色彩引导管理体系，重点管控老城、三山五园地区、北京城市副中心及其他重点地区城市色彩。对建筑、设施、植被、路面等提出色彩使用指导意见，发挥城市色彩对塑造城市风貌的重要作用。

大力发展绿色建筑。鼓励建筑节能、节水、节地、节材和环保，提倡呼吸建筑、城市森林花园建筑。新建建筑 100% 落实强制性节能标准，推动超低能耗建筑建设。

全面提升建筑设计水平。重视建筑的文化内涵，加强单体建筑与周围环境的融合，努力把传承、借鉴与创新有机结合起来。

文字来源：北京市规划和自然资源委员会网站

分区规划

为贯彻落实《北京城市总体规划（2016 年—2035 年）》，充分发挥总体规划的刚性管控和战略引领作用，将总体规划确定的目标、指标和任务落实落地落细，按照《北京城市总体规划实施工作方案（2017 年—2020 年）》部署要求，市规划和自然资源委员会同各区政府编制了分区规划。

分区规划是区级层面的总体规划，是对总体规划确定的目标、指标、任务在区级层面进行细化分解和深化落实；也是以城乡规划和土地利用规划"两规合一"为基础，统筹生产生活生态各类资源配置、各类专业专项规划和城市设计要求等，形成的对各区在规划期内城乡发展建设、自然资源保护利用等各项工作的统筹安排；同时做好规划实施路径设计、规划单元指引、近远期时序安排等。在空间规划体系中，分区规划处于承上启下的地位，向上传导总体规划确定的目标、指标和任务，向下为下一阶段控制性详细规划、乡镇域规划和规划实施管理提供依据和指导；横向上分区规划与市级层面各专项规划协同衔接。各分区规划统筹拼合后将形成全域规划管控的一张基础底图、一个数据库和一套完整的管控机制。

详细规划

2019 年 1 月 3 日，中共中央国务院批复《北京城市副中心控制性详细规划（街区层面）（2016 年—2035 年）》，要求注重生态保护、注重延续历史文脉、注重保障和改善民生、注重多规合一，以最先进的理念、最高的标准、最好的质量推进北京城市副中心建设。其中，推进老城区城市修补，加强城市设计、建筑设计、景观设计，为老城区复兴注入新活力等都与老旧小区相关联。

2020 年 8 月 21 日，中共中央国务院批复《首都功能核心区控制性详细规划（街区层面）（2018 年—2035 年）》，提出核心区是全国政治中心、文化中心和国际交往中心的核心承载区，是历史文化名城保护的重点地区，是展示国家首都形象的重要窗口地区。老城整体保护与有机更新相互促进，建设政务环境优良、文化魅力彰显、人居环境一流的首善之区。要坚定有序疏解非首都功能，加强老城整体保护，注重街区保护更新，突出改善民生工作，加强公共卫生体系建设，维护核心区安全。其中，特色风貌分区、建筑高度管控等方面要求均与老旧小区整治更新密切相关。

文字来源：北京市规划和自然资源委员会网站

图 3-10

图 3-11

图 3-10《首都功能核心区控制性详细规划（街区层面）（2018 年—2035 年）》用地功能规划图

Figure3-10 Land Use in Regulatory Detailed Plan for Core Area of the Capital（2018-2035）

图片来源：北京市规划和自然资源委员会网站

图 3-11《北京城市副中心控制性详细规划（街区层面）（2016 年—2035 年）》用地功能规划图

Figure3-11 Land Use in Regulatory Detailed Plan for the Sub-centre of Beijing（2016-2035）

图片来源：北京市规划和自然资源委员会网站

保护规划

《北京历史文化名城保护规划》《北京旧城二十五片历史文化保护区保护规划》等专项规划设立了保护区周边建筑高度、形态、材料颜色方面的管控要求。

《北京历史文化名城保护规划》（2002 年）在旧城整体格局的保护方面提出要求，具体体现在历史河湖水系、传统中轴线、皇城、旧城"凸"字形城郭、道路及街巷胡同、建筑高度、城市景观线、街道对景、建筑色彩、古树名木 10 个层面的内容。其中，建筑高度、建筑色彩的要求与老旧小区更新密切相关。

《北京旧城二十五片历史文化保护区保护规划》将保护区和建设控制地带中的建筑划分为文物类、保护类、改善类、保留类、更新类、沿街整饰类，其中"更新类"包含少数单位近几十年新建的多层（甚至高层）建筑。对这类建筑，在条件成熟的时候应予以拆除，原址复建一个与保护区风貌相协调的建筑。此外优秀近现代建筑、中国 20 世纪建筑遗产、历史建筑保护名录中涉及的住区住宅的整治更新也应符合相应保护规划或政策法规的要求。

技术标准

Technical Standards

技术规范主要指国家标准、地方标准、行业标准、团体标准、设计导则等。老旧小区更新整治涉及的技术标准与住区住宅设计及建筑改造相关[①]。

其一为纲领性的技术标准，如《住宅设计规范》《城市居住区规划设计规范》《城市旧居住区综合改造技术标准》等。

其二为针对特定技术环节的规范，如抗震加固方面有《混凝土结构加固设计规范》《砌体结构加固设计规范》《老旧小区抗震加固标准设计图集》等，市政设施改造方面有《建筑给水排水设计规范》《住宅建筑电气设计规范》《城镇燃气设计规范》《建筑照明设计标准》《建筑物防雷设计规范》等，节能改造方面有《居住建筑节能设计标准》《既有居住建筑节能改造技术规程》等，公共服务完善方面有《无障碍设计规范》《城市既有建筑改造类社区养老服务设施设计导则》《社区养老服务设施设计标准》《老年人照料设施建筑设计标准》等，交通物流设施方面有《城镇道路养护技术规范》《电动汽车充电站设施规范》《居住区电动汽车充电设施技术规程》等。

文字来源：北京市规划委员会．北京历史文化名城北京皇城保护规划 [M]．北京：中国建筑工业出版社，2004；单霁翔等主编．北京市规划委员会编．北京旧城 25 片历史文化保护区保护规划 [M]．北京：北京燕山出版社，2002

①技术标准详见附录 3。

北京宣武大街沿街住宅　　　　北京宣武大街沿街住宅

北京北四环沿线住宅　　　　北京北四环沿线住宅

北京北四环沿线住宅　　　　北京北四环沿线住宅

北京莲花池西里小区　　北京百万庄住宅区

北京塔院小区　　　　北京当代MOMA　　本页图片均为 刘杨凡奇 摄

老旧小区更新分类施策

Categories of Old Urban Residential Area Regeneration

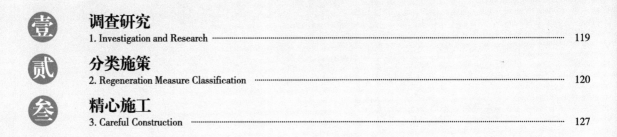

老旧小区的更新可以分为保护修缮、拆除重建、综合整治三个类别，除此之外是老旧小区的日常维护。保护修缮参照文物和历史建筑的相关保护要求进行；拆除重建指全部或部分拆除原有建筑，在原址或异地重建，可使居住达到当前标准；综合整治以菜单式导则指引相关工作的开展，达到分项的目标预期。日常维护则是采用日常检查修缮的方式维护其安全性和宜居性。

The old urban residential area regeneration can be divided into three categories: conservation, reconstruction

and renovation, in addition to the daily community maintenance. Conservation is carried out in accordance with the relevant protection requirements of the buildings to preserve the historic relics and its cultural value. Reconstruction refer to the total or partial demolition of the original building, in situ or off-site reconstruction, which can make the residence meet the current standard. Renovation is carried out with the guidance of menu-based guidelines to achieve the target expectations of the subdivision. Daily maintenance is to maintain the safety and livability of the buildings by means of daily inspection and repair.

不同社会经济发展阶段中的住区住宅有着显著的时代特征。住区住宅的初始性能反映了其建造年代的结构、能耗、宜居性能标准，建成之后各项性能不断衰退的同时，经济社会发展促成住区住宅设计建造标准不断提升。为使得老旧小区达到或接近当前标准，需要适时开展日常维护和更新。

日常维护是延长建筑生命周期的基本途径，但建筑结构老化，以及建筑材料本身节能性能老化或能耗要求不满足新标准等问题，通常都难以通过日常维护解决，因此住区住宅全生命周期中将多次面临不同类型的更新。

采用何种更新方式需基于调查研究。应首先进行价值评估，对具备保护价值的住区住宅进行"保护修缮"；对非保护类的老旧小区开展"拆除重建"或"综合整治"的工作，选择何种方式一方面需要符合

相关规划的要求，另一方面则需依据投入成本与实施效果的权衡，以及居民的意愿与支付能力的状况。

从成效看，"保护修缮"参照文物建筑或历史建筑等相关措施进行，尽可能保留了原有物质环境。"拆除重建"通过全部或局部新建使居住品质达到当前标准。"综合整治"可分项进行，效果各异：建筑结构和能耗方面，如建筑结构和建筑围护结构方面的改善，是否需要通过整治达到当前最高标准，应分析其投入产出，进而理性决策；居住品质支撑体系方面，包括市政设施设备、安全设施、电梯加装、新能源新技术、智慧设施等在内的性能提升，可通过设施设备更换、增设来满足当前的最新要求；而老旧小区因原有空间布局而形成的公共空间、停车空间、公共服务设施规模限制，通过整治也往往难达当前要求，宜因地制宜优先解决迫切问题。

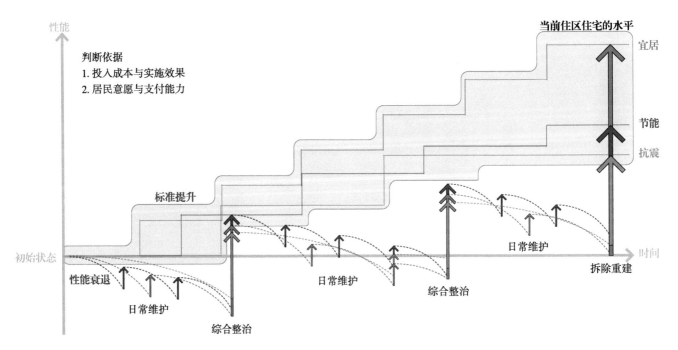

图 4-1 住区住宅生命周期与更新维护开展的示意图

Figure 4-1 Life Cycle vs Regeneration Diagram of Residential Areas

图片来源：参考日本国土交通省《决定是否重建或维修公寓的手册》插图的表达方式，根据北京情况改绘

结合规划要求、政策法规等对老旧小区开展调查研判，判断是否开展"保护修缮""拆除重建""综合整治"几类更新或进行"日常维护"。

具体而言调查评估包含：

第一，基本情况。小区用地范围权属和面积；建筑数量、分布、楼龄、功能、权属、面积等；小区人口构成、居民收入水平等。

第二，历史信息。小区发展历史、文物或历史建筑、古树名木、特色文化要素等。

第三，住宅建筑本体物质环境。结构类型、房屋质量、市政基层设施情况、安全隐患、违法违规使用情况等。

第四，小区公共部分物质环境。小区交通状况、市政基础设施情况、小区公共服务设施情况、公共空间环境、安全隐患、违法违规使用情况等。

第五，物业管理情况。小区业委会成立情况、物业管理单位进场情况、收费现状、物业管理服务水平。

第六，居民的条件和需求。居民满意度、改造意愿和改造后预期水平、资金筹措情况、居民参与公共事务意愿、增设设施的空间条件等。

利用多源城市大数据的社区体检评估

Using Multi-source City Big Data to Quickly Conduct Community Physical Examination and Evaluation

大数据平台"城市象限"为双井街道进行了健康扫描和精细体检，并得出一份包含职住通勤、居住情况、街道活力、环境品质、休闲活动等多个维度的"体检报告"。一系列智能化规划工具加以运用，如猫眼象限和蝠音象限采集的社区观测数据汇总后，海豚象限可基于数据输入快速进行体检评估，一键生成社区体检报告。大数据体检分析让社区规划更严谨客观。责任规划师可在解读数据的基础上，为街区进行科学诊断。

文字来源：《人民日报海外版》2019年9月3日文章《社区治理有"智商"亦有"情商"》

对更新的分类界定
The Classification of Old Urban Residential Area Regeneration

依据对物质环境的干预程度，将更新方式分为保护修缮、拆除重建、综合整治三类，此外日常维护是老旧小区自建成之后应开展的常态化工作。

保护修缮主要指对具有历史文化价值的老旧小区进行保护性修缮维护，以文物建筑、优秀近现代建筑，20世纪中国建筑遗产、历史建筑的标准进行。

拆除重建涉及既有住宅主体结构拆改，例如住宅建筑的全部拆除重建或部分拆除重建。

综合整治指不涉及住宅主体结构拆改的工作，包含抗震加固、节能改造、建筑外墙和屋顶整治、建筑内部公共空间整治、小区环境整治等工作。

日常维护主要面向现有状况较好，暂时无需进行拆除或开展大规模改造的住区住宅，采用日常检查修缮的方式维护其安全性和宜居性。

表4-1 老旧小区物质环境改善提升的工作分类
Table 4-1 Classification for Physical Environment Improvement of Old Urban Residential Area

工作类别	工作对象	工作内容	具体构成
保护修缮	具备以下特征之一的老旧小区选择适当的方式保护修缮： 1. 反映某一时期社会发展特征； 2. 反映民俗传统或地域特色； 3. 与典型历史事件相关； 4. 与典型人物或典型人群相关； 5. 反映东西方建筑文化交流； 6. 在建筑类型、空间、形式、建筑材料和施工工艺上具有特色； 7. 著名建筑师或设计公司的代表作品、获奖作品； 8. 具有地标性	整体保护	参照文物建筑、历史建筑等标准对老旧小区建筑单体和公共环境进行整体保护维护
		局部保护	参照文物建筑、历史建筑等标准对老旧小区的一部分建筑单体和公共环境进行保护维护
		要素保护	对小区和建筑有历史价值的要素进行保护维护
拆除重建	具备以下特征的老旧小区必须拆除重建： 经鉴定属于危房 同时具备以下特征的老旧小区可以拆除重建： 1. 建筑质量维护成本过高； 2. 拆除重建后与历史风貌保护无矛盾； 3. 拆除重建后与城市规划无矛盾； 4. 拆除重建后采光、通风标准不降低，具备拆除重建的空间条件	原拆原建	单栋或多栋建筑拆除后原址原貌重建
		局部拆除重建	单栋或多栋建筑的部分结构拆除后新建
		拆除改建原地安置	单栋、多栋建筑或小区全部拆除后原址重新规划建设
		拆除改建异地安置	单栋、多栋建筑或小区全部拆除后重新选址规划建设
综合整治	不具备保护要求和拆除重建条件的一般老旧小区	住宅本体综合整治	违法建设拆除； 建筑结构加固； 市政设施设备改造； 消防条件改善； 绿色建筑营建； 无障碍与全龄友好设施健全； 公共空间优化； 建筑风貌提升； 安全设施完善； 智慧设施补充
		小区环境综合整治	违法建设拆除； 市政设施设备改造； 环卫设施整治； 消防条件改善； 交通物流设施优化； 无障碍与全龄友好设施健全； 公共环境提升； 公共服务增补； 安全设施完善； 智慧设施补充
日常维护	无更新改造需求的居住小区		

☆ 日本高级公寓更新的分类判断及对策

Mansion Renewal Measure Estimation in Japan

　　高级公寓（mansion），集合住宅的一种形式，是日本特有的称谓，采用钢筋混凝土结构建造的坚固住宅。团地型高级公寓是指《建筑物分割所有权法》规定的团地中，构成团地的多个建筑物的全部或部分，其使用目的主要是住宅。对高级公寓拆除或改建的判断首先要调研以下信息：第一，对老化程度的判定；第二，当前的不满和需求；第三，更新后需要达到的水准。分别明确改造和重建的预期效果和成本，然后从投入产出的角度进行分类判断。（更多资料详见附录）

图 4-2 日本高级公寓更新的分类判断流程

Figure 4-2 Process of Residential Building Renewal Measure Estimation

文字和图片来源：日本国土交通省网站《决定是否重建或修缮高级公寓的手册》https://www.mlit.go.jp/jutakukentiku/house/content/001374067.pdf

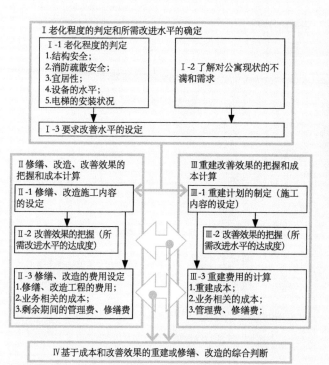

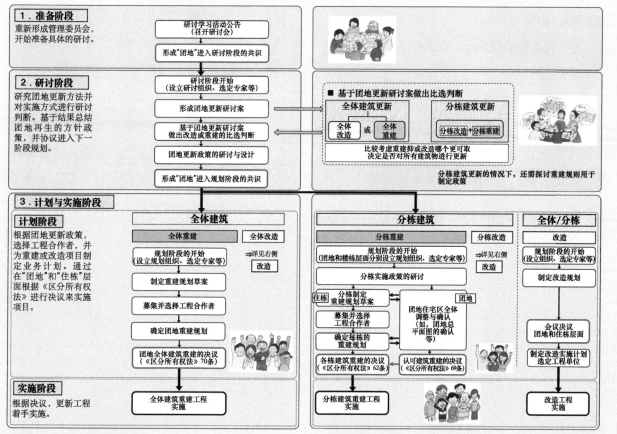

图 4-3 日本团地型高级公寓更新流程

Figure 4-3 Process of Residential Area Renewal Implementation in Japan

文字和图片来源：日本国土交通省网站《团地型公寓再生手册》

https://www.mlit.go.jp/jutakukentiku/house/content/001374073.pdf

121

保护修缮
Conservation

对已经列入文物建筑、优秀近现代建筑、20世纪中国建筑遗产、历史建筑等文化遗产建筑名单的老旧小区，参照各类文化遗产建筑的保护要求开展修缮维护。

对尚未列入上述名单的老旧小区，开展价值判断工作，梳理是否具有以下特征：

1. 反映某一时期社会发展特征；

2. 反映民俗传统或地域特色；

3. 与典型历史事件相关；

4. 与典型人物或典型人群相关；

5. 反映东西方建筑文化交流；

6. 在建筑类型、空间、形式、建筑材料和施工工艺上具有特色；

7. 著名建筑师或设计公司代表作品、获奖作品；

8. 具有地标性。

对具上述特征的老旧小区制定相应的保护修缮措施，要特别注重保护其典型的时代印记，例如其物质环境方面的空间格局、建筑形式、结构特征、建造方式、特色构件、装饰纹样等，以及生活服务、特色活动等非物质环境方面的内容，传承历史文化。

拆除重建
Reconstruction

经鉴定属于危房的老旧小区必须拆除重建。同时具备以下特征的老旧小区可以拆除重建：

1. 建筑质量维护成本过高；

2. 拆除重建后与历史风貌保护无矛盾；

3. 拆除重建后与城市规划无矛盾；

4. 拆除重建后采光、通风标准不降低，具备拆除重建的空间条件。

拆除重建的方式可包含原拆原建、局部拆除重建、拆除改建原地安置、拆除改建异地安置几类。

在当前老旧小区相关工作中，拆除重建的主要对象应为中华人民共和国成立后建设的一系列低标准住宅和不成套住宅。拆除新建可解决此类住房物质环境严重老化、不适应当代生活的问题。一些不成套住宅在进行成套化改造后，满足了房改政策条件，通过房改，复杂的产权关系也可得以厘清[1]。

值得注意的是，拆除重建面临着补偿标准和新建标准等一系列问题，实施需多数业主同意且具有支撑资源和实施条件，即便是低标准住宅或不成套住宅的拆除重建也面临诸多制约，所以老旧小区的拆除重建宜审慎考虑。

---

①拆除重建的对象：
《北京市老旧小区综合整治工作手册》（京建发〔2020〕100号）提出开展拆除重建试点，根据《关于开展危旧楼房改建试点工作的意见》有关要求组织实施。《意见》适用于经市、区房屋管理部门认定，建筑结构差、年久失修、基础设施损坏缺失、存在重大安全隐患，以不成套公有住房为主的简易住宅楼，和经房屋安全专业检测单位鉴定没有加固价值或加固方式严重影响居住安全及生活品质的危旧楼房。
上海市《关于加快推进本市旧住房更新改造工作的若干意见》（沪府办规〔2021〕2号）提出重点推进拆除重建改造，针对建筑结构差、

安全标准低、无修缮价值的不成套职工住宅和小梁薄板等存在安全隐患的房屋实施拆除重建改造。继续实施贴扩建改造，对确无条件实施拆除重建改造的不成套职工住宅，通过对房屋加层扩建或在北侧、南侧加建，完善厨卫使用功能的贴扩建改造。对提供城市公共空间、保障性住房等公共要素和落实保留保护要求的旧住房更新改造项目，在符合区域发展导向的前提下，允许按照区域评估情况，在满足服务配套和城市安全要求、落实公共要素和全生命周期管理的基础上，进行用地性质、建筑容量和建筑高度的适度调整。支持符合风貌保护要求的更新项目新增建筑用于公益性功能。

综合整治
Renovation

除保护修缮类和拆除重建类的老旧小区，大量的老旧小区需要开展体系化的整治工作，例如对老化的建筑结构实施抗震加固、对节能不达标的建筑开展节能改造、对居住环境的宜居性进行设施设备更新升级及服务供给补充，加强安防管理、优化住区住宅的环境风貌等。这些工作以提升居民的生活品质，并维护延长老旧小区的生命周期为目标，是我国当前老旧小区相关工作中最为急迫和广泛的。

日常维护
Daily Maintenance

现有状况较好，暂时无需进行拆除或开展大规模整治的老旧小区，采用日常维护的方式开展检查，并进行修缮维护。

日常维护多针对建筑表面材料和设施设备的维护和替换。该工作应采用常态化、周期性的方式开展，结合物业管理工作进行。其有效开展对延长建筑及小区的生命周期、降低整治和重建需求具有积极意义。

⭐ **日本高级公寓长期修缮计划**

Long-term Repair Plan of Mansion in Japan

据统计，日本首都圈中有半数以上购房者选择高级公寓。为确保舒适的居住环境和资产保值，需要适时地进行修缮以应对住宅建筑的老化。因此，有必要制定高级公寓的长期修缮计划，并依据计划内容设立修缮所需的储备金。

在 2005 年日本国土交通省制定的《高级公寓管理标准指南》中，针对长期修缮计划的制定，就"该注意什么""该如何注意"等需要注意的事项，将长期修缮计划中的事项标准化，明确了计划制定时的基本思路以及使用长期修缮计划标准样式时需注意的事项。

文字和图片来源：日本国土交通省网站《高级公寓管理标准指南》https://www.mlit.go.jp/jutakukentiku/house/jutakukentiku_house_tk5_000053.html；日本国土交通省网站《长期修缮计划制作指南与解说》https://www.mlit.go.jp/common/001172730.pdf；日本非盈利法人机构高级公寓管理支持委员会网站 http://www.mansion.mlcgi.com/plan_2.htm

---

表 4-2 日本高级公寓管理支持委员会的指导性维修周期

Figure 4-2 Guided maintenance cycle of Japan Apartment Management Support Committee

修缮工程项目	对象	施工分类	维修周期
建造			
屋面防水（保护）	屋面、塔屋、露台	修补·修缮	12 年
屋面防水（裸露）	屋面、塔屋	拆卸·新装	24 年
坡屋顶防水	屋面		
屋檐防水	檐顶、封檐板顶、栏板顶、廊架顶	修缮	12 年
开放式阳台防水	阳台地板（包括檐槽和踢脚板）的防水	修缮	12 年
开放式走廊防水	开放式走廊和楼梯（包括檐槽和踢脚板）	修缮	12 年
混凝土修补	外墙、屋顶、扶手、屋檐	修缮	12 年
外墙粉刷	外墙、女儿墙等的粉刷层	重刷	12 年
屋檐下粉刷	开放式走廊、楼梯、阳台的屋檐下	除去·粉刷	36 年
铺砖	外墙、栏板墙	修补	12 年
填缝	外墙接缝、栏板墙、管道周边	替换	12 年
铁制部件涂漆	（淋雨处）开放式走廊、楼梯、阳台栏杆、屋顶外围栏杆、设备支架、室外钢制楼梯等	重涂	4 年
铁制部件涂漆	（不淋雨处）住宅入口门、公共区域门、仪表箱门、扶手、设备等	重涂	6 年
非铁制部件涂漆	铝制或不锈钢制	清扫	12 年
	树脂、木制	重涂	12 年
细木作相关	住宅入口门、公共区域门、自动门	检查·调整	12 年
	窗扇、格栅、纱门、百叶窗	替换	36 年
扶手	开放式走廊、楼梯、阳台栏杆	替换	36 年
附属硬件	雨落管、封檐板、信报箱、储物柜	替换	24 年
公共空间内部	管理员室、会议室、内部走廊、内部楼梯间	更换·粉刷	12 年
设备			
供水管	室内公共供水管	修正	15 年
	室内公共供水管、室外公共供水管	换新	30 年
水箱	水箱、高位水箱	替换	25 年
供水泵	抽水泵、加压供水泵、直接供水泵	修补	8 年
		替换	16 年
排水管	室内公共排水管	修正	15 年
	室内公共排水管、污水管、雨水管	替换	30 年
排水泵	排水泵	修补	8 年
		替换	16 年
煤气管	室外埋设煤气管、室内公共煤气管	替换	30 年
空调、换气设备	公共部分管理室、会议室的空调	替换	15 年
换气设备	室外埋设煤气管、室内公共煤气管	替换	30 年
电气设备	通风扇、管道类、换气扇等	替换	15 年
防灾、消防设备	传感器、发送器、指示器、音频设备、接收器等	替换	20 年
	消火栓泵、输水管设备等	替换	25 年

4-4（a）

4-4（b）

4-4（c）

上海市徐汇区武康大楼保护修缮

Protection of I.S.S Normandie Apartment in Shanghai

　　2019年10月，武康大楼外立面完成了近十年来最大规模的保护性修缮，大楼底层千余平方米的商业空间也完成了业态调整。此前，2009年武康大楼也曾配合上海世博会前武康路保护整治进行了一次大修。

　　2009年大楼首次大修时，上海对历史建筑的保护性修缮刚起步。作为一栋典型的法国文艺复兴时期建筑，武康大楼的外立面有两大关键特点：大面积使用清水砖；大面积使用水刷石和水泥仿石工艺。当时，上海已经提出了对历史建筑"修旧如故"的理念，但既要让老大楼的外墙达到现代化的防水标准，又要保留时间在砖块上留下的历史痕迹，挑战很大。修缮团队采用最"笨"的办法，制作了大量试验砖，尝试不同的修缮方式，邀请专家来逐一把关。第一轮修缮大大提高了徐房集团修缮团队的技能水平。

　　十年后，大家再次走进武康大楼时，经历的则是一次关于"保护"的理念革新。2019年这次大修，武康大楼成为上海首个试点历史建筑修缮、旧住房改造和高空坠物整治"三合一"的大楼，并增设了房屋安全管理的信息监控系统，任何的沉降、变形、墙体割裂，管理部门都能第一时间掌握。

　　与一般历史建筑不同，武康大楼自建成以来，底层就规划为商业空间。首要考虑商业该如何与历史建筑融合，激活老建筑在今天的价值，也是武康大楼保护修缮中的重要议题，目前已有一些特色书店入驻这座"网红大楼"。

图 4-4　上海市徐汇区武康大楼保护整治
Figure 4-4　I.S.S Normandie Apartment Conservation in Xuhui District, shanghai
（a）20世纪20年代武康大楼；
（b）完成"三合一"改造的武康大楼；
（c）2019年8月，修缮中的武康大楼
文字和图片来源：上海市徐汇区政府网站2020年7月13日文章《花大力气保护武康大楼，不止因为她"颜值高""年纪大"》

☆ 上海市静安区彭浦新村彭三小区拆除新建

Reconstruction of Pengsan Residential Area in Shanghai

上海市彭三小区是建成于 20 世纪 60~70 年代的住宅区，小区总占地面积 8.54 公顷，共有 55 幢，其中成套住宅 15 幢，无孤立厨卫设施的不成套住宅 40 幢，居住居民 2001 户。彭三小区是典型的危旧住宅区，居民常年居住在阴暗潮湿、破损老化、厨卫合用的老旧公房中，这些居民基本都无力购买商品房。

彭三小区采用了原地安置的方式，以滚动、多样化、可持续的分类、分期综合改造途径，先易后难、逐步探索：

第一期：对小区外围的 15 栋平屋顶成套住宅实施平改坡改造和内部设施综合改造。

第二期：不成套但质量尚可且有距离空间的住宅改扩建增加厨卫。将原楼梯外移，腾出空间用于增设厨房、卫生间，平均每户仅增加 2.4 平方米、投资 2 万元左右，向居民出售并办理居民房产证。

第三期：原建筑拆除、原地加层重建。平均每户建筑面积从 28.6 平方米增加到每户 47.3 平方米。新增加的 15 户用于过渡或安置，以及政府回购用于廉租住房，同时也部分解决了改造的资金平衡问题。征求居民意见 100% 同意，确保在法律上不留后遗症。

第四期：局部成组团拆除，组团内调整布局新建。在 100% 同意的情况下，拆除原有 6 幢建筑布置 3 幢建筑，层数由原来的 4 层变为 6~7 层，房型设计与第三期类似，在满足原住户安置前提下，增加的户数同样用于后期改造安置、过渡、廉租房等。

第五期：整片拆除，重新规划改造。经过与居民多次沟通，拟定了以新建 18 层住宅为主的规划，拆除剩余 4.5 万平方米的 1304 套不成套住宅和 1.23 万平方米较为破旧的文化馆、菜场、派出所、居委会等，新建 1480 套、建筑面积 8.2 万平方米的住宅和 1.8 万平方米的社区配套用房，一并增加地下停车量，改善社区配套设施。

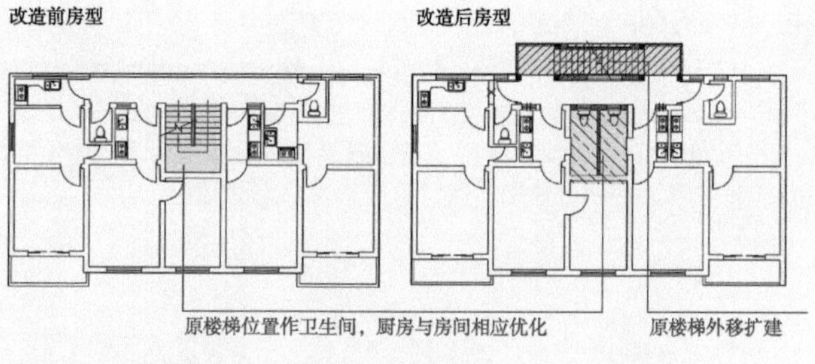

图 4-6 上海市静安区彭三小区拆除重建

Figure 4-6 Pengsan Residential Area Reconstruction in Jing'an District, Shanghai
（a）原地拆除重建改造前；
（b）原地拆除重建改造后；
（c）成组团改造前；
（d）成组团改造后；
（e）整片拆除改造后的文化馆和高层住宅

文字和图片来源：曹立强，陈必华，吴炳怀. 城市不成套危旧住宅原地改造方式探索——以上海闸北区彭三小区的实践为例 [J]. 上海城市规划，2013（04）：78-83

改造前房型　　　　　改造后房型

原楼梯位置作卫生间，厨房与房间相应优化　　　原楼梯外移扩建

图 4-5 保留扩建厨卫设施户型改造方法

Figure 4-5 Adding Kitchens and Toilets by Dwelling Unit Reconstruction

北京市西城区白云路七号院综合整治
Renovation of No. 7 Baiyun Road Residential Area in Beijing

白云路七号院建成于 20 世纪 80 年代末，仅有 3 栋 6 层住宅楼，共计 24 个单元 382 户，户均使用面积 49 平方米。

经过拆除违建、小区架空线入地、地下管线改移、路边重新铺装、原有垃圾楼改造为办公楼、自行车棚改造等，小区已经变得停车有序、道路宽敞、设施齐全，居民幸福感得到提升。在整个改造期间，小区的地下空间经历了一次大"手术"，饮用水、雨水、污水燃气、电力等管线都得到了彻底更换，锈蚀老化的管线也来了个大变身，小居室彻底告别"跑、冒、滴、漏"。整治前，小区只有 53 个停车位，远不能满足居民需求。整治后，小区地面正规停车位 55 个，立体停车位 26 个，临时车位 20 个，数量比原来增加了一倍多。为解决老年人腿脚不便无法下楼的问题，工作人员多方沟通安装了电梯，并将噪声、光线对低层住户的不良影响降到最低。

为保证已实施综合整治的小区改造效果得以较好保持，政府利用两年时间，用财政资金以奖代补的形式对新引入的物业管理单位进行市场培育、扶持，切实将老旧小区长效管理机制建立起来。

4-7（a）

4-7（b）

4-7（c）

文字来源：北京市西城区人民政府网站 2020 年 8 月 3 日文章《我区推进老旧小区综合整治 老旧小区"改"出幸福新天地》

图 4-7 北京市西城区白云路 7 号院综合整治
Figure 4-7 No. 7 Baiyun Road Residential Area Renovation in Xicheng District，Beijing
图片来源：北京日报客户端"北京西城官方发布"账号 2020 年 8 月 3 日文章《西城区老旧小区"改"出幸福新天地》

精心施工

3. Careful Construction

　　老旧小区的更新不同于新建小区施工，如何在尽量少干扰居民生活的情况下有序开展施工工作，是实施环节中的重要内容。

　　施工前建立施工组织各方与居民的沟通协调机制，对具体施工部位、施工内容、施工时间、安全隐患、安全防护措施和需要居民配合的事项提前发布告示。

　　施工过程应采取有效措施保证居民生活安全。施工现场应设置施工安全警示标识，采取相应的安全措施，施工交通宜与居民日常出行进行分流，道路施工宜建立安全通道。建筑外立面修缮时应做好高空坠物防护。

　　应减少施工能耗，宜采取标准化设计、工业化制造、机械化施工、信息化管理等措施，对施工过程实施动态管理。宜采用绿色环保、预制化、工厂化、可循环的施工材料。

　　应减少扰民，采取洒水、覆盖、遮挡等降尘措施，施工现场区域总悬浮颗粒物 TSP 浓度极限应符合现行国家标准。采用低噪声施工设备和施工方法进行施工，保证施工噪声符合现行国家标准。合理安排施工作业时段，避免夜间施工。如果确需进行夜间施工时，保证夜间施工面有足够照度条件下，采取加设灯罩、调整灯光方向、遮挡电焊弧光等控制光污染的技术措施。

　　应在便于公众知悉的位置设置工程责任碑（牌），将改造工程设计、施工和监理单位名称与法人代表姓名镌刻在碑（牌）上，长期保存以便于公众长期监督。

　　施工完成后，应组织居民代表对施工过程中的安全防护措施、扰民情况、扬尘、噪声控制水平等进行满意度评价。

　　施工单位应详尽搜集并保管施工过程中的原始图纸、变更说明、相关证明、改造方案等所有相关文件，待施工完成后应将施工文件整理、分类并交由建设单位或居住区管理机构存档。鼓励数字化存档方式，并建立数据安全备份机制。

文字来源：中国城市科学研究会.城市旧居住区综合改造技术标准：T/CSUS 04—2019[S].北京：中国建筑工业出版社，2019

住宅本体综合整治
The Guidelines for Residential Buildings Renovation

住宅建筑本体的综合整治包括了安全隐患排除、基本功能保障和居住高品质塑造三个方面的内容。安全隐患排除体现为违法建设拆除、建筑结构加固等工作；基本功能保障体现在市政设施完善、消防条件改善、无障碍与全龄友好、公共空间完善等方面；居住高品质塑造体现在文化特色传承、绿色生态技术应用、智慧科技应用等内容。本章综合整治工作共计 10 大类、37 小类，包含了实施内容和典型案例等内容。

The renovation of the residential building includes three aspects: the elimination of potential safety hazards, the protection of basic functions, and the

shaping of high-quality housing. The elimination of safety hazards is embodied in the demolition of illegal construction and reinforcement of building structure. The commitment to the basic functions is demonstrated in the improvement of municipal facilities, fire-fighting conditions, barrier-free and all-age friendly facilities, and public space. High quality housing is embodied in the inheritance of cultural characteristics, extensive applications of green technologies and smart technologies, etc. This chapter contains 10 major categories and 37 sub-categories of comprehensive guidelines, including the implementation contents and typical cases.

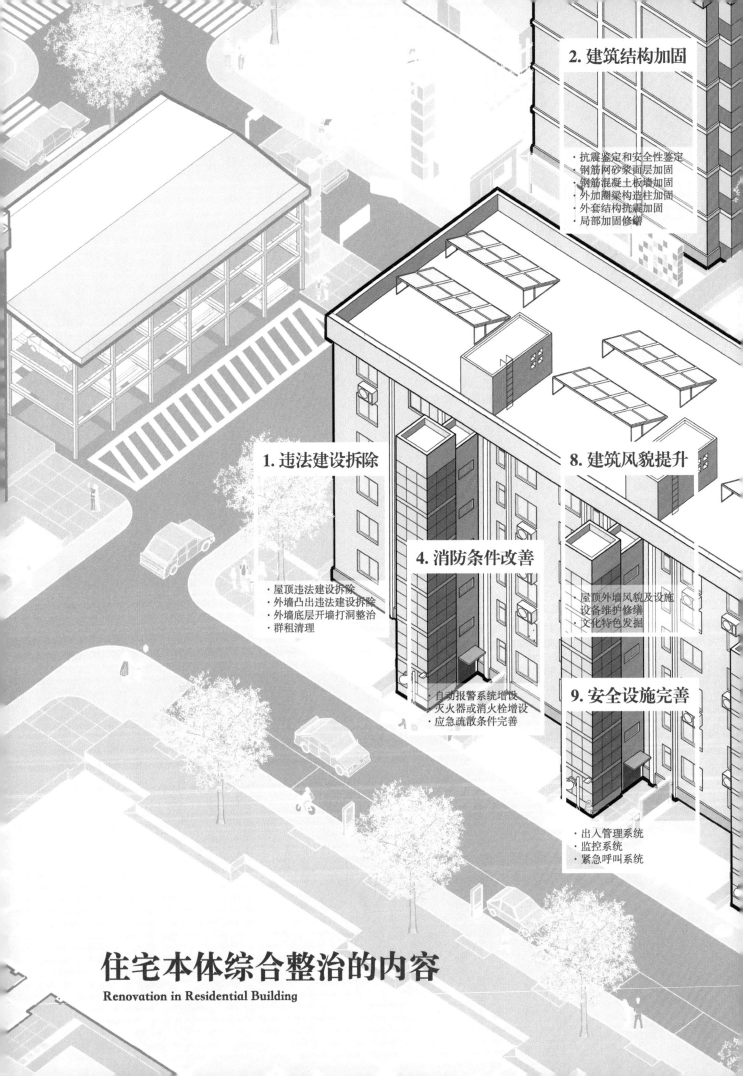

2. 建筑结构加固

· 抗震鉴定和安全性鉴定
  钢筋网砂浆面层加固
  钢筋混凝土板墙加固
· 外加圈梁构造柱加固
· 外套结构抗震加固
· 局部加固修缮

1. 违法建设拆除

· 屋顶违法建设拆除
· 外墙凸出违法建设拆除
· 外墙底层开墙打洞整治
· 群租清理

8. 建筑风貌提升

· 屋顶外墙风貌及设施
  设备维护修缮
· 文化特色发掘

4. 消防条件改善

· 自动报警系统增设
· 灭火器或消火栓增设
· 应急疏散条件完善

9. 安全设施完善

· 出入管理系统
· 监控系统
· 紧急呼叫系统

住宅本体综合整治的内容
Renovation in Residential Building

3. 市政设施设备改造

· 供水设施
· 排水设施
· 供电设施
· 供热设施
· 燃气设施
· 信息设施
· 照明设施
· 防雷设施

5. 绿色建筑营建

· 节能改造
· 新能源利用
· 屋顶绿化

6. 无障碍与全龄友好设施健全

· 无障碍通行与防护措施增设
· 电梯加装与更换
· 室内适老化环境改造
· 室内儿童友好环境改造

10. 智慧设施补充

· 住宅套内智能化改造
· 楼栋设施智能化改造

7. 公共空间优化

· 楼内公共环境及设施
· 单元入口环境及设施
· 地下室环境及设施

刘杨凡奇　绘制，孙子荆　编辑

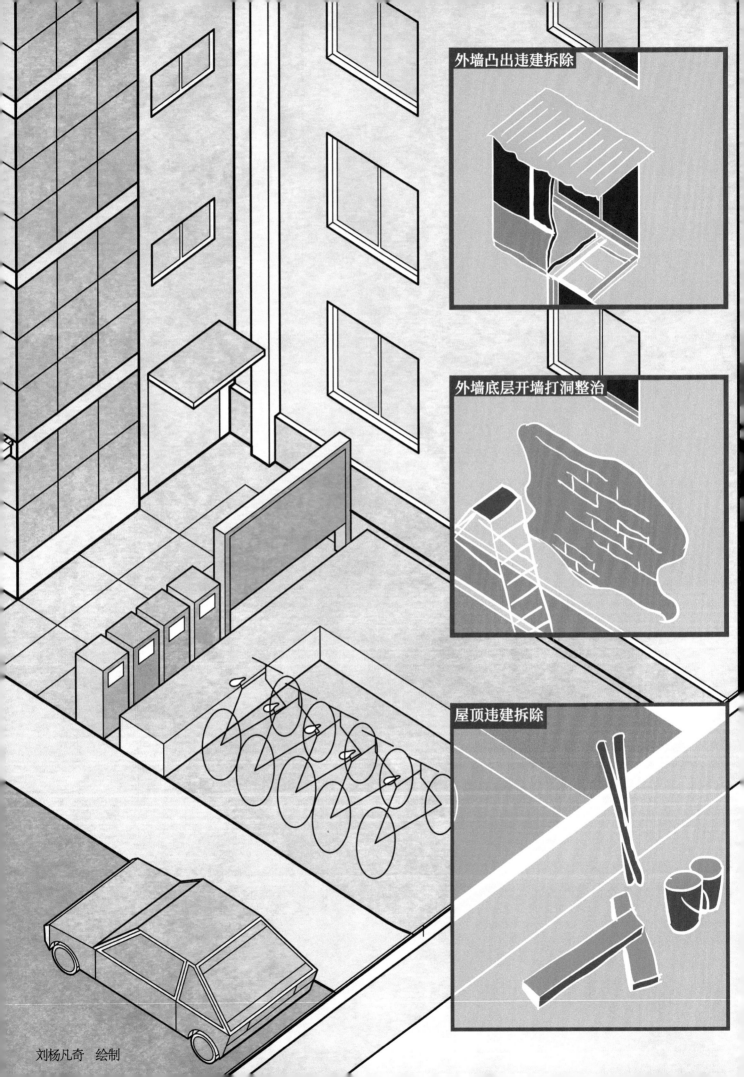

外墙凸出违建拆除

外墙底层开墙打洞整治

屋顶违建拆除

刘杨凡奇　绘制

壹

违法建设拆除
1. Illegal Construction Demolition

主要包括屋顶违建拆除、外墙凸出违建拆除、底层开墙破洞整治等、群租清理。

拆除原因：

● **存在安全隐患**。对房屋的结构、采光、排水、防水、出屋面设备等都有较大负面影响。有些违建使用的建材不符合相关防火标准，存在火灾风险。

● **侵占公共利益**。占用公共空间，扰乱公共秩序，增加的使用面积导致水、电、气、热等公共资源的超规划使用。

● **破坏建筑风貌**。五花八门的形式与原有建筑设计不协调，不仅影响建筑本身的风貌，同时也影响了整体城市风貌。

拆除原则：

● **违建应拆尽拆**。对不同建筑部位的违法搭建部分均予以拆除。

● **保安全优风貌**。结合建筑本体改造，注意消除结构安全隐患，恢复原有风貌或者结合违建拆除进行建筑本体的整体风貌提升。

● **实施组织周全**。加强前期宣传，多方沟通；认真调查取证，要件、程序符合法定要求；制定周密的拆除工作方案，包括突发情况的应急预案；稳妥组织实施，注重过程安全可控；快速实施，减少扰民。

● **加强管理监督**。由物业管理机构协助相关部门进行管理，强化日常监督管理，制止新增违建。

屋顶违法建设拆除
Illegal Rooftop Construction Demolition

　　拆除擅自改扩建的屋顶建筑或构筑物。拆除已建成住宅屋顶擅自改扩建的违法建筑或构筑物。拆除时，需加强高空施工组织和周边安全措施防范，注意和原有建筑屋顶结构衔接的处理，及时做好屋顶防水的修复。

外墙凸出违法建设拆除
Illegal Balcony Demolition

　　拆除擅自改扩建的底层违建。拆除底层擅自改扩建部分，将外墙恢复到原位，对建筑周边的道路、消防通道、绿化和庭院空间进行恢复整治，并对私自改造的基础设施、建筑勒脚和散水进行修复。

　　拆除擅自改扩建的悬挑违建。拆除阳台或窗口擅自改扩建部分，将其恢复到原位，注意拆除后原有阳台或窗口周边墙面的修复。

☆ 北京市西城区马连道路 15 号院 2 号楼顶拆违
Illegal Rooftop Construction Demolition in NO.15 Maliandao Road, Xicheng District, Beijing

　　2017 年 11 月 29 日上午，北京西城广外街道联合工商、食药等相关职能部门，依法拆除了马连道路 15 号院 2 号楼楼顶的近千平方米的违法建筑，消除了建筑楼顶的安全隐患。

　　这处隐藏在楼顶的大面积彩钢板房，一共住了百余人，相当于"群住"房，一共 28 间。像这样用彩钢板、泡沫夹心板违章搭建的板房，一旦起火，20 分钟就可能烧塌，同时，泡沫高分子材料散发的有毒气体，在 30 秒内就可以致人死亡。房屋只有楼梯间一个逃生通道，一旦发生火灾后果不堪设想。

　　在地区安全隐患大排查大清理大整治行动中，街道发现了这处屋顶违建。街道对房屋所有人讲清政策，告知其存在的隐患，并给出相应时间，令其整改。两家单位按规定时间清走了所住员工，并分流妥善安置其他安全的住所。

　　因为涉及楼顶作业，大型拆除设备上不去，只能人工用 4 天时间徒手拆除，并清运走垃圾。

图 5-1 北京市西城区马连道路 15 号院 2 号楼顶拆违现场
Figure 5-1 Illegal Rooftop Construction Demolition in No.15 Maliandao Road，Xicheng District，Beijing
文字和图片来源：人民网 2017 年 11 月 29 日文章《西城马连道近千平米楼顶违建被拆除》

外墙底层开墙打洞整治
Illegally Modified Shopfronts Renovation

　　非法"开墙打洞"整治。整治未取得规划批准，利用临街的房屋进行拆改，将原有的窗户、墙体拆掉改为门窗，改变房屋主体结构的行为。应按照规划审批或房屋登记内容恢复"开墙打洞"部分，拆除违法广告牌匾，优化提升周围环境，完善建筑周边的道路、绿化、围墙或栏杆，同步完善日常管理措施，特别要注意局部恢复与原有建筑立面的整体协调。

图 5-2

图 5-3（a）

图 5-3（b）

群租清理
Group Renting Rectification

　　非法"群租"排查清理。整治改变房屋内部结构分割出租，或按床位等方式变相分割出租，或将厨房、卫生间、阳台和地下储藏室等出租供人员居住的情况。住房出租应当以原规划设计为居住空间的房间为最小出租单位。出租房屋人均居住面积不得低于 5 平方米，每个房间居住的人数不得超过 2 人（有法定赡养、抚养、扶养义务关系的除外）。

图 5-4

图 5-2 北京市朝阳区劲松农光里小区修缮后拆除新生"空中违建"，确保违建"零增长"
Figure 5-2 Illegal Balcony Demolition in Nongguangli Residential Area, Chaoyang District, Beijing
图片来源：千龙网 2018 年 8 月 2 日文章《窗户扩开"搭阳台" 劲松城管出手拆除"空中违建"》
图 5-3 北京市西城区黄南 45 号院底层阳台拆除
Figure 5-3 Illegal Balcony Demolition in NO.45 Huangchenggen South Street, Xicheng Distrct, Beijing
（a）拆除前；（b）拆除后
图片来源：搜狐网 2018 年 8 月 21 日文章《重磅！区委书记卢映川调研西长安街首个零违建小区！》

图 5-4 北京市朝阳区红庙北里外墙底层开墙打洞整治
Figure 5-4 Illegally Modified Shopfronts Renovation in Hongmiao Noth Residential Area, Chaoyang District, Beijing
在北京市朝阳区红庙北里的一处老旧小区，工人们将违章门面房的装修拆除，同时解决擅自拆改从事经营活动问题。
图片来源：京报网 2015 年 7 月文章《459 户"开墙打洞" 朝阳 23 街道集中整治》

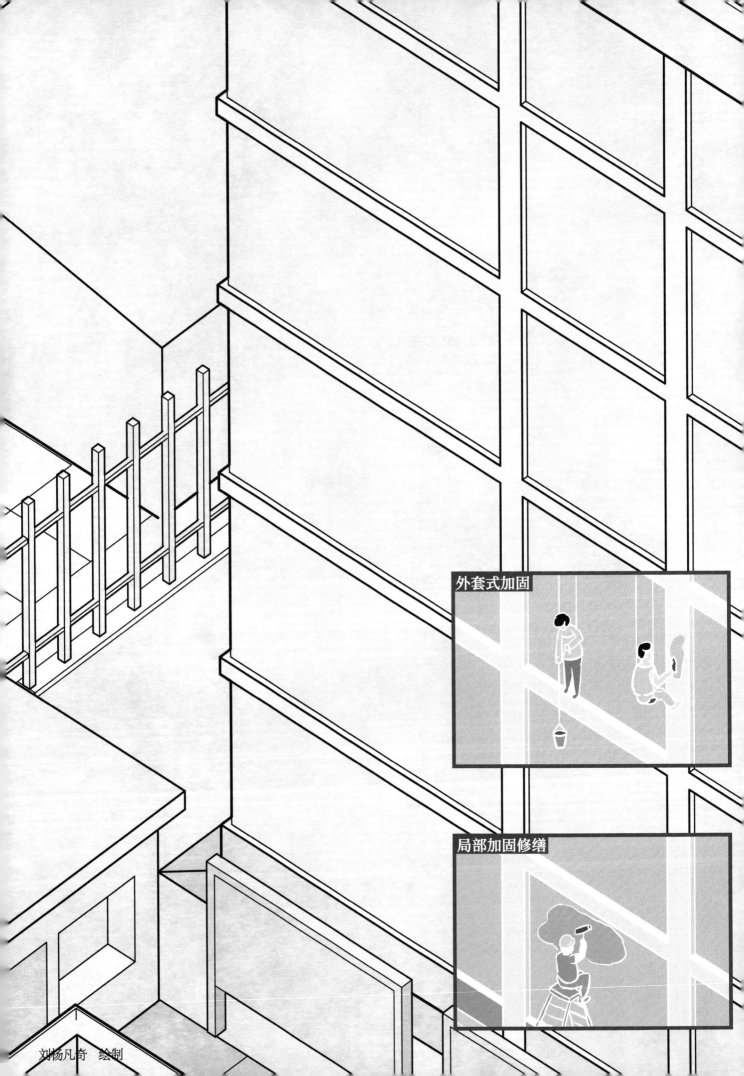

外套式加固

局部加固修缮

刘杨凡奇　绘制

贰

建筑结构加固
2. Building Structure Reinforcement

主要包括整体结构加固和局部加固修缮。以砌体结构为主的老旧小区整体结构加固主要涉及：抗震鉴定和安全性鉴定、钢筋网砂浆面层加固、钢筋混凝土板墙加固、外加圈梁、钢筋混凝土柱加固、外套结构抗震加固等方式。

加固原因：

● **既有结构老化**。随着时间的推移和外部条件变化，既有建筑结构强度有所衰减。

● **设计标准提高**。抗震设计标准提高，原有建成建筑的抗震性能不满足当前规范的要求。

加固原则：

● **结构鉴定优先**。依据国家现行的相关检测鉴定规范开展结构质量的鉴定，主要包括安全性检测鉴定和抗震鉴定，确定建筑结构状况，作为开展相关工作的基础。

● **采用合理标准**。按照结构设计规范，合理确定加固的结构设计年限，注重整体结构加固的均衡性，兼顾地上与地下部分。

● **选择适宜方式**。统筹考虑现场的改造条件、群众意愿、资金等情况采用适宜的结构加固方式，做到安全、适用、经济。

● **施工组织周全**。加强前期宣传，多方沟通；制定周全的工作方案，特别是居民不搬迁情况下的施工；稳妥组织实施，注重过程安全可控，减少扰民。

● **定期开展监测**。由物业管理机构配合相关部门和专业机构定期进行建筑结构质量监测，确保安全。

抗震鉴定和安全性鉴定

Seismic Appraisal and Structural Safety Assessment

对于 1990 年及其以前建造的房屋,宜按照后续使用 30 年的 A 类进行抗震鉴定;对于 1991~2000 年按照 89 系列规范建造的房屋,应按照后续使用 40 年的 B 类进行抗震鉴定。既有建筑结构安全性鉴定的荷载分项系数及其荷载取值,宜采用《建筑结构荷载规范》GB 50009—2012 的规定。[1]

钢筋网砂浆面层加固

Reinforcement with Reinforced Mortar Layers

在面层砂浆中配置钢筋网。 钢筋网应采用呈梅花状布置的锚筋、穿墙筋固定于墙体上;钢筋网四周应采用锚筋、插入短筋或拉结筋等与楼板、大梁、柱或墙体可靠连接;钢筋网外保护层厚度不应小于 10 毫米,钢筋网片与墙体的空隙不应小于 5 毫米。当采用双面钢筋网砂浆面层加固时,宜设置水平及竖向配筋加强带,以代替圈梁及构造柱。

图 5-5(a)

图 5-5(h)

图 5-6

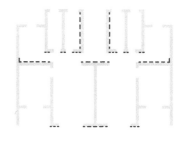

名　称	图例
原有墙体	
原有柱体	■
原有楼梯	
钢筋网砂浆面层加固砌体砖墙(单面)	
钢筋混凝土板墙加固砌体砖墙(单面)	
钢拉杆及花篮螺栓	
新增圈梁	
新增构造柱	■

图 5-7

①依据《北京市老旧小区综合整治标准与技术导则》

图 5-5 钢筋混凝土板墙加固及保温施工现场
Figure 5-5 Construction Site of Reinforcement with Concrete Slab
图片来源:北京市西城区房屋土地经营管理中心提供
图 5-6 北京市西城区百万庄小区中的外加圈梁构造柱加固
Figure 5-6 Reinforcement with Ring Beam and Constructional Columns in Baiwanzhuang Residential Area, Xicheng District, Beijing
图片来源:刘杨凡奇 摄

图 5-7 钢筋网砂浆面层加固平面示意
Figure 5-7 Schematic Plan of Reinforcement with Reinforced Mortar Layers
钢筋网砂浆面层加固,是在面层砂浆中配设一道钢筋网,达到提高墙体承载力和变形性能的一种加固方法。优点是出平面抗弯强度有较大幅度的提高,平面内抗剪强度和延性提高较多,墙体抗裂性能有较大幅度改善。
文字和图片来源:中国建筑标准设计研究院.国家建筑标准设计图集 房屋建筑抗震加固(四) 砌体结构住宅抗震加固:11SG619-4[S].北京:中国计划出版社,2011

钢筋混凝土板墙加固
Reinforcement with Concrete Slab

　　现浇钢筋混凝土板墙。板墙应采用呈梅花状布置的锚筋、穿墙筋与原有砌体墙链接；其左右应采用拉结筋等与两端的原有墙体可靠链接；底部应有基础；板墙上下应与楼、屋盖可靠链接、至少应每隔1米设置穿过楼板且与竖向钢筋等面积的短筋。

　　板墙可设置为单面或双面，甚至可在楼梯间部位设置封闭的板墙，形成混凝土墙体筒。

外加圈梁构造柱加固
Reinforcement with Ring Beam and Constructional Columns

　　加设钢筋混凝土构造柱和圈梁。外加柱应在房屋四角、楼梯间和不规则平面的对应转角处设置，并应根据房屋的设防烈度和层数在内外墙交接处隔开间或每开间设置；外加柱应由底层设起，并应沿房屋全高贯通，不得错位；外加柱应与圈梁或钢拉杆连成闭合系统。外加柱应设置基础并与原墙体、原基础可靠连接，宜在平面内对称布置。

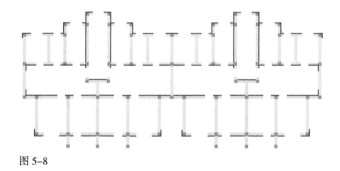

图 5-8

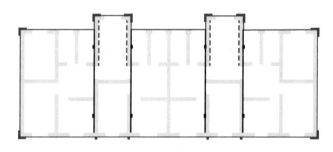

图 5-9

图 5-8 钢筋混凝土板墙加固平面示意
Figure 5-8 Schematic Plan of Reinforcement with Concrete Slab
现浇钢筋混凝土板墙加固，是在砌体墙两侧或一侧增设现浇钢筋混凝土组合层，形成"砌体－混凝土"组合墙体，从而达到大幅度提高墙体承载能力和变形性能的一种加固方法。优点是墙体在平面内及平面外的抗弯强度、抗剪强度及延性均得到较大提高，适用于增幅较大的静力加固及抗震加固。
文字和图片来源：中国建筑标准设计研究院.国家建筑标准设计图集 房屋建筑抗震加固（四） 砌体结构住宅抗震加固：11SG619-4[S].北京：中国计划出版社，2011

图 5-9 外加圈梁－钢筋混凝土柱加固平面示意
Figure 5-9 Schematic Plan of Reinforcement with Ring Beam and Constructional Columns
外加圈梁－钢筋混凝土柱加固（外加圈梁构造柱加固），是在原有砌体结构的适当位置加设钢筋混凝土构造柱和圈梁，以增强内外墙的整体连接性，提高墙体的抗震承载力，防止房屋在地震中倒塌。
文字和图片来源：中国建筑标准设计研究院.国家建筑标准设计图集 房屋建筑抗震加固（四） 砌体结构住宅抗震加固：11SG619-4[S].北京：中国计划出版社，2011

外套结构抗震加固
Reinforcement with Outer Structure

在砌体墙外部增设钢筋混凝土墙。依据小区总平面的整体改造设计，合理确定新设外套结构距原有墙体的距离，做好地基处理和原有结构的衔接，合理安排与新建结构有冲突的原有入楼管线。

外套结构可包括外贴纵墙、外加横墙、外加楼板等内容，上述部分与原砌体结构外墙之间应有可靠连接。外加横墙应与原结构横墙对齐，并有可靠连接；外加楼板上下各层应对齐，截面宜上下一致；外贴纵墙与原结构外纵墙应有可靠连接。可采用装配式工法，预制构件进行混凝土浇筑，也可采用现浇式工法现浇外套混凝土结构。

前文中的几种加固方式虽造价相对较低，但结构强度效能提升相对有限。外套装配式结构加固由于新建结构整体施工，结构加固强度效能提升相对较高。但由于增加了新的建筑结构和建筑使用面积，小区公共空间的面积相应减少，对周围其他楼的日照、通风、采光会造成一定影响。

局部加固修缮
Partial Reinforcement and Repairment

结构局部加固与保护层修缮。包含承重结构局部加固、非承重结构的局部加固，以及结构保护层出现的裂缝、风化、表面侵蚀、孔洞的修补。承重结构采取局部补强的方式，比如碳纤维布粘贴、增大结构截面、外包钢等方法。非承重结构与承重结构加强构造连接。

图 5-11 北京市西城区四平园小区阳台局部修缮
Figure 5-11 Partial Reinforcement and Repairment in Sipingyuan Residential Area, Xicheng District, Beijing
（a）拆除原有阳台栏板；
（b）拆除阳台外窗；
（c）新做钢结构框架与楼板墙体连接，满焊槽钢；
（d）槽钢内嵌 80 毫米厚加气混凝土条板；
（e）栏板刮腻子抹灰刷涂料，新做塑钢窗
图片来源：筑福城市更新微信公众号 2019 年 7 月 18 日文章《西城区四平园小区综合改造》

图 5-10 外套结构抗震加固的一种典型形式
Figure 5-10 Reinforcement with Outer Structure
（a）结构加固平面示意图；
（b）结构加固立面示意图
图片来源：北京市住房和城乡建设委员会办公室.北京地区既有建筑外套结构抗震加固技术导则（试行）[EB]

图 5-10 　（a） 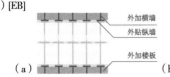 （b）

☆ 北京市海淀区甘家口1号、3号、4号住宅楼预制装配式外套结构抗震加固

A Case of Reinforcement with Fabricated Outer Structure in Ganjiakou Residential Quarter, Haidian District, Beijing

图 5-12（a） 图 5-12（b） 图

凝土墙由工厂预制生产，现场安装，劳动强度小，施工周期快，对周围居民干扰小，对环境影响小，入户工作量很少，居民不必搬出。保温节能及外立面装饰改造可一体化解决。

根据北京市对老旧小区抗震节能改造试点工程的安排，由北京市建筑设计研究院有限公司、北京建工博海建设有限公司、北京市建筑工程研究院有限责任公司、北京市机械施工有限公司等单位于2010年初成立了试点工程专项课题组，对北京市海淀区甘家口1号、3号、4号住宅楼等抗震节能综合改造工程进行设计与施工应用研究。课题组结合工程实际，调查研究了大量的国内外相关资料，并多次召开方案研讨、论证会，形成了《既有砌体住宅工业化抗震加固设计与施工应用研究》。2013年，北京市住房和城乡建设委员会发布了《既有砌体建筑外套装配式结构抗震加固施工技术导则（试行）》。既有砌体住宅装配式结构抗震加固施工工法被评为北京市工法、国家级工法。

甘家口1号、3号、4号住宅楼位于海淀区甘家口社区，建于1973年，为地上5层砌体结构住宅楼，建筑高度15.1米，建筑面积7536平方米。加固方法采用外套结构加固，南侧外扩1.5米，北侧外扩1.35米。改造后建筑面积9333平方米。工程在国内首次采用预制装配式抗震加固体系。外套钢筋混

首层分户板的安装位置示意图

- 首层分户板
- 原砌体结构墙面
- 首层贴墙板

首层阳台板的安装位置示意图

- 首层阳台板
- 首层预埋件

首层外挂板的安装位置示意图

- 贴墙板
- 阳台板
- 第二次脚手架钢管
- 分户板
- 加固钢管
- 外挂板

图 5-13

图 5-12 北京市海淀区甘家口1号、3号、4号住宅楼外套结构抗震加固

Figure 5-12 Residential Building Reinforcement with Outer Structure in Ganjiakou Residential Area, Haidian District, Beijing
（a）切除阳台后效果；（b）构件吊装；（c）改造后

文字和图片来源：北京市住房和城乡建设委员会网站；谢婧，杨玉苹，姬卫东，齐明，赵继刚，崔广为，刘俊森. 既有砌体建筑抗震加固工业化成套施工技术——甘家口住宅楼抗震加固工程 [J]. 工程质量，2013，31（S1）：418–424

图 5-13 既有砌体住宅装配式结构抗震加固施工工法示意图（部分）
Figure 5-13 Construction Method of Reinforcement with Prefabricated Outer Structure（Excerpted from Patent Document）
图片来源：谢婧，姬卫东，齐明，等. 既有砌体住宅装配式结构抗震加固施工工法 [P]. 北京：CN103306497A，2013-09-18

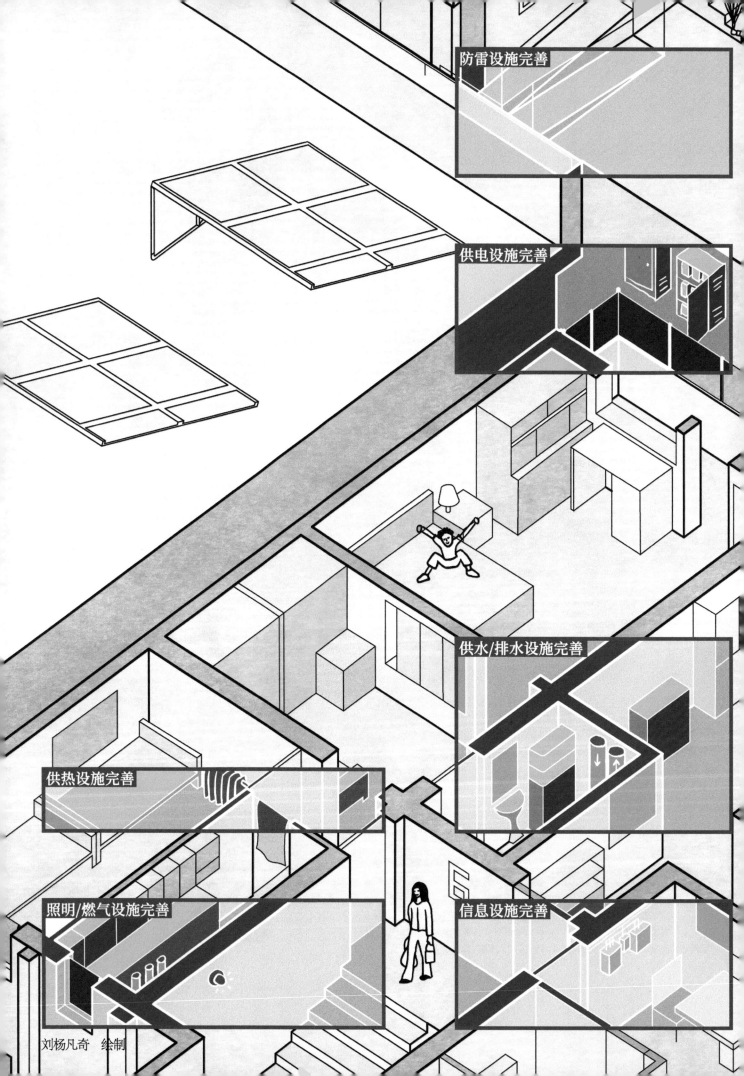

防雷设施完善

供电设施完善

供水/排水设施完善

供热设施完善

照明/燃气设施完善

信息设施完善

刘杨凡奇　绘制

改造原因:

- **设备老化受损**。管线存在断裂、渗漏、堵塞、锈蚀等情况，或已接近使用寿命，严重影响日常使用。

- **新型技术和材料应用**。随着技术和材料革新，原有的市政功能中更先进和节能、环保的设施设备广泛采用，运行效能大幅提升。

- **新增功能的设施设备采用**。居住建筑中引入新的智慧信息、生态环保等设施设备。

改造原则:

- **确保运行品质**。对原有设施设备的运行状况进行评估，更换影响日常使用的部分。

- **采用合理标准**。尽量按新建小区标准进行改造。若既有条件确难以满足,在保证安全的前提下可适当降低标准。

- **选择适宜产品**。选取适用、节能、环保、耐用的设施设备进行系统改造。

- **妥善组织实施**。由专业公司开展，在改造过程中要妥善解决居民的日常需求，比如由于短期停水、停电、停气带来的生活不便。

- **统筹后期维护**。改造需统筹考虑,方便后期维护管理。由物业管理机构进行日常检查,配合专业公司开展维护。

叁

市政设施设备改造

3. Infrastructure Updating

包含供水设施、排水设施、供电设施、供热设施、燃气设施、信息设施、照明设施和防雷设施的完善。

图 5-14（a）

图 5-14（b）

图 5-14（c）

供水设施
Water Supply System

供水设备改造。 根据现行规范核验生活水箱、加压设备及水泵房。会同供水单位明确供水方案，采用市政直供水时，从室外供水管道接管直接引至住户，拆除高位水箱和长期不流动的存水管段；采用二次加压供水方式时，根据实际情况整体更换不符合相关卫生和安全标准的储水水箱，或取消水箱改为无负压供水设备，从根源避免水质二次污染。

供水管道与阀门改造。 核验楼内公共部分的给水管道、阀门及其外保温，完全替换或部分替换不符合国家卫生标准和相关政策要求的，或存在跑、冒、滴、漏现象的供水管道和阀门。可在具备条件的小区楼内增加中水供应系统，并设明显标识。

计量设备改造。 用水分户计量，集中读数且设置于户外，有条件的可更换为既方便管理维护又有助于节水节能的智能水表。

户内用水器具更换。 鼓励居民对户内用水设备同步进行改造，更换节水器具，提高用水效率。

图 5-14 上海市长宁区智能设备助力社区养老
Figure 5-14 Smart Water Meter Contrubuting to the Elderly Care
上海市长宁区江苏路街道为社区独居老人安装智能水表和智能门磁系统等联网智能化设备，水表上安装有数据采集装置，12 小时用水不足 0.01 立方米，系统将自动报警，社区工作人员通过街道城运中心接收智能设备发送的实时数据，为社区老年人生活安全提供保障。
（a）水表上安装有数据采集装置；
（b）上海市长宁区江苏路街道城运中心内景（2020 年 12 月 10 日摄）；
（c）数据采集装置为社区老年人生活安全提供保障
文字和图片来源：新华网 2020 年 12 月 11 日文章《上海：智能设备助力社区养老》

北京四道口文林大厦、中关村南大街 40 号院二次供水改造案例：文林大厦的供水设施于 2001 年投入使用，中关村南大街 40 号院的供水设施早在 1987 年就投入使用。这两个区域的供水设施存在生活用水和消防用水混用问题。消防用水要求在水箱中保留部分水以备消防需求，使得水箱内存在死水区。在这两个老旧小区的二次供水设施改造中，混用的蓄水池单独用作消防用水，生活用水改用无负压供水设备，基本杜绝了二次污染的用水安全隐患。
文字来源：北京晚报网站 2019 年 7 月 25 日文章《北京这个老旧小区二次供水设施改造 上千居民喝上放心水》

排水设施
Drainage System

　　污水管道与地漏改造。核验楼内公共部分的排水管道、阀门及其外保温，完全替换或部分替换不宜继续使用的污水管道和地漏。排水管道要做防噪处理。将原一层不单独排水改造为独立排污。可在有条件的小区进行楼内同层排水改造。洗衣机的排水管接入污水排水管道，与雨水排水分离。

　　雨落管改造。根据汇水面积合理设置雨落管和排水天沟，材质和颜色应与建筑外立面协调。屋面雨水斗缺失或损坏时应进行改造、维修或更换。内排水管道要做好防噪处理。雨水排放结合建筑周围环境做到有组织排水，接入雨水收集、生态植草沟、下凹式绿地、雨水花园等低影响开发设施。空调冷凝水管宜改为有组织排水。

图 5-15 北京市海淀区清华大学学生公寓 12 号楼空调水引水管
Figure 5-15　Air Conditioning Water Lead Pipe on Dormitory Building NO.12 in Tsinghua University，Haidian District，Beijing
图片来源：张璐 摄

图 5-16　广州市越秀区五羊社区空调滴水管统一接入大楼外的空调引水管
Figure 5-16　Air Conditioning Water Lead Pipe on Residential Building in Wuyang Community，Yuexiu District，Guangzhou
图片来源：广州参考客户端 2018 年 8 月 23 日文章《社区"七十二变"！这些微改造效果一定让你惊艳！》

图 5-17

图 5-18（a）

图 5-18（b）

图 5-19（a）

图 5-19（b）

供电设施
Power Supply System

供电设备改造。进行现场勘查，按国家现行标准重新对电力负荷、供配电系统容量、供电线缆截面和保护电器的动作特性、电能质量等进行验算评估，并根据验算评估结果采取相应的改造措施，如开展电力增容，增加消防等需要单独配电的设施，改造电源柜、单元箱、电表箱等设备，加设剩余电流保护器。

电源线路更换。楼内公共部位电气线路不符合现行相关标准时或需要增容时，应进行改造，线路应穿管或在槽盒内敷设。

计量电表更换。实行一户一表计量，换用智能电表，满足阶梯电价及分时计费需求。

图 5-20

图 5-17 楼内同层排水施工现场

Figure 5-17 Construction Site of Drainage System Renovation

图片来源：华诚博远工程技术集团有限公司提供

图 5-18 北京市海淀区太平路 44 号院排水管道改造

Figure 5-18 Drainage Pipe Replacement in NO.44 Taiping Road，Beijing

（a）改造前；（b）改造后

图片来源：北京市规划委员会，北京市住房和城乡建设委员会.北京市老旧小区综合改造工程指导性图集 [G]

图 5-19 上海市长宁区新泾六村排水管道改造

Figure 5-19 Drainage Pipe Replacement in NO.6 Xinjing Village，Shanghai

（a）改造前；（b）改造后

图片来源：房可圆微信公众号 2019 年 2 月 20 日文章《在长宁，这些老小区竟然可以改成如此"精品"！》

图 5-20 北京市西城区月坛西街西里智能电表更换

Figure 5-20 Application of Smart Electricity Meters in Yuetan West Street Residential Area，Xicheng District，Beijing

月坛西街西里，工作人员将拆卸下来的卡式电表（左）与准备安装的智能电表（右）放在一起。卸下旧电表，安装新电表，业主在确认单上签字，换装整个过程为 5 分钟。

图片来源：《新京报》2013 年 5 月 10 日文章《今年 120 万户换装智能电表》

供热设施
Heating Supply System

供热管道与阀门改造。按现行标准修补或更换受损管道、保温部件及相关设备，系统优化设计公共管道设置和增设阀门调节，与建筑节能改造相结合，使建筑内整体供热保持平衡，做好管道的保温，管道穿防火墙和楼板应采取防火措施。改造完成后与户内供暖系统进行联合调试。

户内换热设施更换。更换热效率更高的暖气片。

热计量改造。有条件情况下进行分户热计量改造，改造后可进行每户精确计量，远程监测管理，提高供热利用效率。

燃气设施
Gas Supply System

燃气管线与阀门改造。按照现行规范，对有损坏、超期使用的管道、管件、调压设施等进行更换，有条件时应将燃气引入口的阀门安装在住户外。管道布置应符合防火、防爆等安全距离的要求。明设燃气管道应设标志标识。未通管道燃气但具备条件的小区，应增设燃气管道系统。

计量设备改造。由专业单位进行"一户一表"分户计量管理，宜采用智能燃气表，实现自动远程计量与自助缴费。

燃气报警器增设。户内宜增设家用燃气浓度检测报警器，以便于及时发现燃气管道泄漏情况，减少爆炸、中毒等安全隐患。

图 5-21 北京市东城区新怡家园小区供热管道仪表调试
Figure 5-21 Heating Piping Instrument Debugging in Xinyijiayuan Residential Area，Dongcheng District，Beijing
在新怡家园小区，热力公司的师傅正在调试刚刚安装好的供热管道仪表，这些仪表在小区供暖热计量改造当中起到了重要的计量功能。
文字和图片来源：中国新闻网 2013 年 10 月 28 日文章《北京：居民取暖用热量"冬"后算账》

图 5-22（a）

图 5-22（b）

图 5-22（c）

图 5-22 燃气设施改造
Figure 5-22 Gas Supply Equipment Renovation
（a）燃气管线与阀门；
（b）燃气浓度监测报警器；
（c）智能燃气表
图片来源：北京市燃气公司网站；北京燃气集团有限公司网站

信息设施
Information Infrastructure

废弃线路和管道清理。对已废弃不用的线路和设备进行拆除，修补拆除后的墙体和楼板。

线路与设备梳理补充。合理安排有线广播电视、光纤、通信线路等各种线路的布线，在空间上尽量整合、紧凑，注重美观、隐蔽，同时便于维护与维修。对缺失的线路或设备进行补充，应尽量避免重复建设，采用光纤入户的接入方式。应满足居民日常生活及小区内智慧养老、智慧安防、智慧消防、智慧停车、远程抄表等智慧社区应用的通信需求，并预留新一代业务发展的容量，满足小区未来网络升级建设需求。

照明设施
Illuminating System

线路改造。结合电气改造更换老旧线路，适当增加照明布点。

公共空间照明改善。楼内公共区域如公共走廊、楼梯间、候梯厅、住宅门厅、地下室等空间应设人工照明和应急照明装置，公共照明采用声控开关，选用节能环保的灯具。

室内照明改善。居民自主改造室内照明设施，主要房间的照度、均匀度、功率密度值、显色指数、眩光等指标应符合现行国家标准，宜选用节能灯具。

图 5-23 广州市越秀区五羊社区信息线路整理
Figure 5-23 Optical Fiber Arrangement in Wuyang Residential Area, Yuexiu District，Guangzhou
图片来源：广州市城市更新规划研究院提供

图 5-24 北京市通州区西营前街小区楼内公共区域清理与楼道照明改善
Figure 5-24 Public Area Clearing and Illuminating System Completing in Xiyingqianjie Residential Area，Tongzhou District，Beijing
（a）改造前；（b）改造后
小区针对弱电线缆凌乱，公共照明缺失或不节能，楼内公共区域环境陈旧、脏乱，楼梯栏杆扶手锈蚀、破损的楼内环境，进行整体清理、修补、刷新。
文字和图片来源：筑福城市更新微信公众号 2019 年 7 月 18 日文章《通州区西营前街小区综合改造》

图 5-25（a）

图 5-25（b）

图 5-25（c）

图 5-25（d）

图 5-26

防雷设施

Lightning Protection System

防雷接地系统改造。安装接闪器、引下线和接地装置，接闪器（主要指避雷针、避雷带、避雷网等）通过引下线和接地装置与大地相连，用以防护直击雷。有锈蚀、接触不良以及其他不满足国家相关标准技术要求的情况时，应进行改造。若屋面经过了改造施工（如重新敷设保温层），应对防雷接地系统进行检测并加以修复。

浪涌保护器安装。对每个楼层的主要电源安装浪涌保护器，以免雷击电磁脉冲通过电线、信号线等进入室内。

图 5-25 上海市长宁区新华路上的老旧小区改造
Figure 5-25 Renovation of an Old Residential Building on Xinhua Road，Changning District，Shanghai
图片来源：建筑学院 ARCHCOLLEGE 网站 2019 年 3 月 26 日文章《"我们永远是邻居！"22 年后，我们重新改造了一栋新72家房客》

图 5-26 屋顶接闪器
Figure 5-26 air termination
图片来源：刘杨凡奇 摄

自动报警系统和应急疏散系统增设

灭火器或消火栓系统改造

刘杨凡奇　绘制

肆

消防条件改善

4. Fire Response Capacity Improvement

主要包括消防设施完善和建筑消防条件提升。

改造原因：

- **原有设施设备老化**。既有的消防设施设备老化，或者因缺乏维护无法运转。

- **设计标准提高**。设计规范出台与修订，提出新的消防标准和要求。

- **新型材料设备应用**。新材料与新设备的研发生产及实践应用，改善消防条件，以更有效地防范和扑救火险。

改造原则：

- **全面系统评估**。在全面系统评估的基础上开展改造。

- **采用严格标准**。尽量按新建小区标准进行改造，已依据现有消防技术标准建设完成的建筑，改造工程不得降低标准。若确难满足当前标准要求，应明确备案改造遗留问题，在物业日常巡查中重点关注。

- **选用合规产品**。选取适用的设备类型和设备参数，达到当前规范标准的疏散条件和耐火等级。

- **加强教育宣传**。提高居民的消防安全意识。

- **完善日常维护**。由物业管理机构进行日常检查，配合相关部门开展维护改造。

自动报警系统增设
Automatic Fire Alarm System Addition

自动报警系统增设。高层住宅和有条件的多层住宅在地下室及各楼层安装感烟报警器、声光报警器、手动报警按钮等，可接入智慧消防系统。同时设消防应急照明和疏散指示系统。

灭火器或消火栓增设
Firefighting Equipment Addition

便携式灭火器增设。有条件的多层住宅楼道内或楼栋口增设便携式灭火工具。

消火栓系统改造或增设。更换或新增消防水箱、消火栓、水泵、阀门、压力计、水位计、管道等设施设备。消防设施应符合现行国家标准。

应急疏散条件完善
Emergency Evacuation Route Unblocking

梳理消防疏散线路，疏通消防通道，严禁在公共楼道内堆放物品影响人员疏散。增设疏散指示标识和楼层指示标识。完善应急照明。完善高层建筑防烟楼梯间的防排烟系统。

图 5-27（a）

图 5-27（b）

图 5-27（c）

图 5-27 灭火器或消防栓增设
Figure 5-27 Firefighting Equipment Addition
（a）北京市西城区灵境小区楼前灭火器增设；
（b）北京市西城区白云路 7 号院电梯间灭火器增设；
（c）上海市普陀区曹杨一村消防器材箱增设
图片来源：（a）周雅青 摄；（b）北京市西城区房屋土地经营管理中心提供；（c）上观新闻客户端"上海屋檐下"账号 2018 年 9 月 21 日文章《普陀在文物建筑里建起"社区微型消防站"，业余消防员也能及时消除火灾隐患》

北京市西城区消防"进社区""进家庭"

Fire Response Education Base in Xicheng, District Beijing

　　西城区金融街街道丰汇园社区消防安全科普教育基地，是集消防安全、地震减灾、家庭日常生活安全等多种体验形式的综合性科普教育基地，于2018年12月31日正式对外开放。基地由金融街街道办事处投资建设并运行管理，目前开放空间约370平方米，讲解内容在防震减灾、消防安全、心肺复苏、电梯安全、家庭用电等内容外，还加入了交通安全、涉水安全、高空坠物、加油站安全、学生宿舍安全、海姆立克急救法、防诈骗、禁毒宣传知识等，以丰富广大群众安全知识。参观人群包含地区居民、小学生、初中生以及大学生，还有地区物业、小微企业、政府单位、党群组织等。

　　西城区广外街道将"消防进社区"作为"我为群众办实事"的重要内容，自2021年3月起，由平安建设办公室、广外防火办联合广安门消防救援站，每周进一个社区集中宣讲，为居民讲解消防器材的使用方法以及日常的居家防火知识。除了每周末的消防指战员进社区"讲课"外，工作日期间，小型消防站工作人员还会跟着社区一起入户宣传，重点针对空巢、高龄老人等重点人群，检查家中的安全隐患，对家里日常的用火用电行为进行指导，将火灾隐患掐灭在萌芽前。另外，在2021年广外街道的为群众拟办重要实事清单中，为居民发放消防应急包、安装电动车充电桩等列入其中，进一步织密消防安全网。

图 5-28

图 5-29（a）

图 5-29（b）

文字和图片来源：北京西城消防微信公众号2020年7月17日文章《消防安全"进社区""进家庭"有了新力量——金融街街道社区消防科普教育基地》；2021年4月21日文章《为群众办实事，广外街道"消防课"开到家门口》

图 5-28 北京市西城区金融街街道消防安全科普教育基地
Figure 5-28 Fire Response Education Base
图 5-29 北京市西城区广外街道开展"消防进社区"活动
Figure 5-29 Fire Drill in the Community

屋顶绿化及新能源利用

节能改造

刘杨凡奇　绘制

伍

绿色建筑营建

5. Green Building Construction

包含建筑节能改造、新能源利用、屋顶绿化等。

改造原因：

● **节能性能显著衰退**。老旧住宅楼保温节能性能弱，能耗大。

● **节能要求提升和国家绿色战略颁布**。设计规范的出台与修订，对节能的要求逐步提升。助力国家"碳达峰"和"碳中和"的战略目标。

● **新型技术材料设备应用**。新技术、新材料和新设备的应用大幅提升建筑绿色节能的性能。

改造原则：

● **提升节能性能**。评估建筑既有能耗水平，提升节能性能。

● **采用合理标准**。尽量按新建小区标准进行节能改造，若确难满足当前标准要求，至少参照三步节能标准开展改造工作。

● **选用适宜材料**。优先选择适用、节能、环保、耐久的材料。结合老旧小区改造条件和维护能力酌情开展新能源利用和屋顶绿化。

● **妥善组织实施**。制定周全的工作方案，注重过程安全可控。

● **定期检查维护**。定期进行墙面屋面节能材料及设施设备的检查维护。

节能改造
Energy Consumption Reduction

经过节能诊断，确定是否实施全面节能改造或部分节能改造。节能诊断内容包含供暖能耗现状、室内热环境的现状诊断、建筑围护结构的现状诊断等。根据目前北京老旧小区综合整治政策，以三步节能标准作为节能改造目标，即采暖能耗在 1980~1981 年通用设计基础上降低 65% 左右。

保温材料增加与维护。保温材料和构造的增加与维护包含外墙、屋面、地下室顶板、供暖与非供暖区隔墙的保温，常与立面改造、防水防火性能完善一同进行。这些改造项目应遵循相关的技术规范和导则，采用燃烧性能为 A 级或复合 A 级的保温材料。屋面保温优先采用正置式。

不达标门窗更换。更换达不到节能标准的公共门窗，鼓励居民更换户内窗。门窗的型材有铝木、铝塑、塑料、隔热铝合金、玻璃钢等多种选择。玻璃可有普通中空玻璃、Low-E 中空玻璃、充惰性气体的 Low-E 中空玻璃、多层中空玻璃、Low-E 真空玻璃等多种选择。节能门窗的选用方法、物理性能、安装方法、详细构造可参考国标图集《建筑节能门窗》16J607。

图 5-30 北京市西城区新明胡同 8 号楼外墙保温增设
Figure 5-30 External Wall Insulation Project in NO.8 Xinming Hutong, Xicheng District，Beijing
德胜街道新明胡同 8 号楼的外墙保温工程是在 2015 年完成的。从 2015 年初立项到 10 月份进场施工，这里的居民们在近期迎来了小区彻头彻尾的变化。工程主要涉及外墙外保温、室内公共区域粉刷、更换塑钢窗、屋面保温防水等，"通过整体改造，增加楼房的保温性。不仅居民冬天室内温度可以平均提高 2~3 摄氏度，还能减少对能源的消耗"。
文字和图片来源：中国文明网 2015 年 11 月 30 日文章《老旧小区穿上"节能保温衣"》

北京市西城区槐柏树街南里小区节能改造工程案例：
槐柏树街南里小区位于槐柏树街西段南侧，是 1991 年建成的老旧小区。2016 年 6 月起，宣房投公司为整个小区 11 栋楼、1500 户房屋加盖了保温层，更换了双层铝合金窗户。此次楼体改造均选择环保、节能轻型保温层，配合 11 月家家户户陆续通暖，在原室内温度的基础上最高可提高 4 摄氏度。
文字来源：中国文明网 2015 年 11 月 30 日文章《老旧小区穿上"节能保温衣"》

建筑节能改造通用大样图

Details of Energy Consumption Reduction Design

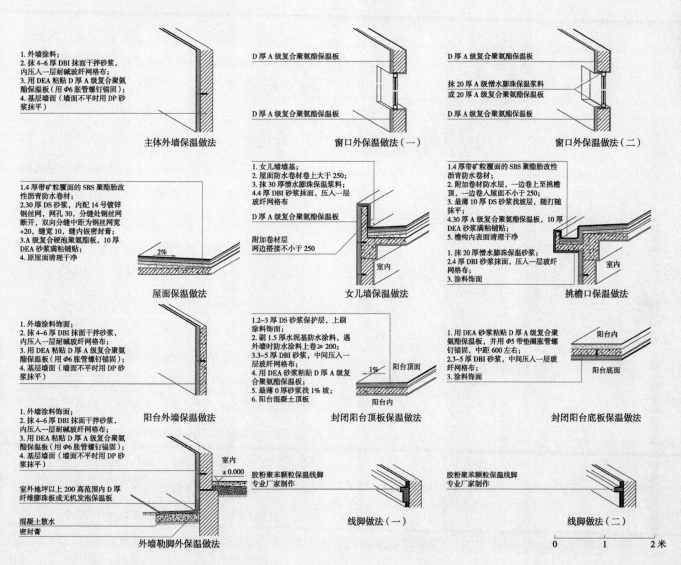

1. 外墙涂料;
2. 抹 4~6 厚 DBI 抹面干拌砂浆,内压入一层耐碱玻纤网格布;
3. 用 DEA 粘贴 D 厚 A 级复合聚氨酯保温板(用 Φ6 胀管螺钉锚固);
4. 基层墙面(墙面不平时用 DP 砂浆抹平)

主体外墙保温做法

D 厚 A 级复合聚氨酯保温板

D 厚 A 级复合聚氨酯保温板

窗口外保温做法(一)

D 厚 A 级复合聚氨酯保温板

抹 20 厚 A 级憎水膨珠保温浆料或 20 厚 A 级复合聚氨酯保温板

D 厚 A 级复合聚氨酯保温板

窗口外保温做法(二)

1.4 厚带矿粒覆面的 SBS 聚酯胎改性沥青防水卷材;
2.30 厚 DS 砂浆,内配 14 号镀锌钢丝网片,网孔 30,分缝处钢丝网断开,双向分缝中间为钢丝网宽+20,缝宽 10,缝内嵌密封膏;
3.A 级复合硬泡聚氨酯板,10 厚 DEA 砂浆满粘铺贴;
4.原屋面清理干净

2%

屋面保温做法

1. 女儿墙墙基;
2. 屋面防水卷材卷上大于 250;
3. 抹 30 厚憎水膨珠保温浆料;
4.4 厚 DBI 砂浆抹面,压入一层玻纤网格布;

D 厚 A 级复合聚氨酯保温板

附加卷材层两边搭接不小于 250

室内

女儿墙保温做法

1.4 厚带矿粒覆面的 SBS 聚酯胎改性沥青防水卷材;
2. 附加卷材防水层,一边卷上至挑檐顶,一边卷入屋面不小于 250;
3. 最薄 10 厚 DS 砂浆找坡层,随打随抹平;
4.30 厚 A 级复合聚氨酯保温板,10 厚 DEA 砂浆满粘铺贴;
5. 檐构内表面清理干净
1. 抹 20 厚憎水膨珠保温砂浆;
2.4 厚 DBI 砂浆抹面,压入一层玻纤网格布;
3. 涂料饰面

室内

挑檐口保温做法

1. 外墙涂料饰面;
2. 抹 4~6 厚 DBI 抹面干拌砂浆,内压入一层耐碱玻纤网格布;
3. 用 DEA 粘贴 D 厚 A 级复合聚氨酯保温板(用 Φ6 胀管螺钉锚固);
4. 基层墙面(墙面不平时用 DP 砂浆抹平)

阳台外墙保温做法

1.2~3 厚 DS 砂浆保护层,上刷涂料饰面;
2. 刷 1.5 厚水泥基防水涂料,遇外墙时防水涂料上卷≥200;
3.3~5 厚 DBI 砂浆,中间压入一层玻纤网格布;
4. 用 DEA 砂浆粘贴 D 厚 A 级复合聚氨酯保温板;
5. 最薄 0 厚砂浆找 1% 坡;
6. 阳台混凝土顶板

1%

阳台顶面

阳台内

封闭阳台顶板保温做法

阳台内

1. 用 DEA 砂浆粘贴 D 厚 A 级复合聚氨酯保温板,并用 Φ5 带垫圈膨胀管钉锚固,中距 600 左右;
2.3~5 厚 DBI 砂浆,中间压入一层玻纤网格布;
3. 涂料饰面

阳台底面

封闭阳台底板保温做法

1. 外墙涂料饰面;
2. 抹 4~6 厚 DBI 抹面干拌砂浆,内压入一层耐碱玻纤网格布;
3. 用 DEA 粘贴 D 厚 A 级复合聚氨酯保温板(用 Φ6 胀管螺钉锚固);
4. 基层墙面(墙面不平时用 DP 砂浆抹平)

室内
±0.000

室外地坪以上 200 高范围内 D 厚纤维膨珠板或无机发泡保温板

混凝土散水
密封膏

外墙勒脚外保温做法

胶粉聚苯颗粒保温线脚专业厂家制作

线脚做法(一)

胶粉聚苯颗粒保温线脚专业厂家制作

线脚做法(二)

0   1   2 米

图片来源:华诚博远工程技术集团有限公司提供,有改动

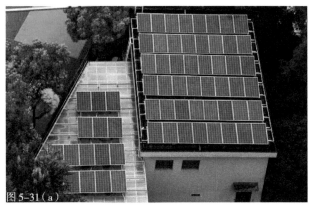

图 5-31（a）

图 5-31（b）

图 5-31（c）

新能源利用
Solar Energy Utilization

住宅的新能源利用方式主要有太阳能、地热能利用等。其中太阳能利用是对老旧小区而言较便捷、效率较高的方式，包含被动式和主动式利用两种。地热能利用的主要形式是地源热泵。

太阳能被动式利用。 通过建筑朝向、形体、材料、内部空间的合理设计，运用建筑物本身完成吸热、蓄热和放热过程，实现太阳辐射供暖。本身不消耗能源，设计相对简单，依靠建筑构件和材料的热工性能，设集热保温墙面、地面、屋顶、门窗等，用以保暖。但此类改造与住宅原本的设计密切相关，并非所有老旧小区都有改造空间。

太阳能主动式利用。 利用外部手段对太阳能进行收集、存储、利用。运用太阳能光热或光电技术，将光能转化成热能或电能加以利用，常规的应用有太阳能热水系统、太阳能供热供暖和制冷系统、太阳能光伏发电系统。这些设备的安装需要考虑屋面的承载力、管线设备的改造条件等因素，需要结合结构加固、管线设备改造的情况协调考虑。在征求业主同意的情况下，可在屋顶安装太阳能光伏发电设施，补充走廊灯等小区公共部分用电。

图 5-31 上海市普陀区南梅园小区光伏发电板应用
Figure 5-31 Solar Panel Application in South Meiyuan Residential Area, Putuo District, Shanghai
上海市普陀区南梅园小区引进光伏发电。房龄 20 多年的 1 号楼和 2 号楼楼顶，整个屋面都被一块块光伏发电板覆盖。总共 196 片光伏发电板，年发电量可达到 5 万千瓦时，小区设备房、电梯等公共空间的供电都是靠它，直接降低了小区物业费。
文字和图片来源：上观新闻网站 2018 年 5 月 10 日文章《三个出色的业委会，在旧小区里实现了这样的创举》

屋顶绿化
Green Roof Planting

屋顶绿化改造。在屋面荷载可承受的情况下，可引入屋顶绿化。建议老旧小区屋顶绿化以简单形式为主，利用耐旱草坪、灌木、攀爬植物等进行绿化覆盖，或进一步栽植小型观赏性灌木。需注重防水层、隔根层的设计和施工。

图 5-32（a）

图 5-32（b）

☆ 北京市住宅屋顶绿化发展
Green Roofs on Residential Buildings in Beijing

北京市第一座也是我国当时最大的一座屋顶花园，是1983年在即将开业的长城饭店建成的。在普通居民楼兴建空中花园，则是20世纪90年代初的事。

1991年，在结合危旧房改造而兴建的虎背口小区，有了屋顶花园。曾获北京市优秀住宅设计二等奖的虎背口小区，在建筑顶层北部做了局部退台，形成屋顶花园，不同层数的屋顶花园交替错落，丰富了立体空间效果，同时为居民提供了一个颇具情趣的休息纳凉场所。（参见1993年10月27日《北京日报》2版，《虎背口小区》）

此后，拥有空中花园的居民楼越来越多。在2001年，北京最大的空中花园桂冠被惠新苑小区摘得。在离地13米的高台上建起的这座空中花园，繁花似锦，绿草如茵，翠竹如篁，面积达到了6000平方米。到了2013年，桂冠被后起之秀通惠家园摘得。通惠家园的屋顶花园绿化面积有9万平方米，有花有草有树，小区的孩子们常常在雪松、柏树、紫藤架间追逐嬉戏。北京的空中花园，已逐渐从高级酒店才有的稀罕物，变成了人们司空见惯的空中美景。

文字来源：人民网2018年12月28日文章《从酒店屋顶走上居民楼的空中花园》
图 5-32北京市西城区珠市口西大街129号屋顶绿化
Figure5-32 Green Roof in NO.129，Zhushikou West，Xicheng District，Beijing
图片来源：北京蓟城山水投资管理集团有限公司提供

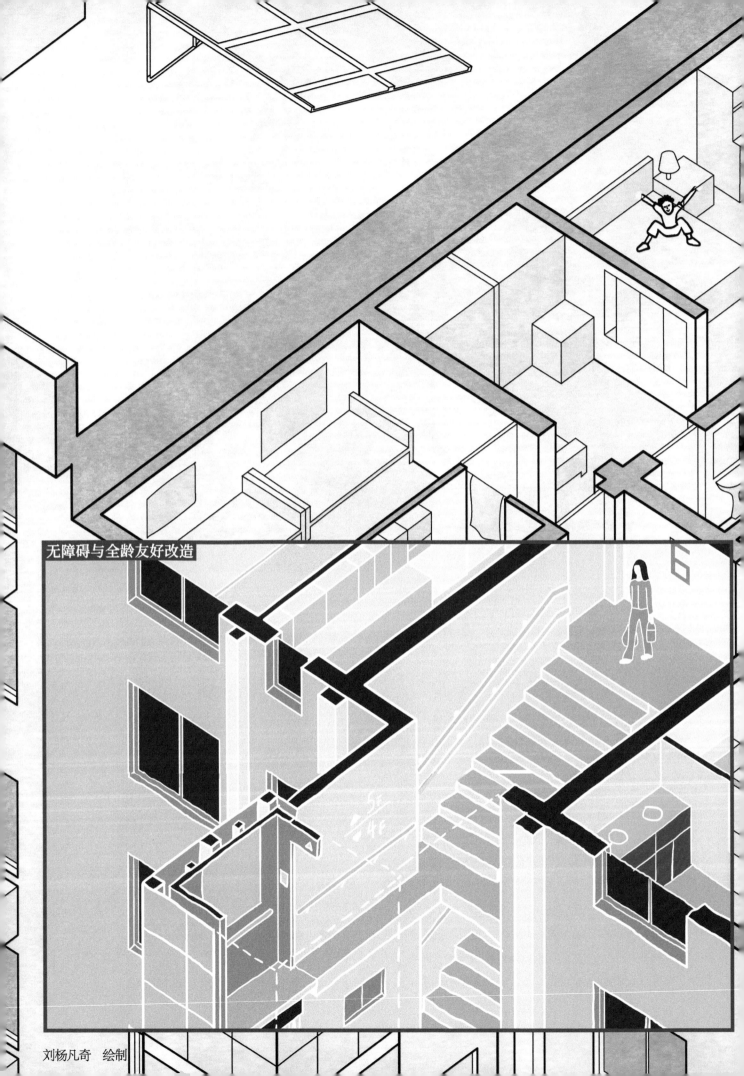

无障碍与全龄友好改造

刘杨凡奇　绘制

无障碍与全龄友好设施健全

6. Barrier-free and Age-friendly Housing Modification

包含无障碍通行与防护设施增设、电梯加装与维护、适老化设施完善、儿童友好设施完善。

改造原因：

- **设施供给欠缺**。老旧小区中的无障碍设施供给多有欠缺，而居民人口老龄化趋势显著，对适老化和无障碍设施的需求增加。

- **城市高品质生活需求**。城市高质量发展应保障老年人、儿童、视障人士、轮椅使用者等特定人群的出行需求和生活质量，也使一般人群获益。

改造原则：

- **完善原有体系**。对既有设施进行评估，因地制宜利用原有设施，补充完善原有体系。

- **各类人群友好**。充分考虑各类人群的差异性并统筹协调，设施易识别、易到达、易通过。

- **选用安全材料**。选取符合安全健康要求的材料或设备。

- **妥善组织实施**。改造施工尽量减少对既有设备设施使用的干扰。

- **建立维护机制**。由物业管理机构进行管理，通过定期维护修缮保障良好的运行。

图 5-33（a）

图 5-33（b）

图 5-33（c）

无障碍通行与防护措施增设

Barrier-free Facilities Additon

无障碍出入口改造或增设。依据《无障碍设计规范》GB 50763，无障碍出入口为在坡度、宽度、高度上以及地面材质、扶手形式等方面方便行动障碍者通行的出入口。在改造中，规范单元入口台阶、无障碍坡道，增设楼栋入口地面、楼道扶手、铺地和台阶的防滑措施，增加公共无障碍器具储存空间，增设无障碍标识。公共环境内的改造设计以出行流线全程无障碍为标准，并避免占用消防通道。住宅内部的改造视家庭需要和经济条件而选择合适的方案。

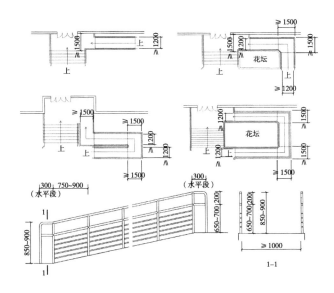

图 5-33 无障碍通行与防护措施增设

Figure 5-33 Wheelchair Accessible Ramps and Protective Measures
（a）北京市丰台区莲花池西里 6 号院无障碍坡道增设；
（b）北京市朝阳区劲松小区无障碍坡道与防护措施增设；
（c）北京市西城区白云路 7 号院无障碍坡道增设
图片来源：（a）筑福城市更新微信公众号 2020 年 7 月 3 日文章《案例 老旧小区如何"适老性"改造？这里有张满分答卷！》；
（b）孙子荆 摄；（c）周雅青 摄

图 5-34 无障碍坡道做法的示例

Figure 5-34 Examples of Wheelchair Accessible Ramp
图片来源：中国建筑标准设计研究院.国家建筑标准设计图集 无障碍设计：12J926[S].北京：中国计划出版社，2013
轮椅坡道的最大高度和水平长度应符合下表的规定（其他坡度可用插入法进行计算）

坡度	1：20	1：16	1：12	1：10	1：8
最大高度（米）	1.20	0.90	0.75	0.60	0.30
水平长度（米）	24.00	14.40	9.00	6.00	2.40

表格来源：中华人民共和国住房和城乡建设部，中华人民共和国国家质量监督检验检疫总局.无障碍设计规范：GB 50763—2012[S].北京：中国建筑工业出版社，2012

电梯加装与更换
Elevator Installation or Replacement

电梯加装应结合建筑及环境实际因地制宜进行，同一小区或同一栋楼的电梯选型、入户方式、外部形式尽量统一。有条件的情况下，可选用无障碍电梯。电梯加装需具备加装空间、管线改移空间和结构条件。同时，需要同意加装电梯的居民数达到法律规定的标准。电梯加装的位置和尺寸应满足规划、通行、消防、日照、通风、采光、噪声、隐私、防盗等方面的要求，且不占用市政道路与公共绿地。电梯需要与建筑原有楼梯间、门厅的位置和方向相协调，与建筑主体结构相配合，最好采用独立的结构体系。电梯的形式需与建筑外立面的材料与风格相协调。候梯厅设置时，应考虑楼梯间自然通风要求并应预留从楼梯间对电梯部位进行应急救援的条件。应根据规范要求进行地下管线改移。

平层入户电梯加装。平层入户是指电梯停靠在入户标高，实现无障碍入户的方式。目前已经实施的项目中有几种平层入户形式。一是窗口改作洞口平层入户。将电梯停靠在原有窗户洞口的位置，将窗改作入户门。这种方式改变了入户方向和户型使用格局。二是楼梯间整体改造平层入户。将原有楼

图 5-35

图 5-36

图 5-35 北京市丰台区莲花池西里 6 号院电梯加装
Figure 5-35 Elevator Installation in NO.6 Lianhuachi West Residential Area，Fengtai District，Beijing
图片来源：人民网 2018 年 6 月 12 日转载《北京日报》文章《北京莲花池 4 栋老楼装电梯平层入户》
图 5-36 北京市西城区白云路 7 号院电梯加装
Figure 5-36 Elevator Installation in NO.7 Baiyun Road Residential Area，Xicheng District，Beijing
图片来源：刘杨凡奇 摄

梯间梯段整体改造以配合入户门至电梯的流线。这种方式成本较高。

半层入户电梯加装。 半层入户是指电梯停靠与入户门之间相差半层高度的入户方式，是目前大部分老旧小区增设电梯采用的方式。该方式对住宅建筑原本的空间设计、人行流线、消防疏散等因素影响较小，占用立面宽度较小，且住宅户内格局不需要改变。若选用通透的电梯井材质，仍可满足楼梯间的采光需求。

无障碍电梯选用。 有足够安装空间、可承受更高经济成本的老旧小区可选用无障碍电梯。在设计上做到候梯厅和电梯轿厢的尺寸满足轮椅转弯半径，开门宽度满足轮椅通行宽度，按钮高度在轮椅上伸手可触及，电梯口设提示盲道，选层按钮设盲文提示，轿厢运行及到达有清晰显示和报层音响等。

既有电梯维护。 委托电梯检验机构或电梯制造单位对老旧电梯进行安全评估。应根据评估结论确定对电梯进行修理、改造或更新。

上下楼代步器增设。 没有条件加装电梯的单元也可考虑增设上下楼代步器。

图5-37 北京市西城区灵境小区电梯加装
Figure 5-37 Elevator Installation in Lingjing Residential Area, Beijing
2016年底灵境小区5、7、9号楼的外挂电梯试点工程是西城区首个民意立项工程。考虑到舒适与安全问题，将电梯增设在现状六层砌体结构住宅楼的楼梯间外侧，半层接入电梯。考虑到居民担心的采光、隐私问题，设计新增电梯承重结构为钢框架，外围护结构为玻璃幕墙。同时考虑到一些老年人晕高，采用封闭式轿厢梯，同时增宽了电梯门方便轮椅进出。
文字来源：搜狐网2017年8月19日转载《北京西城报》文章《西城区首个民意立项工程——"老楼加挂电梯"，即将投入使用！》
图片来源：北京市西城区房屋土地经营管理中心提供

图5-38 北京市丰台区万源西里社区智能代步器增设
Figure 5-38 Stair Climbing Device Application in Wanyuan West Residential Area, Fengtai District, Beijing
图片来源：北京市人大常委会城市建设环境保护办公室网站

北京市丰台区洋桥北里和翠林小区两社区电梯更新换代案例：
随着城市的发展，电梯已逐渐成为百姓生活中的重要设施，电梯的"老龄化"问题也越来越引起人们的关注。针对危旧电梯更新难题，北京市采取"街道社区吹哨，社会单位报到"机制，并畅通住宅专项维修资金应急使用的绿色通道；对产权不清、资金不足、物业失管的电梯，建立了"三无"电梯政府救济机制。随着最后8部新电梯通电运行，北京市丰台区洋桥北里和翠林小区两大社区总计28台老旧电梯全部完成更新换代。
文字来源：人民网2020年1月3日文章《面对老旧小区无公共维修资金等问题，北京电梯改造探新路——老楼换梯 如何破题》

为老旧小区研发的极小型电梯产品及应用

Miniaturized Elevator Developed for Old Residences

在我国步入小康社会和老龄化社会之际，老旧小区增设电梯成为民众关注和期盼的热点。已有增设电梯产品体量过大，植入既有居住环境引发"排异"反应剧烈，各种矛盾交织使得加梯难以实现。主要体现在：（1）老旧小区住宅本身楼间距较小，安装常规电梯使交通空间更加狭窄，安全疏散和应急救援受到极大影响；（2）已有地下基础设施拆改变动极大，联动影响地面道路与绿化重新规划，对居民生活日常生活干扰极大；（3）常规电梯占用空间体量大，使低层住户感觉拥挤不堪，抵触情绪极大，也是造成加梯决策困难主要原因之一。

清华大学建筑学院王丽方教授团队通过建筑、结构、设备专业高度配合下的精密化集成设计与研发，实现电梯与井道的小型化、精密化技术集成，形成面向老旧小区的极小型电梯产品，并在北京石景山的老旧小区更新实践中加以探索示范。示范案例占用场地面积较常规电梯减少2/3。该方面的技术突破将使电梯增设更为便利：避免空间拥堵遮挡，避免占用道路或影响消防疏散，尽可能避让占压地下管线。

该产品有助于城镇住房存量资产的增值盘活，对经济有很大的正面贡献。同时可有效避免大拆大建带来的资源浪费，实现建筑节能环保与宜居适老改建的有机结合，具有社会、生态、文化等多方面的意义。

图 5-40（a）

图 5-40（b）

图 5-40（c）

图 5-40（d）

图 5-40（e）

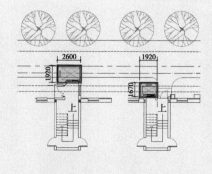

图 5-39 常规电梯与小型电梯对比示意
Figure 5-39 Conventional Elevator and Miniaturized Elevator
常规电梯连廊增设(左)与小型电梯贴建增设（右）对比，对道路、基础设施占用影响小，小型电梯贴建突出立面的尺寸不足 1700 毫米

图 5-40 电梯加装条件、常规电梯情况与极小型电梯产品示范工程
Figure 5-40 Elevator Installation Conditions/ A Conventional Elevator Installation Project/ A Miniaturized Elevator Installation Project
（a）为清华建筑学院王丽方教授团队在石景山区完成的示范工程，可以看到其突出建筑立面距离与阳台进深相当，原有交通空间未受影响，基础设施变动极小（一般住宅最近管道距离立面通常为2米）；
（b）（c）显示了在老旧小区中楼间距的紧张情况，这在南方城市尤其明显，采用常规电梯使交通空间更加狭窄；
（d）（e）为北京某处加梯施工现场，由于地下基础设施搬迁，联动造成地面道路绿化移位，加梯施工负面影响过大。
文字和图片来源：清华大学建筑学院王丽方教授团队提供

★ 上海市杨浦区五角场发布"加装电梯地图"
Guiding Map for Elevator Installation in Wujiaochang Area, Yangpu District, Shanghai

图 5-41

2019 年五角场社区党建工作会议上,五角场街道发布了全市首张区域多层既有住宅加装电梯地图。

"加装电梯地图"上,红色五角星代表 32 个居委会,橙色地块代表已立项建设电梯的小区,黄色地块代表已启动征询的小区,蓝色地块是已提出意向的小区,而散落各处的粉色色块则代表未提出意向的小区。在地图上方显眼处有一个加装电梯前期服务指南,彩色箭头简洁明了地列入了加装电梯的"入门七步走"——了解房屋产权属性,确定牵头人,可行性勘测,明确申请主体,意见征询,立项申报,立项后相关程序。地图梳理出加装前期的关键节点,并在每个步骤下做了"提示"。

★ 北京市海淀区大柳树 5 号院加装电梯
A Case of Elevator Installation in No. 5 Daliushu Yard, Haidian District, Beijing

2017 年 1 月,北京市海淀区北下关街道大柳树 5 号院 6 单元成为市区属楼房中第一个成功加装电梯的楼门,这是距离两年前北京首部座椅式电梯落户东花市后的再一个第一,被称为首部"租赁式"电梯。该楼门加装电梯工作始于 2016 年 9 月,街道社区服务中心与北京怡智苑信息服务有限公司签署的居家养老服务试点协议,该协议旨在加强社区养老服务设施建设。怡智苑公司随后引入北京华龄安康控股有限公司在小区进行多层住宅加装电梯试点。

为了做通居民工作,社区专门召开了 4 次楼门组长会。最后,6 单元一共 18 户,除了 3 户居民持保留意见外,其他居民全部同意。尤其是一层的 3 户居民都同意,实属难得。

电梯安装采用"免费安装、有偿使用电梯服务"的创新理念,获得了业主们认可。电梯安装费用约为 60 万元(该电梯安装未发生水电气热管线改移费用),前期费用全部由华龄安康公司出资,电梯投入使用后,由住户按月交纳租金获得使用权限。计划通过 20 年的租赁服务,回收投资成本并收取日常维保、运营费用。该单元共 6 层 18 户,收费基数预计为 15 户,平均每月每户收费 190 元,其中二层住户为 72 元/户月,顶层住户为 328 元/户月,一次缴纳五年费用。

图 5-41 上海市杨浦区五角场街道加装电梯地图
Figure 5-41 Guiding Map for Elevator Installation in Wujiaochang Area, Yangpu District, Shanghai
文字和图片来源:上观新闻网站 2019 年 7 月 9 日文章《照着"地图"装电梯? 上海五角场发布全市首张区域"加装电梯地图"》

文字来源:北京市住房和城乡建设委员会网站 2017 年 1 月 25 日文章《我市老楼加装电梯工作取得突破》;华龄安康网站 2017 年 1 月 20 日转载《北京晚报》文章《北京首部"租赁式"电梯年前开通 七部门到大柳树 5 号院现场调研》

室内适老化环境改造
Elderly-oriented Modification

公共空间适老化防护措施完善。 在单元入口、走廊、楼梯等公共空间增设物理防护措施，增设扶手，细部采用防撞、防滑设计等。

户内居家养老条件改善。 进行家具家装改造，设置家庭应急呼救系统，改善环境噪声、照明条件和通风条件等。

图 5-42

图 5-43（a）

图 5-43（b）

室内儿童友好环境改造
Child-friendly Modification

儿童友好设施完善。 为儿童提供可靠、清洁、安全、有保障的交通出行环境。提供符合儿童身高尺度的扶手、宣传栏等楼内设施。

儿童活动空间增设。 利用腾退空间为儿童提供适当的游戏空间、活动场地、社区文化空间等。

图 5-42 北京市海淀区南二社区适老化改造

Figure 5-42 Elderly-oriented Modification in Nan'er Residential Area, Haidian District, Beijing

图片来源：筑福城市更新微信公众号 2019 年 9 月 18 日文章《北京适老化改造老旧小区公开亮相》

图 5-43 北京市丰台区莲花池西里 6 号院适老化改造

Figure 5-43 Elderly-oriented Modification in NO.6 Lianhuachi West Residential Area, Fengtai District, Beijing

图片来源：筑福城市更新微信公众号 2020 年 7 月 3 日文章《老旧小区如何"适老性"改造？这里有张满分答卷！》

☆ 广州市老旧小区住宅加装电梯指引图集
Guide Atlas of Elevator Installation to Oid Residential Areas in Guangzhou

（a）优先设置在小区内部，避免加装在临市政道路的一侧。　（b）优先利用建筑凹位加装电梯。　（c）加装位置优先选取相对相邻建筑主要采光面影响较少的一侧。　（d）在与邻楼空间有限的情况下，加装电梯建议预留邻楼日后加装电梯的空间。（可通过调整加装的位置方式，或与相邻住宅楼共用电梯的方式协调加装位置）

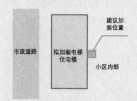

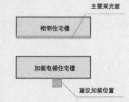

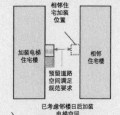

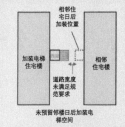

图 5-44 广州市老旧小区住宅加装电梯指引图集（节选）

Figure 5-44 Guide Atlas of Elevator Installation to Old Residential Area in Guangzhou（Excerpts）

文字和图片来源：广州市规划和自然资源局网站

167

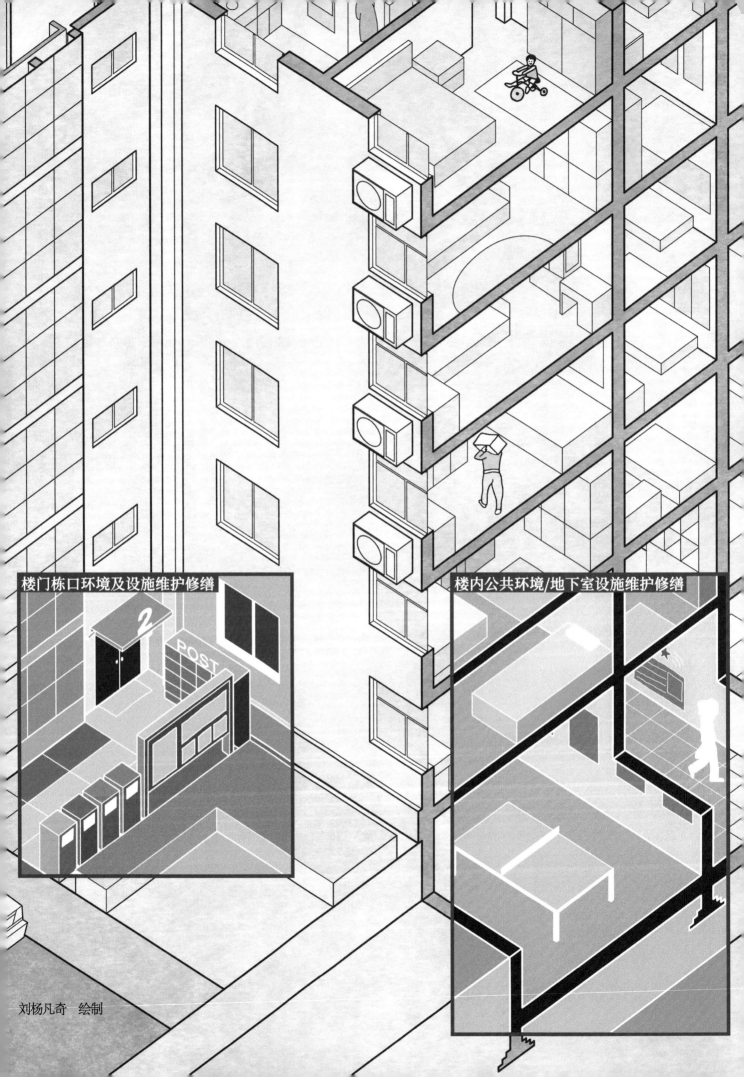

楼门栋口环境及设施维护修缮

楼内公共环境/地下室设施维护修缮

POST

刘杨凡奇　绘制

柒

公共空间优化

7. Public Space Optimization

包括楼内公共环境及设施维护修缮、单元入口环境及设施设备维护修缮、地下室环境及设施维护修缮。

改造原因：

● **楼内公共空间维护管理不足。**老旧小区物业管理薄弱，公共空间缺乏维护，公共设施设备存在年久失修的情况。

● **地下室空间未良好利用。**地下室空间可能存在违法违规使用情况或不合理使用、未充分使用的情况。

改造原则：

● **保障公共属性。**公共空间尽量用作公共功能。

● **实用经济美观。**保障楼内及单元入口的出行、照明及与信息发布功能相关的设施设备良好运行，空间环境整洁舒适得体。

● **选用适宜材料。**选择适用耐用、节能环保的材料。

● **统筹组织实施。**改造工作与消防条件改善等其他楼内项目可统筹协同开展。

● **建全保障机制。**由物业管理机构进行管理，建立公共空间的长效维护管理机制。

图 5-45（a）

图 5-45（b）

图 5-45（c）

图 5-45 苏州市姑苏区建设百千万楼道三年行动计划
Figure 5-45 The Three-Year Action Plan for Indoor Public Space Rnovation in Gusu District，Suzhou
图片来源：文明苏州微信公众号 2018 年 7 月 4 日文章《"我的楼道我的家"！美丽楼道将成为苏州百姓身边的寻常风景》

楼内公共环境及设施

Indoor Public Space and Affiliated Public Facility

楼道杂物规整。及时清理楼道公共空间和疏散通道内的乱堆杂物。

楼内墙面与顶棚清洁修补。采用清洗、局部修补或重新粉刷的方式清洁修补墙面，修复污损或涂印、张贴小广告严重的楼道墙面，整治破损、脱落、开裂的顶棚。墙面和顶棚饰面以简单经济的材料为宜，以浅色为主，营造安全、整洁、明亮的空间氛围，侧墙宜做耐污墙裙。

老旧破损构件修补。对公共区域内损坏、锈蚀、断裂的扶手和栏杆等部件进行维修更换，扶手选用耐用的、导热系数小的材质，要符合人体工学的截面形状与尺寸，安装在符合规范要求的高度，可加装儿童扶手。对损坏的楼梯台阶及休息平台进行修补更新。对楼内堵塞或损坏的通风竖井进行疏通修复。可在楼梯平台处设置老年人临时休息座椅。

单元入口环境及设施

Building Entrance Space and Affiliated Public Facility

入口雨罩修缮。修缮或更换破损的雨罩,避免破损雨罩脱落造成较严重的安全事故。雨罩的材料、形式、色调应与建筑风貌和小区风貌相协调。

单元门维护更新。缺少单元防盗门或现有门体、配件破损严重的,应新装或维修。改造后门体应安装牢固安全,开合方便顺畅,外观简洁大方,色彩材质协调统一,并应配合安防设备安装,与入口照明位置匹配,以及与无障碍坡道衔接。

信报箱与张贴栏维护。规整单元入口信报箱和张贴栏,兼顾方便与美观,可与收发设施改造项目相配合。

入口照明完善。按照现行标准改造单元入口照明,确定照明标准值、照明要求、装置选择。保证夜间楼门栋口的合适照度,满足夜间公共安全的需要,同时尽量降低对低层住户户内光环境的影响。采用定时控制方式。

若同时开展电梯加装工程,则需结合电梯整体设计单元入口。

图 5-46 北京市西城区真武庙五里 3 号楼单元门改造
(a)改造前;(b)改造后
Figure 5-46 Residential Building Gate Renew in NO.3, 5th Li, Zhenwumiao, Xicheng District, Beijing
图片来源:北京西城微信公众号 2021 年 8 月 9 日文章《全市首例"租赁置换"改造!小区换了新色彩 居民有了新生活》

图 5-47 南京市建邺区鸿达新寓小区单元门改造
Figure 5-47 Residential Building Gate Renew in Jianye District, Nanjing
图片来源:人民网 2020 年 6 月 30 日转载《南京日报》文章《智能化改造 南京建邺老旧小区变身"智慧小区"》
图 5-48 北京市丰台区莲花池西里 6 号院加装电梯后的单元门改造
Figure 5-48 Residential Building Gate Renew in Lianhuachi West Residential Area, Fengtai District, Beijing
图片来源:刘杨凡奇 摄

地下室环境及设施
Basement Space and Affiliated Public Facility

住宅楼地下室分人防地下室和普通地下室两种。

地下室公共空间非法占用清退。消除安全隐患，对两种地下室进行不规范使用行为的清退，清理不当堆放杂物，消除公共空间私自占用，恢复出入通道、消防疏散通道和应急照明。

地下室结构修补与环境修复。对仍需作人防功能的地下室进行清理并按要求恢复。对安全隐患突出、结构变形、渗漏水严重、不具备防护功能的人防地下室，按有关规定报废回填。无需再作人防功能但基本环境尚可的人防地下室转为普通地下室，一并纳入普通地下室空间整治。统一排查地下工程的排水管沟、地漏、窗井、通风井等，采取防倒灌措施。清洗、修补或重新粉刷墙面，以简单经济的材料为宜。按消防规范和人防要求完善标志标识。

地下室空间合理利用。适当改造空置的地下空间，植入新的功能，为社区居民解决停车问题或提供公共活动场所，如将其改造为便民服务设施、公共活动空间、会议室、商铺、健身房等。

☆ 地下室里的共享客厅

A Shared Living Room in the Basement

北京市从 2010 年开始对地下空间进行综合整治，并提出"坚持开发与保护相结合、平时与战时相结合，统筹利用地上地下空间资源"，要求地下空间主要用于解决城市建设中停车难、居民活动场所少等问题。地瓜社区是将社区闲置的地下空间改造成为居民文化、娱乐等活动场所，用"共享+产消一体"的全新模式来连接社区邻里，帮助社区居民利用自己的技能为本社区提供服务。

"地瓜社区一号"位于亚运村安苑北里 19 号楼，建筑面积约为 560 平方米，被划分为 18 个使用空间，设计简约，功能不一。设置有免费公共客厅、图书馆、会议室、共享玩具室、理发室、健身房、电影院、邻里茶吧、3D 打印体验等多个共享空间。

"地瓜社区二号"位于八里庄街道甘露园社区 2 号楼，建筑面积约为 1500 平方米。民防阅读角是其核心部分，除此之外还设置了阶梯演讲厅、共享图书馆、社区大学等 30 多个功能区。

"地瓜社区三号"位于花家地北里，建筑面积约为 450 平方米，因毗邻中央美术学院，被定位为"社区共享艺术客厅"。这里不仅设置有博物馆、画廊、放映厅等文艺场所，还规划建设了儿童教室、阅读室、桌球厅等学习娱乐空间。同时为了让居民了解到社区近几十年的发展历程，还设计了花家地北里社区展示角。

图 5-49（a）

图 5-49（b）

图 5-49（c）

文字和图片来源：北京规划自然资源微信公众号 2020 年 6 月 15 日文章《城市更新系列二十四 地瓜社区，地下室里的共享客厅》

图 5-49 改造后的地瓜社区，地下室里的共享客厅
Figure 5-49 Digua Community, A Shared Living Room in the Basement

文化特色发掘

屋顶外墙风貌及设施设备维护修缮

刘杨凡奇 绘制

捌

建筑风貌提升

8. Building External Appearance Improvement

包含屋顶外墙风貌及设施设备维护修缮、文化特色发掘。

改造原因：

● **品质风貌欠佳。** 年久失修、凌乱破损的屋面、外墙影响到小区的公共环境安全和居住品质。

● **特色维护需求。** 历史进程、地域文化、气候特征等因素共同影响形成了住区住宅的风貌特征，延续这些特征有利于城市文化特色的传承和强化，凝聚文化认同。

改造原则：

● **发掘传承特色。** 研究发掘老旧小区的特色，梳理其具有时代特征的风貌特色和建筑要素并维护传承。

● **依据规划要求。** 除传承原有风貌特色外，应依据上位规划对风貌的要求，位于城市重要道路旁或重点区域的小区要符合城市设计的相关要求。

● **安全有序美观。** 消除外墙及屋顶各建筑要素和设施设备的安全隐患，规范外墙设施设备，创造宜人的公共环境界面。

● **妥善组织实施。** 统筹拆除违建、结构加固、节能改造等外墙功能完善和风貌提升工作的协同开展。

● **建立维护机制。** 通过定期维护修缮保障良好运行。

图 5-50（a）

图 5-50（b）

图 5-51

屋顶外墙风貌及设施设备维护修缮
Building External Appearance and Affiliated Facility Maintenance

面层修补更新。局部修补或重新敷设屋顶、外墙的饰面、防水层、保温层，改善多年使用后面层的破损、脱落状况，维护建筑性能、小区风貌和公共安全。屋顶和外墙饰面色彩、材质应从风貌角度进行考虑，与小区整体设计协调。

建筑构件维护修缮。维护修缮外墙门窗、阳台、雨篷、防盗网、安全护栏、墙脚散水等老化构件，加固完善平屋顶的女儿墙、上人屋顶的安全护栏，依规范完善坡屋顶檐口的排水构造，保持屋顶排烟口及通风通道口通畅清洁。不宜增加纯装饰性构件。

设施设备清理规整。清点水箱、太阳能收集设施、通讯基站、空调室外机等设施设备的权属和公共空间占用情况，清理废弃无用的设备，规整空调室外机、冷凝水管、照明设备、探头等设备排布，使其安装牢固、布置有序、便于维护，明确后续维护的责任主体。

如改造或增设外墙灯箱、广告牌，应与建筑外墙面统一加固改造，并应与整体建筑风貌相协调。

图 5-50 北京市西城区中直西直门小区风貌维护
Figure 5-50 Building External Appearance Maintenance in Xizhimen Residential Area，Xicheng Disrtict，Beijing
图片来源：孙子荆 摄
图 5-51 北京市丰台区莲花池西里 6 号院风貌维护
Figure 5-51 Building External Appearance Maintenance in Lianhuachi West Residential Area，Fengtai District，Beijing
图片来源：刘杨凡奇 摄

文化特色发掘

Historical and Regional Characteristic Coordination

提炼地方特征和历史文化，对建筑的风格、色彩、材料、细部等进行优化，提升小区建筑风貌并突出文化特色。

建筑历史风貌维护。研究并传承建筑立面的比例关系、建筑屋顶的坡度和色彩、饰面材料的色调和质感以及墙面装饰、阳台、檐口、山墙、门窗、雨棚、栏杆、扶手、雨水管、空调室外机位等细节的形式特征。展现小区发展形成的历史风貌，反映小区原有的生活氛围。

建筑风貌与小区周边环境和地域文化特色协调。小区建筑的上述形式特征不仅要符合自身发展历史脉络，还应与周边环境、城市风貌、地域文化相协调。还可适当通过楼牌、单元牌、门牌等标识展现文化特色。可适当增加夜景照明。

图 5-52（a）

图 5-52（b）

图 5-52（c）

建于 1921~1936 年的"春阳里"是典型的上海老式石库门里弄建筑。目前共有 23 栋单体、270 个单元，居民 1181 户，建筑格局基本维持原状。2016 年"春阳里"被正式列为上海市风貌保护街坊。同年虹口区正式启动"春阳里"风貌保护街坊更新改造项目，既保护特色旧里风貌，又要做到户内厨卫独用。作为上海从"拆、改、留"变为"留、改、拆"的先期试点，春阳里成为全市第一个完成里弄房屋内部整体改造的项目。清水红砖、木门窗，窄窄的弄堂里弥漫着 72 家房客的生活气息。
文字来源：房可圆微信公众号 2019 年 4 月 14 日文章《上海风貌保护街坊"春阳里"又有新故事：回搬"新家"，三代人都有了独立卧室》

图 5-52 上海市静安区风貌保护街坊"春阳里"改造
Figure 5-52 Preservation Neighbourhood Chunyangli Renovation in Jing'an District，Shanghai
文字和图片来源：房可圆微信公众号 2019 年 4 月 14 日文章《上海风貌保护街坊"春阳里"又有新故事：回搬"新家"，三代人都有了独立卧室》

应急报警系统增设

门禁系统增设

监控系统增设

刘杨凡奇 绘制

玖

安全设施完善

9. Security Measure Supplement

主要包括门禁系统、监控系统和紧急呼叫系统的完善。

改造原因：

● **原有体系薄弱**。由于成本和技术的限制，早期的住宅小区建设多未安装楼宇门禁与监控系统，对安防管理不利。

● **安防要求提升**。住房商品化后，小区内人口构成逐渐多元，原有的"熟人社会"逐渐消解。随着居民安全防范意识的增强，对安防系统的完善提出要求。

改造原则：

● **完善安全体系**。通过安全设施的建设，以及安全知识的教育宣传，建构完善住区安防体系，保护居民隐私和提高突发应急处理能力。

● **采用合理标准**。结合实际情况，尽量以最新的规范为标准。

● **统筹协调实施**。改造施工可考虑与其他设施设备改造的统筹，合理安排设备与线路的空间位置。

● **定期检查维护**。由物业管理机构进行管理，建立定期检查与维护机制。

出入管理系统
Access Control System

门禁系统。在楼栋单元门、地下停车场等处设置门禁系统，进行出入权限管理。门禁系统兼顾安全性与易操作性，建议选用智慧门禁，宜包含识别、对讲、报警、远程传输、信息推送等功能。门禁的身份识别模块需依据成本和使用习惯进行选择，可选用密码识别、卡片识别、生物信息识别等。

门禁系统必须满足紧急逃生时人员疏散的相关要求。当发生火灾或需紧急疏散时，门禁系统可通过总控开启应急状态，人员不需要使用钥匙或进行身份识别即可迅速安全通过。

监控系统
Surveillance System

视频监控系统。在楼栋单元门及周边、停车场、电梯轿厢、屋顶平台等处安装视频监控设备，并接入物业值班室、街道治安或派出所平台。安防监控设施应符合现行国家标准的有关规定，监控探头所在位置应视野开阔、无明显障碍物或眩光光源。监控录像保存期限应不少于 30 天。

若已有监控系统，应对其进行检测，更换老旧破损设备线路并保证其正常运行，改造后的系统应能满足智慧安防的需要，当有防控需求时应能方便拓展功能。

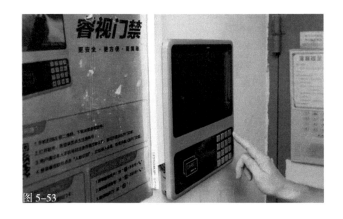

图 5-53 北京市海淀区铁西社区门禁系统增设

Figure 5-53 Access Control System Addition in Tiexi Residential Area, Haidian District，Beijing

北京市海淀区铁西社区于 1958 年建成，是无物业管理的老旧小区，呈现"三多"特点：老年人多、出租房屋多、流动人口多。2018 年，由羊坊店街道办事处出资建设的铁西社区智慧门禁系统顺利通过试运行，3 个出入通道及 43 个楼门门禁全面正式启用。老小区装上了"智慧锁"，实现了"芝麻开门"，提高了小区的安全防范，使用起来很方便。

图片来源：中国经济网 2018 年 8 月 16 日文章《北京海淀：首个老旧小区实现"芝麻开门"》

图 5-54 北京市西城区灵境小区楼前视频监控设备增设

Figure 5-54 Surveillance System Addition in Lingjing Residential Area, Xicheng District，Beijing

图片来源：周雅青 摄

紧急呼叫系统

Emergency Alarm System

公共呼叫系统。 建立与视频监控系统、门禁系统、火灾报警系统联动的应急呼叫系统，具备主动预警和呼叫报警功能。主动预警系统通过视频监控、传感器等装置警报尾随、火灾隐患等异常情况。呼叫报警装置分布在单元出入口、电梯内等处，可具备一键报警、通话、视频对讲等功能。报警装置应安装在易于识别和触及的位置。

户内呼叫系统。 有条件的小区可支持居民在户内安装居家养老呼叫系统，呼叫装置安装在老人床头、卫生间等位置，信号接入物业应急值班室和家属手机。

图 5-55 西安市新城区咸东社区紧急呼叫平台
Figure 5-55 Emergency Alarm Platform Addition in Xiandong Residential Area, Xincheng District, Xi'an
图片来源：搜狐网 2019 年 3 月 14 日转载《西安日报》文章《创新在新城 一键求助+报警手环+e智平台，便民 APP 智慧守护老旧小区》

⭐ 上海市徐汇区田林十二村打造智慧安防

Smart Security Measures in Tianlinshiercun Residential Area

作为上海"智慧公安"建设试点小区之一，田林十二村通过智能识别、物联网等技术，搭建起一套智能化小区防范和服务系统：系统建成至今不仅小区实现"零发案"，电动车管理、孤老照料、乱贴"小广告"等一系列小区难题都出现了积极解决的势态。防盗上，小区入口的智能系统采集进入小区人员的信息，异常情况会推送至社区民警和居委干部手机。实有人口信息采集维护上，已录入人口信息中持续未在小区出现，或未录入信息人员连续多日出现，系统会提醒社区民警上门核查。如系统监测到一定数量的陌生人连续进入同一单元则怀疑为群租。独居老人连续三天未出门系统也会报警。设施维护上，窨井盖丢失或移位、消火栓失压或故障、消防通道被占等都会报警……小区的设施都装上了感应芯片，出现异动就会向民警"报告"，让隐患能及时被消除。

文字来源：新华网 2018 年 2 月 12 日转载《解放日报》文章《上海："智慧公安"打造"精准警务"》；上观新闻网站 2018 年 3 月 24 日文章《上海这个常年在派出所"挂号"的小区如何达成全年"零案发"？答案都在这些公开课里》

智慧设施提升

刘杨凡奇 绘制

拾 智慧设施补充

10. Intelligent Technology Application

包含住宅套内生活设施智能化提升改造，也包括住宅楼内的安防设施、照明设施、水电气热计量设施、监测系统、控制系统等设施设备的智慧化改造。

改造原因：

● **高品质生活需求**。科技发展使得智能化设备与技术应用日渐成熟，智慧设施可提升生活便利度，提高生活品质。

改造原则：

● **支撑条件满足**。住宅的电力系统、通信系统等支撑条件满足要求，改造经费充足，居民具备自行改造室内设施的能力和意愿。

● **统筹协调实施**。改造施工可考虑与其他设施设备改造的统筹，合理安排设备与线路的空间位置。

● **日常运行维护**。由所有者进行常态化的运行维护。

住宅套内智能化改造
户内环境、能耗、家电智能化管理
楼栋设施智能化改造
智能计量表和传感器加装
楼栋智能设施协同

住宅套内智能化改造
Indoor Facility Intelligentization

户内环境、能耗、家电智能化管理。随着技术不断进步，智能家居的概念也不断延伸。主要内容包括：环境的智能监测与调控，包括空气质量、光环境、声环境、热环境等；节能管理，包括能耗监测与调控；智慧家务及远程管理，包括家电系统的运行管理以及相关技术集成等。

楼栋设施智能化改造
Public Facility Intelligentization

智能计量表和传感器加装。将分户供水、供电、供热、燃气计量设备更换为智能计量设备，具备计费和远程传输功能，并安装具备相应安全报警功能的智能传感器。

楼栋智能设施协同。住宅建筑智能化通常包含智能卡、物业管理等信息化应用，移动通信、无线对讲、有线电视、公共广播等信息设施，建筑设备监控管理系统、火灾报警系统等等，如今物联网技术迅速发展，使得上述智能技术及设施进一步协同并应用于现今的住宅建筑之中。

图 5-56 (a)

图 5-56 (b)

图 5-56 (c)

图 5-56 (d)

图 5-56 北京市海淀区清华大学人才公寓 2 号实验宅套内智能化改造
Figure 5-56 Indoor Facility Intelligentization in Experimental House No. 2, Tsinghua Faculty Residence, Haidian District, Beijing
（a）卧室改造后；
（b）、（c）厨卫改造前；
（d）厨卫改造后
图片来源：CSC 未来人居微信公众号 2019 年 8 月 29 日文章《CSC2 号实验宅：既有居住建筑装配式内装改造示范》，清华大学朱宁老师提供

清华大学人才公寓 2 号实验宅套内智能化改造

Indoor Facility Intelligentization in Experimental House No. 2, Tsinghua Faculty Residence

作为清华大学人才公寓样板，2 号实验宅以装配式内装技术集成为目标，是清华大学建筑学院可持续住区研究中心（CSC）2018 年的重点研究项目。

2 号实验宅位于清华大学东门外西王庄小区 7 号楼，包括一套一居室和一套三居室。西王庄小区建于 1980 年代后期，在老旧小区中具有代表性。

改造所用的技术集成包含装配式内装系统、单层管线改造、阳台改造、电力系统改造四个模块。装配式墙面和吊顶具有施工速度快、污染少、噪声小等特点。

所有开关面板均为无线智能产品，免去施工剔凿，结合位于踢脚和家具平面的电力轨道，可使墙板厚度仅有 2 厘米，同时用电和控制更自由、更方便。采用智能电表和智能插座，对户内用电情况进行监测，可以实现家用电器智能管理，避免跳闸。

从设计到实施，再到完工后的运营，CSC 发布的三项《居住建筑健康环境标准》（光、空气、水）贯穿始终。CSC 标准为中国人、中国环境而设计，在现行国标基础上重点提升核心指标；标准包含控制指标、运行评价、控制策略、设计导则，配合运行 i 享系统，实落地执行；通过使用数据的不断反馈，可以迅速实现迭代更新。在 CSC 标准的指导下，2 号实验宅中照明、空气环境的设计均按照环境分析、设备选型、模拟验证、实施的思路展开。

基于云端计算和自主决策能力，i 享系统在管理居住建筑光、空气、水环境的同时，还能够通过各类传感器收集并融合数据，进而判断生活场景，控制末端设备做出相应的动作。在安全和节能方面，通过门磁、智能窗、报警按钮、智能燃气阀等设备的感知，系统可以实现通知家人、通知物业和通知警察等不同层级的安防报警，保证家庭人员和财产安全。在社区管理层面，则可以通过多种数据的融合来智能识别闲置房和疑似群居房，并采取有针对性的供暖或安防策略，来实现安全、节能的目标。

规模化地应用 i 享系统会对未来的物业形态产生重大影响。系统能够在问题出现之前就及时发现并作出预警，大幅降低上门维修的频次。配合 O2O 物业服务平台，住户可以预约维修师傅上门，并为服务质量打分，有效保证了物业服务的满意度。

文字和图片来源：CSC 未来人居微信公众号 2019 年 8 月 29 日文章《CSC2 号实验宅：既有居住建筑装配式内装改造示范》，清华大学朱宁老师提供

图 5-57 北京市海淀区清华大学人才公寓 2 号实验宅智能系统应用
Figure 5-57　Intelligence System in Experimental House No. 2, Tsinghua Faculty Residence, Haidian District, Beijing
（a）家庭能耗管理界面；
（b）一居室照明设计模拟；
（c）i 享监控的户内智能设备和数据

小区环境综合整治

The Guidelines for Community Environment Renovation

　　小区环境的综合整治包括了安全隐患排除、基本功能保障和居住高品质塑造三个方面。安全隐患排除主要是违法建设拆除；基本功能保障体现在市政设施、环卫设施、消防条件、交通物流、无障碍与全龄友好条件、公共环境等方面的工作；居住高品质塑造包括了文化特色传承、公共服务完善、绿色技术及智慧科技应用等内容。本章综合整治工作共计 10 大类、41 小类，列举了实施内容和典型案例等内容。

　　The renovation of community environment includes three aspects: the elimination of potential safety hazards, the guarantee of basic functions and the

shaping of high quality of living. The elimination of potential safety hazards is mainly to demolish the illegal constructions; the basic function commitments are reflected in the municipal facilities, sanitation facilities, fire protection conditions, transportation and logistics, barrier-free and all-age-friendly conditions, public environment, etc. The high quality of living includes the inheritance of cultural characteristics, the improvement of public services, the application of green technology and intelligent technology etc. This chapter includes 10 major categories and 41 sub-categories of comprehensive guidelines, listing the implementation contents and typical cases.

9. 安全设施完善

· 出入管理系统
· 监控系统
· 紧急呼叫系统
· 应急系统

5. 交通物流设施优化

· 僵尸车清理
· 非机动车 / 机动车道路完善
· 非机动车 / 机动车停放区与设施管理
· 公共充电设施建设
· 信报 / 快递收发系统
· 交通标识完善

1. 违法建设拆除

· 小区地面违法建设拆除
· 地桩地锁整治

3. 环卫设施整治

· 垃圾收集设施布局
· 垃圾运输组织优化
· 垃圾分类收集处理

4. 消防条件改善

· 消防通道梳理
· 消防设施改造

小区环境综合整治的内容
Renovation of Community Environment

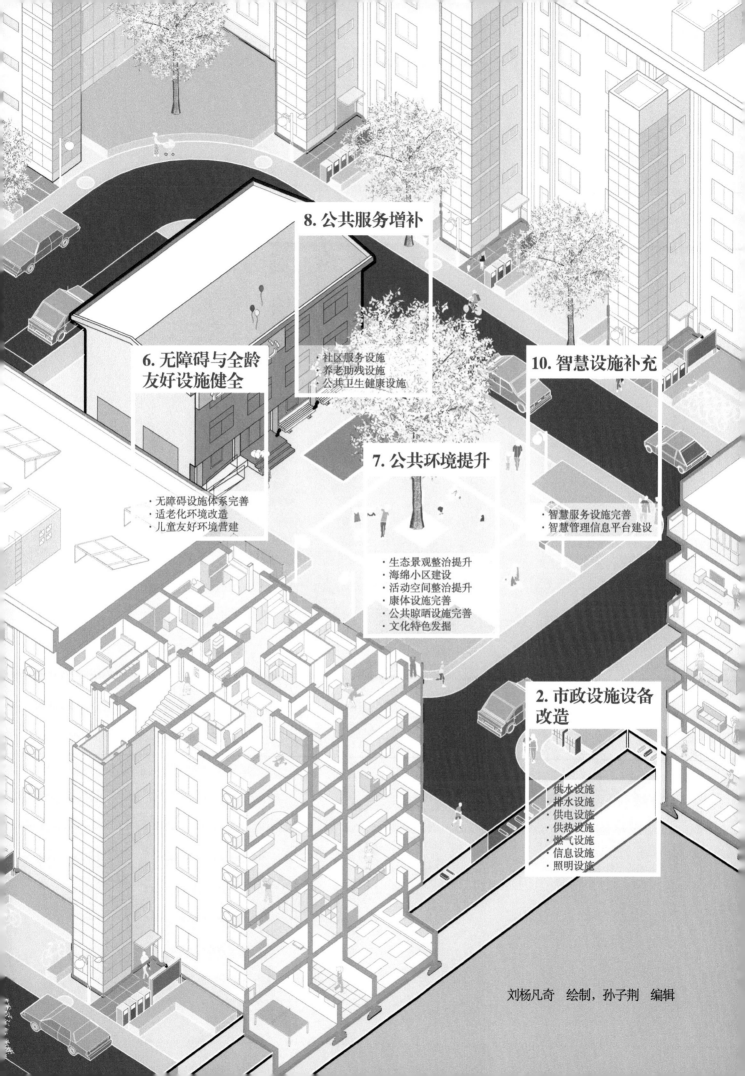

8. 公共服务增补

· 社区服务设施
· 养老助残设施
· 公共卫生健康设施

6. 无障碍与全龄友好设施健全

· 无障碍设施体系完善
· 适老化环境改造
· 儿童友好环境营建

10. 智慧设施补充

· 智慧服务设施完善
· 智慧管理信息平台建设

7. 公共环境提升

· 生态景观整治提升
· 海绵小区建设
· 活动空间整治提升
· 康体设施完善
· 公共晾晒设施完善
· 文化特色发掘

2. 市政设施设备改造

· 供水设施
· 排水设施
· 供电设施
· 供热设施
· 燃气设施
· 信息设施
· 照明设施

刘杨凡奇　绘制，孙子荆　编辑

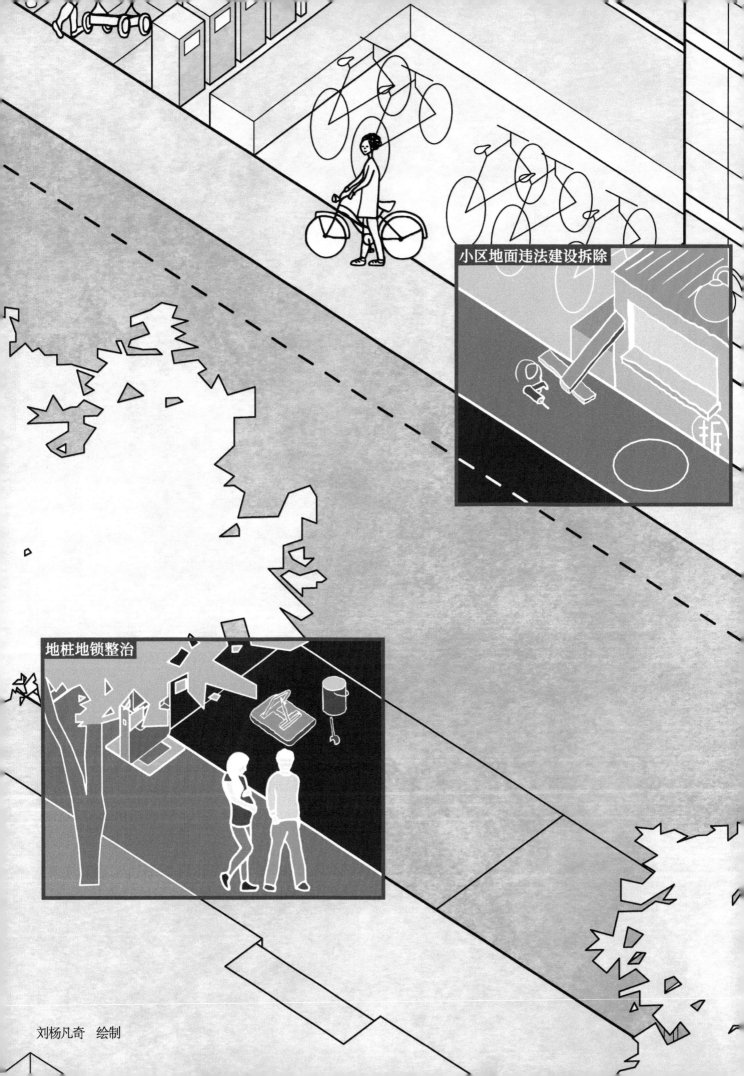

小区地面违法建设拆除

地桩地锁整治

刘杨凡奇　绘制

壹

违法建设拆除

1. Illegal Construction Demolition

包括小区地面违法建设拆除和地桩地锁整治。

违法建设的危害：

● **存在安全隐患**。地桩地锁容易导致停车位利用效率低下，并妨碍车辆和行人的正常通行，尤其在照明条件不佳的情况下，对小区公共安全构成威胁。

● **侵占公共利益**。小区地面违法建设占用了公共空间，侵占了公共利益。

● **破坏整体风貌**。私搭乱建的房屋与整体环境风貌不协调，影响小区的品质，同时影响了整体城市风貌。

拆除原则：

● **违建应拆尽拆**。对各类违法搭建部分均予以拆除。

● **优化环境风貌**。恢复公共环境的原有风貌或者结合违建拆除进行小区公共环境的整体风貌提升。

● **实施组织周全**。加强前期宣传，多方沟通；认真调查取证，要件、程序符合法定要求；制定周密的拆除工作方案，包括突发情况的应急预案；稳妥组织实施，注重过程安全可控；快速实施，减少扰民。

● **加强管理监督**。由物业管理机构协助相关部门进行管理，强化日常监督管理，制止新增违建。

小区地面违法建设拆除
Demolition of Illegal Construction Occupying in Public Spaces

　　地面违法建设房屋拆除。新建、改建、扩建、翻建的所有违法建设以及超期使用的临时建筑物原则上都应予以拆除或恢复原状。新生违法建设应立即予以拆除，历史复杂的违法建设的拆除经充分沟通逐步开展。被占用或闲置的小区配套用房应进行清理、清退和调整，排除安全隐患。

　　地面违法搭建构筑物拆除。依法拆除小区内擅自搭建的菜棚、搭棚、货架、户外广告等违法构筑物。

地桩地锁整治
Illegal Parking Lock Demolition

　　地桩地锁拆除。加强宣传，引导居民主动拆除或移走车辆配合相关部门进行拆除。被车辆遮挡的地锁，执法人员可使用移位器将车辆移出原有车位，待地锁拆除后再将车辆移回原位。整治同时，对小区的停车功能予以引导。规范停车设施，挖潜增设停车设施，争取周边停车位资源，协调错时停车。

图 6-1 北京市西城区半步桥 13 号院小区内地面违建房屋拆除
Figure 6-1 Illegal Construction Demolition in NO.13 Banbuqiao Residential Area, Xicheng District, Beijing
（a）拆除前；（b）拆除后
半步桥街 13 号院内原本存在多处私搭乱建、堆物堆料，严重影响小区环境美观和消防安全。社区依托"吹哨报到"机制，通过建立详细台账、动员党员干部带头、发挥居民议事协商作用，顺利完成环境治理拆违工作。总计退出被侵占绿地 300 余平方米，打通 2 处被侵占的消防通道。
图片来源：北京市西城区城市管理综合行政执法局提供

图 6-2 北京市海淀区锋线阁小区地桩地锁整治
Figure 6-2 Illegal Parking Lock Demolition Projects in Haidian District, Beijing
图片来源：京报网 2019 年 5 月 22 文章《"占车位"行不通 北京集中整治私装地锁》

北京市西城区和平门小区"无违建小区"创建
Hepingmen No-illegal-construction Residential Area

　　和平门小区是 2004 年建成的回迁小区,地处核心区范围,距天安门仅 1.5 公里。小区历史遗留问题多,人口密度大、绿化少、车位严重不足,部分楼至今仍使用临时电;而且违法建设问题突出,圈占绿地现象严重。小区多数违建都有拆改承重墙、非承重墙的情况,有些一层违建还有开墙打洞,影响楼体结构安全。此外,违建的建筑材料多为彩钢板,简易结构不防火。更有部分居民将厨房改为卧室,改造燃气管线,外接违建作为厨房使用。

　　2018 年,和平门小区整治改造工程全面启动,其中即包括拆除违法建设。

　　为了保障和平门小区整治行动的顺利进行,社区前期多次展开工作,召开调研推进会、成立居民意见小组、入户走访、发放致居民的一封信。

　　2018 年 6 月 7 日,区发展改革委、区财政局、区园林局、区园林中心、区环境办、区规土委、区城管执法局、区重大办、西城供电局、街道工委、办事处、和平门小区环境整治办公室等召开调度会。会上共同就解决和平门小区综合整治工程推进过程中出现的新问题进行讨论交流,同时对和平门10 号楼拆违工作统一部署,各部门提出建设性意见。

　　次日上午,拆违统一行动正式展开,各相关部门和物业公司集结在小区 10 号楼,拆除私搭乱建共 11 处 74 平方米。现场除了拆违工作,当天社区还在小区健身园设立宣传

点,现场征集居民意见,意见建议统一汇总,成为小区整治的重要参考依据。此次 10 号楼的拆违在一定程度上,恢复了楼体结构、还原了小区原貌,后续对小区全面展开违法建设拆除拆除,并逐步开展小区整治绿化工程。

图 6-3(a)　　　　　　　　　图 6-3(b)

图 6-3(c)

文字和图片来源:搜狐网"红墙长安"账号 2018 年 6 月 8 日文章《两声哨响!精准把脉,恢复和平门小区原貌!11 处违建同时拆除》

图 6-3 北京市西城区和平门小区拆违现场
Figure 6-3 Illegal Construction Demolition in Hepingmen Residential Area, Xicheng District, Beijing
(a)违建拆除前;
(b)违建拆除后;
(c)拆除现场

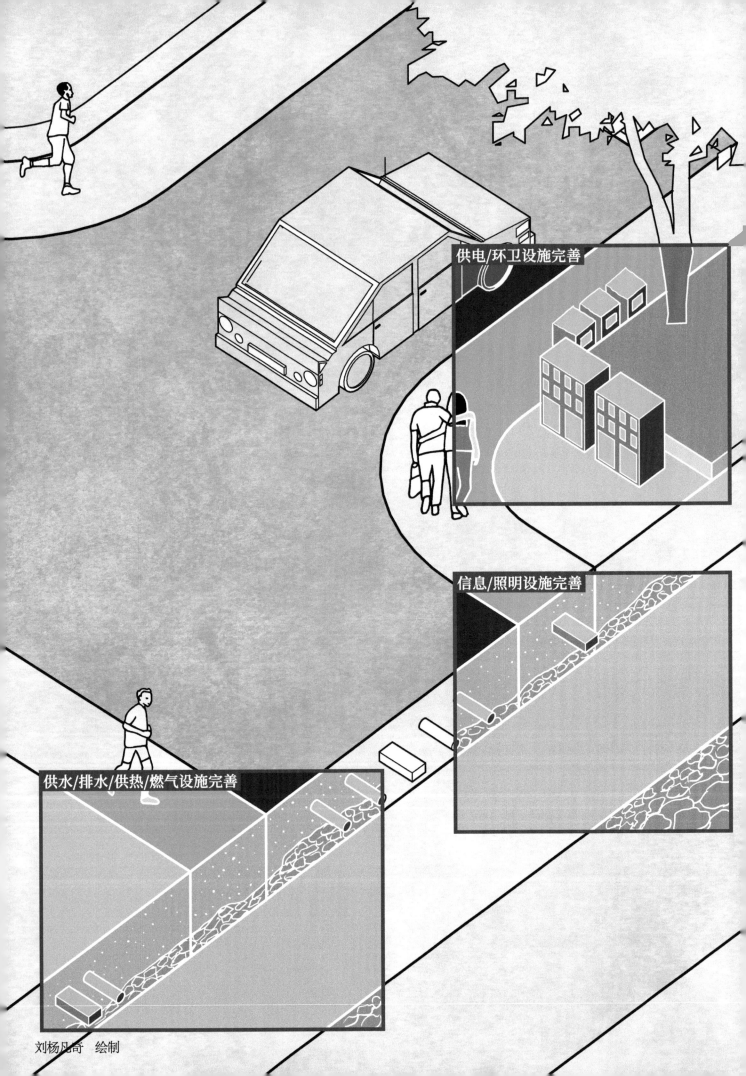

供电/环卫设施完善

信息/照明设施完善

供水/排水/供热/燃气设施完善

刘杨凡奇　绘制

市政设施设备改造

2. Infrastructure Updating

主要包含供水设施、排水设施、供电设施、供热设施、燃气设施、信息设施、照明设施的完善，以小区权属范围内的管线设施维护为主。

改造原因：

● **设备老化受损**。管线存在断裂、渗漏、堵塞、锈蚀等情况，或已接近使用寿命，严重影响日常使用。

● **新型技术和材料应用**。随着技术和材料革新，原有的市政功能中更先进和节能、环保的设施设备广泛采用，运行效能大幅提升。

● **新增功能的设施设备采用**。居住建筑中引入新的智慧信息、生态环保等设施设备。

● **解决遗留问题**。通过更新改造，解决市政设施产权归属等历史遗留问题。

改造原则：

● **确保运行品质**。对原有设施设备的运行状况进行评估，更换影响日常使用的部分。

● **采用合理标准**。尽量按新建小区标准进行改造。

● **选择适宜产品**。选取适用、节能、环保、耐用的设施设备进行系统改造。

● **妥善组织实施**。改造由专业公司开展，改造过程中要妥善解决居民的日常需求。

● **统筹后期维护**。改造需统筹考虑方便后期维护管理。由物业管理机构进行日常检查，配合专业公司开展维护。

图6-4（a）

图6-4（b）

图6-4（c）

供水设施
Water Supply System

供水管道检修更换。更换陈旧、腐蚀或结垢的地下管道，解决由其引发的水质差、供水不足、跑冒滴漏等问题。室外管道的铺设位置、管道间距、管道与建筑的距离、管道与其他种类管线的距离等应符合相关规范的要求。应选用结实耐久、易于维护、节能节水、符合国家卫生标准的管材，如塑料管、有衬里的铸铁管等。室外埋地供水管应做好防冻、防漏措施，并应能承受相应的地面荷载。当条件允许时，可实施直饮水工程，提高用水品质。有室外消火栓的小区，依规范设置室外给水管。

中水水源引入。有市政中水水源的地段可以引入中水供应，有条件的小区可试点自行回用中水，用于冲洗厕所、冲洗汽车、喷洒道路、灌溉绿化等。需注意采取安全措施防止中水水源的误接、误用、误饮。

图6-4 北京市昌平区回天地区换水管
Figure 6-4 Water Pipe Replacement in Huitian Area, Changping District, Beijing
图片来源：京报网2019年11月20日文章《换水管、置换自备井 回天地区又有3万人用上市政自来水》

排水设施
Drainage System

　　雨污水管道检修更换。排查地下排水管道，对建设标准低、使用时间长、断裂、渗漏、堵塞、破损的管段进行更换。管道选用铸铁或塑料管材，管径依据相关规范，检查井尽量选用塑料材质。

　　化粪池维护。维修、更换渗漏损坏的化粪池，进行化粪池清淤工作。解决一些小区面临的责权不清、物业管理缺失导致的化粪池清疏难题。

　　小区外部市政条件改造。将自备井排水改为市政排水，将雨污合流改造为雨污分流。雨水可外排、入渗、储存回用，或排入雨水花园等生态景观。污水经城市管网流向污水处理站或处理厂。社区食堂或其他含油污水应经隔油处理后排入污水管道。

供电设施
Power Supply System

　　涉及电力增容节能和架空线入地工程。供电改造范围为电网电源的小区接入点至建筑本体入户计量装置之间。同时，须厘清用电设施产权归属，从源头解决老旧小区供电设备故障多、抢修难的问题。

　　架空线入地。优先考虑室外中、低压配电网改造穿管埋地敷设，同时，抽离废弃线路，拆除私拉管线。电缆与电缆、管道、道路、构筑物、建筑物等之间允许最小距离应符合相关规范。架空线入地工程宜结合道路改造的工期同步开展，改善小区公共环境风貌，消除安全隐患，为大型乔木提供生长空间。

图 6-5 北京市东城区帽儿胡同 45 号院建化粪池
Figure 6-5　Septic-tank Construction in NO.45 Mao'er Hutong, Dongcheng District, Beijing
图片来源：搜狐网 2018 年 6 月 14 日转载千龙网文章《住总打造老旧小区改造精品工程 助力北京帽儿胡同换新颜》

图 6-6 北京市西城区南横西街南楼 96 号架空线入地改造
Figure 6-6　Overhead Line Interring in NO.96 South Building, Nanhengxijie Street, Xicheng District, Beijing
（a）改造前；（b）改造后
图片来源：北京市西城区重大项目建设指挥部办公室提供

电力增容节能。维护供电设施，确保用电安全，排除老旧小区的供电设备和线路长期无人维护、供电设施老化、电线烧断掉落导致的火灾隐患，通过电力增容解决小区由于用电负荷大幅度增加导致的高峰期断电问题。电力增容与节能时，需要重新核算小区总用电量，确定用电负荷，充分考虑电梯加装、户内电器更新换代的扩容需求，当变电所变压器不满足改造后用户用电需求时，应与供电部门沟通，协调变压器的设置方案。尽量减少线路损耗，采用节能技术和节能设备。

供热设施
Heating Supply System

结合小区外部市政供热热源改造。老旧小区的分散式供暖宜改为集中供暖。若没有预留换热站位置，可与邻近小区共用。若集中供暖困难较大、必须采用分散供暖，应以清洁能源取代燃煤锅炉。

若小区已经采用集中供暖，也应按现行国家标准重新校核供热参数，重点分析供热量调节、水力平衡、水泵选型、锅炉效率等方面存在的问题，更换换热站老化设备。

供热管道检修更换。排查地下供暖管线，对有损坏、超期使用的区段进行更换并做好外保温措施。管道、管件、换热设施应符合国家现行相关标准规定。有条件的小区可进行分户供热计量改造。

图 6-7 北京市通州区云景里小区电力增容
Figure 6-7 Power Capacity Expansion in Yunjingli Residential Area, Tongzhou District, Beijing
图片来源：搜狐网"北青社区报通州版"账号 2018 年 8 月 28 日文章《停电，再见！通州老旧小区用电设施大改造，多个小区将受益！》

图 6-8 北京市朝阳区红庙北里热力改造
Figure 6-8 Heating Supply System Renovation in Hongmiao North Residential Area, Chaoyang District, Beijing
图片来源：搜狐网"千龙网"账号 2018 年 12 月 27 日文章《北京 2018 年完成 100 个老旧小区供暖改造 惠及 10.8 万居民》

⭐ 北京市朝阳区利泽西园一区供热设施改造

Heating Supply System Renovation in Lizexiyuan Residential Area, Chaoyang District, Beijing

利泽西园一区是 1999 年建成的小区，拥有 2700 多户居民，供热面积超过 25 万平方米。

小区是分期分批建设的，设计换热站位于小区一角，所以供热系统的水力平衡计算存在差异，造成小区水力失调、末端不热现象，加之部分楼体外立面没有保温，供热效果不佳。楼顶 23 摄氏度，一楼却只有 18~19 摄氏度的情况比较普遍。此外往年灌水时，每天损耗和跑冒滴漏的水超 30 吨。

为了提升小区供热水平，市热力集团朝阳第一分公司自 2018 年 5 月开始启动了供热管网改造。

首先解决跑冒滴漏的问题，施工人员更换小区内 50 米长的二次管线、十几套分段阀门，更换了 800 多住户家中已经腐蚀的户内立管。改造后，跑水量比以前下降了 2/3，保持在每天 10 吨以下，达到正常值范围。

此外，为解决供热温度不统一问题，朝阳第一分公司在小区共安装了 42 个调节阀统一调节，楼上楼下的供热温度即趋于一致。热力站内也进行了改造，减少了垂直失调现象，自然也就达到节能节电的效果。

图 6-9 (a)

图 6-9 (b)

图 6-9 (c)

文字和图片来源：《北京晚报》2018 年 10 月 24 日《百个老旧小区供热管网这样改》

图 6-9 北京市朝阳区利泽西园一区供热设施改造现场

Figure 6-9 Heating Supply System Renovation in Lizexiyuan Residential Area, Chaoyang District, Beijing

图 6-10（a）

图 6-10（b）

图 6-10（c）

燃气设施
Gas Supply System

燃气管线与阀门维护。检查燃气设施是否完好，阀门是否有效，庭院管道、户外引入管和立管等是否存在泄漏、变形、锈蚀、缺乏保护，是否存在威胁居民用气安全的其他情况。经检查需要改造的燃气设施，应由专业公司进行改造或更换，并根据居民生活需求对输配压力进行升级。燃气管道选用耐久且易于维护的钢管、PE 管等材质。对调压箱、立管等设置保护措施。改造后定点对泄漏情况进行监测，预防燃气泄漏造成的安全事故。配合电梯加装进行管线改移。

警示标示与户外燃气箱体维护。维护检查老旧小区的燃气设施，明设的燃气管道应有明显标识，燃气警示标示不应被遮挡、涂改、破坏，户外燃气箱不应破损或无法关闭。

燃气管道增设。在没有引入管道燃气的小区，由专业公司选择最佳敷设路径开展安装燃气管道。

图 6-10 北京市昌平区回天地区老旧燃气设备设施更换
Figure 6-10 Gas Supply Facility Replacement in Huitian Area, Changping District, Beijing
图片来源：北京日报客户端 2019 年 8 月 1 日文章《"回天地区"燃气供应基本实现全覆盖，逐步告别老旧燃气设备》

信息设施
Information Infrastructure

信息设施的梳理与规整。规范梳理小区内明设的电线、通信光缆、有线电视等线路，清理废置线路，增设缺失的设施。通信网络应满足居民日常生活及智慧住区应用需求，并预留网络升级和新一代业务发展的容量。

架空线入地。弱电线路的架空线入地建议结合道路改造、强电入地等项目的工期开展。改变线杆林立，空中弱电线缆与强电线缆交错纠缠造成的风貌影响和安全隐患。

图 6-11 上海市松江区永丰街道仓城四村、五村、六村三个旧街坊整体改造项目架空线入地
Figure 6-11 Overhead Line Interring in Cangcheng Village NO.4，NO.5，NO.6，Songjiang District，Shanghai
（a）改造前；（b）改造后
图片来源：搜狐网"上海松江"账号 2018 年 7 月 12 日文章《彻底消除空中"蜘蛛网"，永丰旧改获居民点赞》

照明设施
Illuminating System

照明灯具更换或补充。维护夜间主要出入口、主要车行流线、人行道路、单元入口的照度，保证安全性和功能性。在小区内的广场、公共活动场地增设光源，为夜间休闲活动和体育锻炼人群提供便利。小区室外照明采用节能型 LED 光源及分区、定时、感应灯等节能控制方式，路灯可选用太阳能路灯。在有条件的小区，可兼顾照明的艺术性，结合绿化景观增设景观照明。防止对住宅形成光污染，居住建筑窗外表面产生的垂直面照度和灯具朝居室方向的发光强度最大允许值应符合相关规定，必要时应对灯具采取相应的遮光措施。

智慧照明设施改造。选用或更换节能灯具，并通过安装定时、声控、光电控制、人流自动感应等控制模块，根据外部环境变化调节照度，便于使用，利于节能。

图 6-12 北京市西城区白云路 7 号院路灯增设
Figure 6-12 Street Lamp Addition in NO.7 Baiyun Road Residential Area，Xicheng District，Beijing
图片来源：周雅青 摄

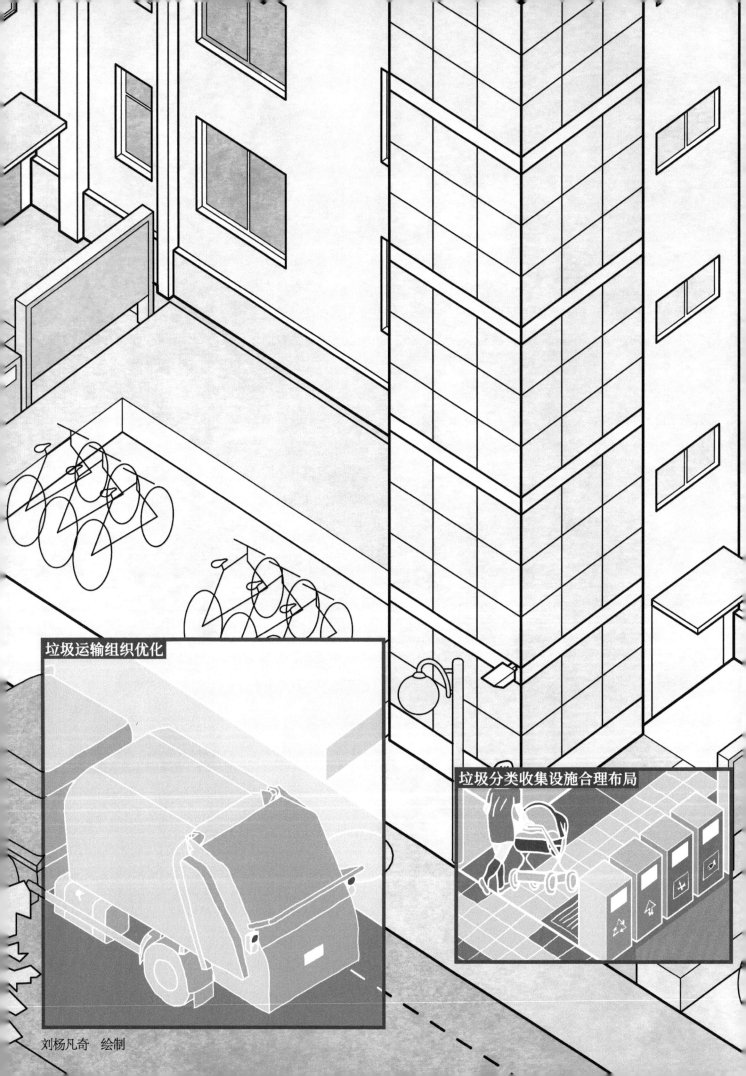

垃圾运输组织优化

垃圾分类收集设施合理布局

刘杨凡奇　绘制

完善原因:

● **降低负面干扰。** 优化垃圾运输系统,减少对居民生活的负面干扰。

● **促进循环利用。** 加强生活垃圾管理,鼓励可回收垃圾的再利用产品、再生产品转化,提高资源再利用率。

完善原则:

● **优化流程体系。** 促进生活垃圾分类投放、收集、运输、处理系统全流程清晰。促进生活垃圾减量、分类、资源化、无害化利用。

● **采用严格标准。** 高标准建设、高水平运行生活垃圾处理设施,采用先进技术,因地制宜,逐步减少生活垃圾填埋量。

● **完善日常运行。** 由物业管理机构进行管理,常态有序运行。

叁

环卫设施整治
3. Environmental Sanitation Facility Promotion

包含垃圾分类搜集、设施合理布局和运输系统优化。

垃圾收集设施合理布局

Garbage Collection Facility Allocation Improvement

垃圾投放站点内的空间优化。合理设置垃圾收集设施，组织投放流线。生活垃圾分类收集容器、箱房、桶站应喷涂统一、规范、清晰的标志和标识，干净无味。同步公布生活垃圾分类收集点的分布、开放时间以及各类生活垃圾的收集、运输、处置责任单位、收运频率、收运时间和处置去向等信息。

再生资源回收点、垃圾收集站和垃圾收集点合理选址布局。新建、改建、扩建居住区项目，应当按照标准配套建设生活垃圾分类设施，建设工程设计方案应当包括配套生活垃圾分类设施的用地平面图并标明用地面积、位置和功能。根据当前最新版《城市居住区规划设计标准》GB 50180—2018，五分钟生活圈居住区必须配建再生资源回收点、生活垃圾收集站，居住街坊必须配建生活垃圾收集点[1]。规划设计应结合当地主导风向、周边环境、温度湿度等微气候条件，采取有效措施降低不利因素对居民生活的干扰，避免气味对居民产生影响。

垃圾运输组织优化

Garbage Transportation System Optimization

垃圾清运线路明确。结合生活垃圾收集站、垃圾收集点的布局和小区车行线路，规范小区内的垃圾清运线路，注意尽量减少对小区居民生活的干扰。

垃圾分类运输制度完善。分类运输环节防止"先分后混""混装混运"。分类后的生活垃圾必须实行分类运输，确保全程分类，建立和完善分类后各类生活垃圾的运输系统。运输厨余垃圾或者渣土、砂石、土方、灰浆等建筑垃圾，应当专车专用并符合相关规定的要求。

①五分钟生活圈居住区对应居住人口规模为 5000～12000 人，其配套设施的服务半径不宜大于 300 米；居住街坊一般为 2～4 公顷，对应的居住人口规模为 1000～3000 人。

图 6-13 北京市东城区东直门街道"管家"厨余垃圾运输线建立
Figure 6-13 Kitchen Garbage Transportation Route Establishment in Dongzhimen Sub-district, Doncheng District, Beijing
图片来源：北京日报客户端 2020 年 5 月 28 日文章《10 个社区的厨余垃圾怎么装运？东直门街道管家建运输线》

垃圾分类收集处理

Garbage Classification

　　生活垃圾分类收集设施完善。 垃圾收集点宜设置在靠近单元出入口的隐蔽处且位置相对固定，服务半径不应大于 70 米。将社区生活垃圾按照厨余垃圾、可回收物、有害垃圾和其他垃圾进行分类，配备分配收集容器和垃圾分类告示牌。

　　再生资源回收点增设。 可增设废旧衣物回收设施等再生资源回收设施，并对接环保企业收集处理。

　　小型生态垃圾处理设施增设。 可安装符合标准的厨余垃圾处理装置，就地对易腐垃圾进行生物降解，有效减小垃圾体积，便于后续运输和处置。

　　大件垃圾回收站增设。 单独处理废旧家具家电等体积较大的废弃物品和居民装饰装修房屋产生的建筑垃圾，按照指定的时间、地点和要求单独堆放。

图 6-14

图 6-15

图 6-14 北京市朝阳区惠新北里社区废品回收机增设

Figure 6-14　Waste Recycling Machine in Huixin North，Chaoyang District，Beijing

图片来源：《北京日报》2017 年 7 月 18 日文章《小关街道"绣花"功夫靓环境》

图 6-15 上海市静安区临汾 380 弄厨余垃圾降解机，降解率可达 95%

Figure 6-15　Garbage Degradation Machine in NO.380 Linfen Road，Jing'an District，Shanghai

图片来源：搜狐网"北静安周到"账号 2018 年 7 月 23 日文章《垃圾变肥料，拿回家种花！临汾路 380 弄居民从此爱上垃圾分类》

⭐ 北京市西城区大乘巷小区 25 年坚持垃圾分类

Experience of Garbage Classification in Dachengxiang Residential Area，Xicheng District，Beijing

　　1996 年，大乘巷教师宿舍院成为北京市第一个试点垃圾分类的小区，此后多年一直没有间断。最初垃圾分类仅在 3 个大垃圾桶上贴上不同标志，分别投放可回收垃圾、塑料泡沫和废铜烂铁。2003 年开始，垃圾分类开始"与国际接轨"，分为厨余垃圾、可回收垃圾和其他垃圾三种。2017 年 7 月，院里更新了分类垃圾桶，铁皮桶身更干净环保，每个垃圾桶上还有容易识别的标识。大乘巷家委会向居民免费发放厨余垃圾袋，聘请 40 多名热心居民作为垃圾分类劝导员。垃圾分类的居民参与率逐年提升。1997 年年初是 15%，到年底就增加到 60%。截至 2019 年，全院居民的垃圾分类参与率已经超过 85%。

图 6-16

图 6-16 20 世纪 90 年代，北京市西城区大乘巷居民院利用 12 个大红桶进行垃圾分类处理，废旧物品可以再生利用

Figure 6-16　In the 1990s，the Dachengxiang residential area used 12 big red buckets for garbage sorting and disposal，and the waste materials can be recycled

图片来源：北京日报微信公众号 2020 年 4 月 25 日文章《5 月起北京实施新版垃圾管理条例！回首这一步，已有 65 年》

文字来源：北京市西城区人民政府网站 2019 年 9 月 26 日文章《垃圾分类西城在行动》

消防通道清理

消防设施完善

消防通道

刘杨凡奇　绘制

肆

消防条件改善
4. Fire Response Capacity Improvement

主要包含消防通道梳理和消防设施完善。

改造原因：

- **原有设施设备老化。** 既有的消防设施设备老化，或者因缺乏维护无法运转。

- **设计标准提高。** 设计规范出台与修订，提出新的消防标准和要求。

- **新型材料设备应用。** 新材料与新设备的研发生产及实践应用，改善消防条件，更有效地防范和扑救火险。

改造原则：

- **全面系统评估。** 在全面系统评估的基础上开展改造。

- **采用严格标准。** 尽量按新建小区标准进行改造，已依据现有消防技术标准建设完成的建筑，改造工程不得降低标准。若确难满足当前标准要求，应明确备案改造遗留问题，在物业日常巡查中重点关注。

- **选用合规产品。** 选取适用的设备类型和设备参数，达到当前规范标准的疏散条件和耐火等级。

- **完善日常维护。** 由物业管理机构进行日常检查，配合相关部门开展维护改造。

消防通道梳理
Fire Passage Clearing

消防通道梳理维护。结合小区道路明确消防通道位置，保持消防安全通道和出口畅通。消防车道应符合相关规范要求，满足消防扑救条件。在改造时，消防车道的净宽度、净高度、转弯半径、坡度、与建筑外墙之间的距离等应满足规范要求，同时注意消防车道与建筑之间不应设置妨碍消防车操作的树木、架空线等障碍物。有条件的情况下，结合小区改造，合理扩大消防扑救面。消防通道应按规定设置鲜明醒目的标志标线、警示牌等，并定期维护。

消防设施改造
Firefighting Facility Improving

消防设备管线维护和改造。对消防水源、消防管线、扑救器材（消火栓）、消防应急照明加以检查、维护和修缮。同时，结合物业管理制度的完善明确后续管理的义务，依据物业管理的相关规范，定期检查维护消防设备管线，保持其完好有效，在制度层面解决由于老旧小区物业管理薄弱导致的消防水源、管线、器材出现失效、老化的问题。

小型消防站建立。在适当的地区，可由街道组织建立服务一定范围的小型消防站，纳入消防部门统一指挥调度体系。

图 6-17 北京市朝阳区朝阳医院家属院消防通道改造
Figure 6-17 Fire Engine Passage Clearing in Chaoyang Hospital Dormitory, Chaoyang District, Beijing
（a）改造前；（b）改造后
图片来源：京报网 2020 年 10 月 13 日文章《北京朝阳医院家属院小区环境焕新，居民送来锦旗》

图 6-18 北京市西城区白纸坊街道半步桥小型消防站增设
Figure 6-18 Fire Station Addition in Banbuqiao Area, Xicheng District, Beijing
图片来源：坊间微动力微信公众号 2019 年 9 月 27 日文章《再添一员！白纸坊街道半步桥小型消防站揭牌成立》

北京市西城区小型和微型消防站建设
Construction of Small Fire Station in Xicheng District, Beijing

2016年11月2日下午，西城区政府召开专题会，对《西城区小型消防站建设管理办法》进行了审议。西城区是首都功能核心区、政治中心区，特殊的区情区位要求在火灾防控工作上必须做到万无一失。加之日常道路拥堵，平房胡同区道路狭窄，造成了火灾发生后难以第一时间实施扑救的情况，因此小型消防站建设尤为重要。小型消防站是现有消防力量的补充，要真正实现因地制宜、灵活机动、灭早灭小的功能性。

在此基础上，2019年，西城区在率先启动"秒响应"救援机制，设置社区微型消防站。如，月坛街道为大屋脊、筒子楼、平房院落等重点区域配备消防新装备，为街巷物业等人员配备消防应急包、水基型灭火器等消防设备。一旦有突发火情发生，第一时间到达现场的有可能不是消防官兵，而是社区微型消防站的消防员。秒响应机制试行几个月，出警速度从过去最快3分钟提升到了1分钟，也就是说在火情处于冒烟、小火状态，消防监督员就赶到现场处置了，不至于形成火灾。

图6-19（a）

图6-19（b）

图6-19（c）

文字和图片来源：北京西城微信公众号2019年9月4日文章《西城月坛街道率先实现微型消防站"秒响应"》；京报网2019年8月30日文章《西城月坛街道启动"秒响应"微型消防站 一分钟出警处置》

图6-19 北京市西城区月坛街道启动"秒响应"微型消防站
Figure 6-19 "Second Response" Miniature Fire Station Launched in Yuetan Street, Xicheng District, Beijing
（a）便携应急包，包内备有灭火器具、湿毛巾、防火手套等消防物品；
（b）消防救援演练；
（c）消防员对物业工作人员进行消防知识培训，演示如何使用投掷式灭火器

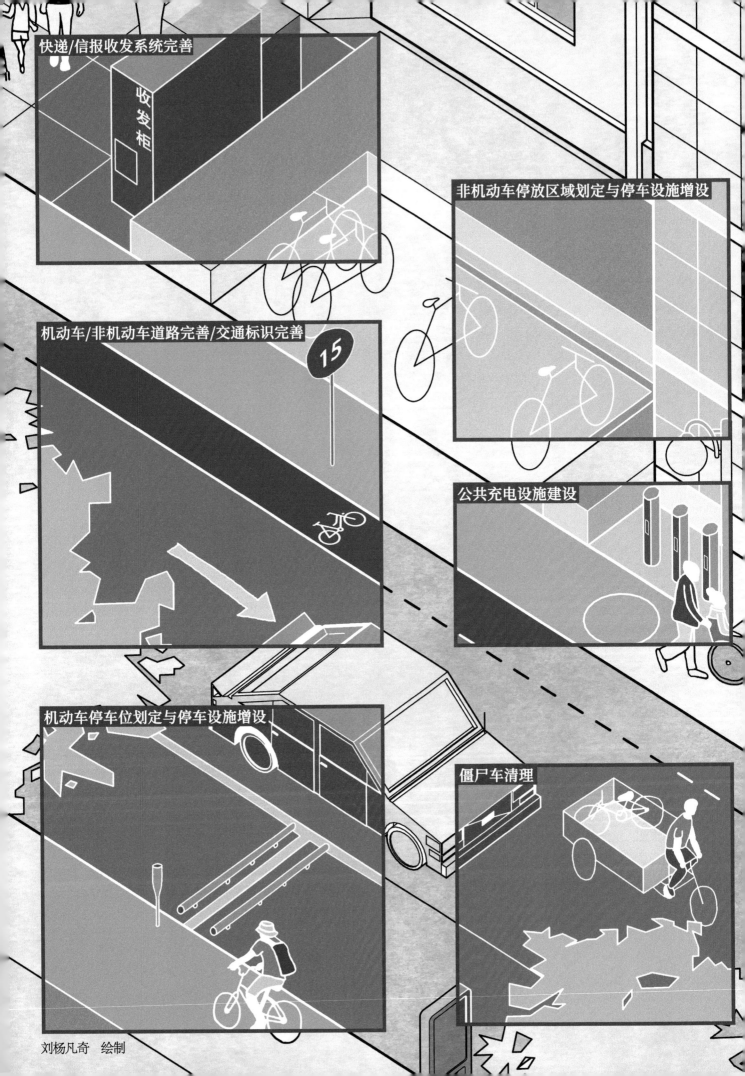

快递/信报收发系统完善

收发柜

非机动车停放区域划定与停车设施增设

机动车/非机动车道路完善/交通标识完善

15

公共充电设施建设

机动车停车位划定与停车设施增设

僵尸车清理

刘杨凡奇　绘制

交通物流设施优化

伍

5. Transportation System Improvement

包含『僵尸车』清理、非机动车和机动车道路完善、非机动车和机动车停车完善、公共充电设施建设、信报收发和快递收发系统完善、交通标识完善等。

完善原因：

● **废弃资源失管**。长期无人使用、无人认领、无人维护的"僵尸车"，占用公共空间，影响小区风貌。

● **停车空间不足**。老旧小区居民的自行车或电动自行车停放需求大，机动车数量增长迅速、停车位普遍不够。

● **系统运行不畅**。现状交通线路存在不符合通行条件或消防疏散要求的情况，非机动车和机动车停车不规范，侵占公共空间。

● **新增需求显著**。新能源汽车的充电需求日益增加，居民自行安装充电桩甚至私接电线造成安全隐患。收发快递成为生活常态，快递车进出小区和临时停驻分发成为高频率需求。

完善原则：

● **确保安全底线**。保障基本功能流线正常运行，不得侵占消防疏散通道。

● **合理布局设施**。基于现状空间条件，合理安排各项设施的分布，提供服务，保障功能。

● **共享利用资源**。多途径完善交通物流环境，可考虑空间资源共享利用。

● **提高管理效率**。加强管理能力，突出交通物流系统的安全、便捷、顺畅，强调步行优先，规范停车管理和物流系统管理。

"僵尸车"清理
Abandoned Vehicle Removing

清理小区内长期无人使用、无人认领、无人维护的机动和非机动"僵尸车"。

机动车清理。由物业配合交通部门和其他相关部门对僵尸车辆其进行清理。逐辆收集、核实、统计"僵尸车"信息并制作台账。能找到车主的"僵尸车",责令其车主尽快自行挪走车辆。对无法联系到车主的"僵尸车"张贴告知,留有一定自行清理的时间,逾期未改正的由有关部门开展集中整治。若车辆有违停、过检、报废、涉案等情况,应统一将车辆拖离现场,运送到固定停车场存放。

非机动车清理。清理长期停放且无人使用的非机动车。有车主认领且不会继续使用的非机动车,建议车主自行处理(如在二手交易平台出售),无车主认领的非机动车暂时集中统一存放。

图 6-20 北京市石景山区六合园小区机动"僵尸车"清理
Figure 6-20 Abandoned Vehicle Removing in Liuheyuan Residential Area, Shijingshan District, Beijing
图片来源:北京日报客户端 2019 年 4 月 12 日文章《点赞!小区内僵尸车,清拖!》

图 6-21 北京市西城区德胜街道非机动"僵尸车"清理
Figure 6-21 Abandoned Non-motor Vehicle Removing in Desheng Sub-district, Xicheng District, Beijing
图片来源:人民网 2021 年 3 月 28 日文章《西城德胜街道清理 1200 余辆"僵尸车"》

非机动车道路完善
Non-motor Vehicle Lane Improvement

非机动车路线梳理。营造顺畅、安全、友好的骑行环境，在混行路段设置机动车减速措施，释放主要机动车线路外的其他道路给非机动车通行，减缓由于道路较窄、车辆混行带来的不便。在小区出入口设计中考虑非机动车的通行需求，除机动车和人行出入口外，设置供非机动车骑行通过的出入口或采用方便骑行人群进行身份认证的门禁措施。

非机动车道路路面完善。选择耐久、环保的材质修补破损、塌陷路面，确保非机动车路面完整与铺装完善。

机动车道路完善
Motor Vehicle Lane Improvement

机动车道路完善主要针对小区内机动车路线和路面情况开展工作。

机动车路线梳理。调整道路结构，尽量形成机动车道路环线，清理出消防车、救护车的回车车道，明确小区的车辆入口和出口，与城市道路交通系统有机衔接，改善老旧小区机动车道路不规范的情况。

机动车道路路面完善。重新敷设或修补机动车道路路面，实施道路硬化，改善路面因长期车辆行驶形成的开裂、破损、塌陷情况，并设置行驶标牌和标线。由于小区中道路很难避免人车混行的情况，应采用交通稳静化措施，即运用减速措施，控制机动车行驶速度，营造友好的车行和人行环境。

图 6-22 北京市西城区鸭子桥北里小区道路维护

Figure 6-22 Non-motor Vehicle Lane Improvement in Yaziqiao North Residential Area, Xicheng District, Beijing

（a）楼前人行道改造前；（b）改造后；（c）楼间人行道改造前；（d）改造后

鸭子桥北里小区建于 1980 年代末，一度道路破损严重，绿地被侵蚀、私搭乱建、乱堆乱放随处可见。现在这里的老旧小区综合改造初见成效，改造内容包括路面的铺设、绿化的补植、小区管线的整体改造。

文字来源：北京卫视 2018 年 1 月 11 日北京新闻节目《北京市西城区鸭子桥北里老旧小区改造初见成效》

图片来源：北京市西城区重大项目建设指挥部办公室提供

图 6-23 上海市静安区彭三小区五期道路修缮

Figure 6-23 Motor Vehicle Lane Improvement in Pengsan Residential Area, Jing'an District, Shanghai

（a）修缮前；（b）修缮后

图片来源：房可圆微信公众号 2020 年 5 月 26 日文章《上海：统筹提升房屋功能和居住环境》

图 6-24 上海市嘉定区嘉德坊小区道路修缮

Figure 6-24 Motor Vehicle Lane Improvement in Jiadefang Residential Area, Jiading District, Shanghai

（a）修缮前；（b）修缮后

图片来源：房可圆微信公众号 2019 年 2 月 27 日文章《快看！嘉定这小区"大变样"！今年还有 7 个小区计划改造，快瞧瞧有没有你家？》

213

非机动车停放区与设施管理
Non-motor Vehicle Parking System Improvement

非机动车停车区域恢复与划定。清理并恢复小区原有地下自行车库或室外停车棚，也可依据实际情况重新划定非机动车停车区域范围。将普通自行车与电动自行车分区停放，增设电动自行车充电桩（或预留位置），并对区域增设围护措施。

非机动车停车设施增建。新增地下非机动车停车库或在小区中合适的位置增建立体停车设施。立体停车设施可采用室内停车楼或室外露天装置两种方式，非机动车的收纳、取用可通过机械装置控制。

图 6-25 北京市西城区白云路 7 号院非机动车停车库增设
Figure 6-25 Multi-tier Bicycle Stand Addition in NO.7 Baiyun Road Residential Area，Xicheng District，Beijing
图片来源：北京市西城区房屋土地经营管理中心提供

上海市徐汇区丁香园非机动车库改造
Non-motor Vehicle Garage Renovation in Dingxiangyuan Residential Area, Shanghai

丁香园小区位于徐汇区康健街道，建成于 1992 年，共有居民 1473 户，是该地区典型的老旧小区。在综合治理过程中，街道把安全隐患突出、居民反应强烈的地下非机动车库改造列为重点治理项目。

改造后的非机动车库重新规划了停车位，可供 338 个非机动车充电，可以微信扫码充电，也可以投币充电，1 元钱 6 小时，足够充满一辆电动车的电量，方便了不同年龄层次居民。另外还有一部分车位预留给不停放但需要充电的居民，同时还配置了 100 辆自行车停放的空间。消防喷淋设施完备，灭火设施放在明显位置，收费标准公示在墙上，塑胶地面颜值高、安全摩擦力够且方便好打扫。

图 6-26 上海市徐汇区丁香园非机动车库改造
Figure 6-26 Non-motor Vehicle Garage Renovation in Dingxiangyuan Residential Area，Xuhui District，Shanghai
图片来源：房可圆微信公众号 2019 年 11 月 20 日文章《消除隐患解民忧 小区治理显成效 徐汇区丁香园集中充电设施改造项目侧记》

机动车停放区与设施管理

Motor Vehicle Parking System Improvement

机动车停车位划定。利用小区内空地、楼前等空间划定停车位，增加停车位数量，停车位数宜不少于住宅总套数的 50%，并在居住区内配置临时停车位，在周边非交通性道路或支路设置夜间临时停车位，缓解停车空间不足。提高停车场地利用率，规范停车行为。有条件的宜进行生态化改造设计，实现绿地与停车相结合。

机动车立体停车设施增建。选择合适的场地增设机械停车楼或机械地下停车设施。可采用太阳能光伏等清洁能源供电系统作为立体停车设施的驱动补充能源。

小区周边停车潜力挖掘。尝试挖掘周边停车潜力，如在周边道路设夜间停车位，或与周边公共设施协商共建共享错时停车位，争取满足小区居民的全部停车需求。

车辆登记及智慧停车管理。登记居民车辆，小区内居民车辆有偿申领停车位。对外来车辆进行管理。引入智慧停车系统，实时显示路况、可停车位置与数量。

图 6-27 北京市西城区白云路小区立体停车场增设

Figure 6-27　Mechanical Parking System Addition in Biyun Road Residential Area，Xicheng District，Beijing

向空中借地，解决停车难——改造前，白云路七号院只有 53 个停车位，远不能满足居民需求，因此小区出现了占用消防通道、人行通道以及在街边违法停车的情况。改造后，小区地面正规停车位 55个、立体停车位 26 个、临时车位 20 个。

文字来源：人民网 2020 年 7 月 17 日文章《北京在老旧小区改造中积极破解"钱""地""人"难题，近三年推进改造 396 个项目，惠及居民 31.48 万户 瞧！老旧小区有了崭新的模样》

图片来源：北京市西城区重大项目建设指挥部办公室提供

图 6-28 北京市西城区真武庙五里 3 号楼停车位划定

Figure 6-28　Motor Vehicle Parking Stall in 5th Li，Zhenwumiao，Xicheng District，Beijing

图片来源：腾讯网 2021 年 8 月 12 日文章《北京真武庙：开创全市首例"租赁置换"模式，老旧小区变身人才公寓》

☆ 广州市天河区德欣小区"共享"车位

Sharing Parking Stall in Dexin Residential Area, Guangzhou

位于天河东的德欣小区建于20世纪80年代,属半开放式老旧小区,纳入2017年广州市城市更新计划,开展微改造。更新计划启动后,德欣小区相继拆除了违章建筑,疏通通道并重新规划了道路和绿化,铺设了沥青路面,规划路面单边停车位及画设交通线、禁停线等,通过"单边停车"和增加小区独立慢行空间,保障了消防通道的通畅,通过"人车分流"提升了小区的慢行环境,提升了小区的居住舒适性。

德欣小区的社区环境焕然一新,但与此同时又出现了新问题——停车问题。原本德欣小区有1000多户人家,只有一个地下停车场和路面150多个停车位,小区几百辆车,改造前都是见缝插针乱停乱放。重新规划后,停车位减少,停车难的问题更加凸显。

对此,天河南街道借鉴了"共享经济"的概念,通过与业主和车主反复沟通协调,将小区的一半车辆分流到附近写字楼的地下停车场,解决了车辆乱停乱放问题。街道扶持壬丰大厦作为孵化器和众创空间,一直有很好的合作关系,作为天河东社区的企业,壬丰大厦也主动履行社会责任,将部分夜间停车位共享出来,为了公平起见,小区停车位与写字楼停车位还半年调换一次。

☆ 上海市普陀区五星公寓停车分级管理

Classified Parking Management in Wuxing Residential Area, Shanghai

梅岭南路上的五星公寓,是一个竣工于20世纪90年代的老商品房小区,没有地下停车库,路面停车资源也相当有限,然而其管理理念却很先进。

一套全新停车方案在小区内实施,将小区车位划分为三级:车棚车位、相对固定车位和临时机动车位。其中"待遇"最好的车棚车位,每月需缴纳的停车费也最高;相对固定车位其次;而由于流动性,临时机动车位收费相对较低。小区业主需凭房产证、行驶证和驾照登记,原则上一户一车位。余下的车位作为临时机动车位,提供给家里有多辆车的业主。

通过业委会充分讨论和调研,停车制度最终以业主大会2/3以上投票通过并予以实施。在新举措中,还详细列出"业主无权转让、转租停车点""如果一户要申请第二个车位,则停车费加倍收取""对特种车辆不收取停车费,但对因私进入小区的特种车辆,按一般车辆收取费用"等细则。如果停放得当,小区最多可停180辆私家车。而如何应对车辆再度增长,业委会成员也形成了一个思路:除了再挖掘小区潜力、增加车位外,逐步减少固定车位数量,增加临时机动车位,使停车资源的使用更为灵活。

文字来源:金羊网2018年3月7日文章《小区微改造天河又出新样本"共享停车"秒解停车难题》

文字来源:上观新闻网站2018年5月1日文章《三个出色的业委会,在旧小区里实现了这样的创举》

公共充电设施建设
Public Charging Facility Construction

公共充电设施主要指服务于新能源汽车的公共充电桩和服务于电动车自行车的公共充电柜。充电设施应采取防雨、防雷、防火等措施,配备灭火器材。可将光伏发电、储能系统等节能设备应用到充电设施中。监控平台应对充电设备的运行状态进行实时监控和数据交互。

新能源汽车充电桩引入。充电桩与新能源停车位搭配设置。安装充电桩主要涉及电力部门和物业管理机构。充电桩都需要经电力部门的批准另接线

路与配电表,检查是否有足够的布线空间及用电负荷是否满足要求,必要时进行电力增容或电路改线。物业管理机构在业主的委托下选取可行的安装位置。建设完成后,可通过向使用者收取一定的电费、停车费逐步收回资金投入。

电动自行车充电设施引入。在适当位置增设电动自行车停放和充电设施,设施可为充电柜或充电桩,做好消防安全管理,配备灭火器材,并采取防雨、防雷、防火等安全防护措施。

图 6-29 北京市西城区展览路街道老旧小区智能充电桩增设
Figure 6-29 Charging Pile Addition in Zhanlan Road Sub-district, Xicheng District, Beijing
首批 9 根充电桩在展览路街道百万庄中里环岛停车场正式"上岗"。百万庄中里环岛停车场 2000 平方米,有 52 个固定停车位,这里的车位以 150 元 / 月的价格摇号分配给了周边老旧小区的居民们。充电桩体积小、使用便捷,从预约操作到完成充电,整个过程完全在手机上操作完成。租用固定车位的居民无需额外缴纳其他费用,若外部车辆也想使用充电桩,可缴纳停车费后在场内充电。
图片来源:孙子荆 摄;文字来源:北京市西城区人民政府网站 2016 年 9 月 28 日文章《展览路街道积极探索老旧小区停车充电一体化集约发展路径》

图 6-30 北京市西城区百万庄小区电动充电柜增设
Figure 6-30 Charging Carbinet Addition in Baiwanzhang Residential Area, Xicheng District, Beijing
西城区老旧小区首批 500 台电动自行车充电柜于 2019 年上半年在展览路、新街口、什刹海等街道投入使用。一台充电柜可同时为 8 块电池充电,白天早 8 时至晚 8 时充电 4 小时收费 1 元、5~8 小时收费 2 元进行计价,晚 8 时至早 8 时期间只收费 1 元。一方面解决居民电动自行车充电难题,另一方面可防止电动自行车火灾事故的发生。
图片来源:孙子荆 摄;文字来源:北京晚报网站 2019 年 2 月 13 日转载《北京晚报》文章《北京西城老旧小区添电动车充电柜 首批将在什刹海新街口等地投用》

信报收发系统

Letter Delivering and Receiving System

收发室完善或增设。完善或增设单独的收发用房，一般配备服务人员，可以由邮政用房改造而成，也可设在社区服务用房内。

信报箱完善。根据老旧小区规模、场地条件、群众意愿等，因地制宜开展老旧信报箱的更新升级。可设置在住宅单元入口附近以方便投取。在室外设置信报箱或快递柜时，应提供良好的防雨、遮阳和照明条件。

信报收发线路组织。统筹信报收发设施空间分布，组织优化信报投递员的投递线路。

快递收发系统

Parcel Delivering and Receiving System

快递柜增设。在小区出入口附近、住宅单元入口附近、综合服务设施内或信报收发室因地制宜设置智能快递柜。在室外设置快递柜时，应提供良好的防雨、遮阳和照明条件。不应对住宅户内的采光、通风形成遮挡，不应占用消防通道的基本宽度，不应阻挡无障碍通行。

快递车停放和临时收发场地组织。结合城市道口接口、小区出入口和公共场地组织快递车停放场地和临时收发场地。分时管理快递车辆停放并纳入小区物业管理内容，维持收发秩序。

物流线路组织。明确快递车入户收发线路。

图 6-31 北京市大兴区车站北里北区信报箱增设
Figure 6-31 Letter Delivering and Receiving System Perfection in Station North Residential Area, Daxing District, Beijing
图片来源：北京市规划委员会.北京市老旧小区综合改造工程实例汇编 [G]
图 6-32 北京市西城区鸭子桥北里信报箱增设
Figure 6-32 Letter Delivering and Receiving System Perfection in Yaziqiao North Residential Area, Xicheng District, Beijing
图片来源：周雅青 摄

图 6-33 北京市西城区百万庄中里快递柜增设
Figure 6-33 Parcel Delivering and Receiving Cabinet in Baiwanzhuang Zhongli Residential Area, Xicheng District, Beijing
图片来源：孙子荆 摄

交通标识完善
Traffic Sign Improvement

　　住宅小区内道路不属于《中华人民共和国道路交通法》规定的法定道路范围，小区内的交通标识由物业管理机构在交通管理部门的指导下设置并管理。

　　指示标牌完善。增设包含缓行标志、凸面镜、限速标识、禁鸣喇叭、禁止停车等标识的标牌系统，形成安全有序的小区内交通环境。小区出入口、幼儿园、老年人服务点、公共服务设施门口应增设明显的交通标志、警示标志。内部停车场、自行车道路十字路口宜增设凸面转角反光镜。

　　地面标识标线完善。增设包含疏散通道标识、转向标识、车道标线等的标线系统，建立小区内井然的行车秩序。

图 6-35（a）

图 6-34（a）　图 6-34（b）

图 6-35（b）　图 6-35（c）

图 6-34 上海市虹口区新北小区地面标识完善
Figure 6-34 Traffic Sign Improvement in Xinbei Residential Area, Hongkou District, Shanghai
（a）改造前；（b）改造后
图片来源：房可圆微信公众号 2019 年 5 月 22 日文章《实名羡慕！别人家的小区是怎么变好看的？！》

图 6-35 上海市金山区石化二村、石化八村交通指示标牌完善
Figure 6-35 Traffic Sign Improvement in Shihua Residential Area, Jinshan District, Shanghai
图片来源：警民直通车上海微信公众号 2021 年 12 月 11 日文章《上海公安大调研 老旧小区交通难题怎么破？》

无障碍出行体系完善

刘杨凡奇　绘制

无障碍与全龄友好设施健全

陆

6. Barrier-free and Age-friendly Housing Modification

包含无障碍出行体系完善、适老化设施完善、儿童友好设施完善。

改造原因:

● **设施供给欠缺**。老旧小区中的无障碍设施供给多有欠缺,而居民人口老龄化趋势显著,对适老化和无障碍设施的需求增加。

● **城市高品质生活需求**。城市高质量发展应保障老年人、儿童、视障人士、轮椅使用者等特定人群的出行需求和生活质量,也使一般人群获益。

改造原则:

● **完善原有体系**。对既有设施进行评估,因地制宜利用原有设施,补充完善原有体系

● **各类人群友好**。充分考虑各类人群的差异性并统筹协调,设施易识别、易到达、易通过。

● **选用安全材料**。选取符合安全健康要求的材料或设备。

● **妥善组织实施**。改造施工尽量,减少对既有设备设施使用的干扰。

● **建立维护机制**。由物业管理机构进行管理,通过定期维护修缮保障良好运行。

无障碍设施体系完善
Barrier-free Facility

对小区无障碍环境进行评估，根据小区实际情况对不满足现行国家标准要求的部分进行改造。

无障碍出行体系完善。出行体系完善重点针对公共服务设施、公共厕所、电梯、停车场（库）等场所，以及无障碍出入口、道路、坡道、单元入口、台阶、扶手等设施。将公共区域主要出入口改造为无障碍出入口，当有 3 个以上出入口时，无障碍出入口不应少于 2 个。小区内停车场（库）应按规范配建无障碍车位，车库出入口及附属无障碍楼梯、通道的设置应符合规范要求。

无障碍标识完善。完善小区室外和公共建筑内的无障碍标识系统。

图 6-36

图 6-36 北京市海淀区兰园小区无障碍坡道增设
Figure 6-36 Barrier-free Facility Perfection in Lanyuan Residential Area，Haidian District，Beijing
图片来源：北京市规划委员会．北京市老旧小区综合改造工程实例汇编 [G]

适老化环境改造
Elderly-oriented Facility

公共空间适老化设施完善。在完善无障碍设施基础上，在公共场地增加物理防护措施，增设扶手、防滑防撞措施。增设轮椅停留位置，增设休息座椅。满足老年人室外活动的其他需求。

儿童友好环境营建
Child-friendly Facility

公共空间儿童友好设施及环境建设。为儿童营造安全、清洁的社区环境，营造可靠的室外游戏空间或体育活动场地，营造有保障的交通出行环境，开辟支持儿童学习和身心发展的实体空间。

图 6-37

图 6-37 北京市朝阳区劲松小区改造后的儿童活动区
Figure 6-37 Children's Activity Area Renovation in Jingsong Residential Area，Chaoyang District，Beijing
图片来源：《人民日报》2020 年 7 月 17 日文章《北京在老旧小区改造中积极破解"钱""地""人"难题，近三年推进改造 396 个项目，惠及居民 31.48 万户 瞧！老旧小区有了崭新的模样》

☆ 《构建儿童友好型城市和社区手册》

Child-Friendly Cities and Communities Handbook

　　为了应对全球城镇化、去中心化水平日益提高的现状，联合国儿童基金会于 1996 年发起儿童友好型城市倡议。这一倡议将地方的利益相关方及联合国儿童基金会聚集在一起，共同创建安全、包容、充分响应儿童需求的城市和社区，鼓励地方政府和其他利益相关方加大关注和满足最年轻市民的权利和需求，确保儿童参与到当地的决策过程中。

　　2019 年《构建儿童友好型城市和社区手册》发布，手册简明概括了一系列实践、常见挑战及从中汲取的经验教训，包含一套构建儿童友好型城市的分步骤指南，方便各地做出因地制宜的调整。手册还提供了一个经过修订的行动框架，旨在提供有关实施、监督、评估的指导意见，以及一套覆盖广泛的全球基本标准，目的是在全球范围精简"儿童友好型城市倡议"，提升效率，为联合国儿童基金会的儿童友好型城市认证提供依据、奠定基础。

图 6-38 《构建儿童友好型城市和社区手册》
Figure 6-38　Child Friendly Cities and Communities Handbook
文字和图片来源：联合国儿童基金会网站 https://www.unicef.cn/reports/cfci-handbook（中文版）；https://www.unicef.org/eap/reports/child-friendly-cities-and-communities-handbook（英文版）

☆ 北京市朝阳区安慧里社区融合养老

Community Elderly Care Service in Anhuili Residential Area, Chaoyang District, Beijing

　　首开寸草学知园为首开集团在北京首推的养老试点项目。一栋位于安慧里社区内的建筑面积约为 2200 平方米的办公楼，被改造成为社区复合型养老介护设施，首层是日间照料中心，二层、三层是长期照料用房，四层为居家支援服务与多功能展厅。改造后的养老中心为高龄失能、失智的老人们提供长期或短期入住护理和日间照料等服务和生活支援。由于社区养老院离家近，方便子女探视，老人也没有脱离熟悉的社区环境，能够给予老人更多亲情温暖和心里慰藉。加上距离大型医院近，可以更及时地应对突发事件，这些看得见的优势让社区养老院十分受欢迎。目前共有 50 张床位，开业不到 5 个月时间内，床位就已经基本住满了。

　　"家园守望者"是首开寸草的服务创新，通过充分利用社区资源，调动社区中健康有活力的低龄老人为高龄老人提供相应帮助，参与居家服务。

　　同时，针对安慧里社区老年人口占到常住人口 20% 以上的现状，亚运村街道联合首开寸草公司将对社区进行适老化改造，例如在社区增加必要的老年人扶手、有台阶的地方增设坡道等，减少老人们的出行障碍。室外开放连续的院落空间，可以定期举办社区文化活动，促进了邻里交流。

图 6-39（a）

图 6-39（b）

图 6-39 北京市朝阳区安慧里社区融合养老
Figure 6-39　Community Elderly Care Service in Anhuili Residential Area, Chaoyang District, Beijing
（a）改造前；（b）改造后
文字和图片来源：央视网 2017 年 11 月 1 日文章《居家养老来了：不出社区享晚年》；北晚新视觉网站 2017 年 10 月 28 日文章《"家园守望者"上岗安慧里社区 为老年人提供多方面帮助》；澎湃新闻网站"中国建设科技集团"账号 2020 年 4 月 15 日文章《如果建筑会说话 首开寸草学知园·社区融合养老模式》

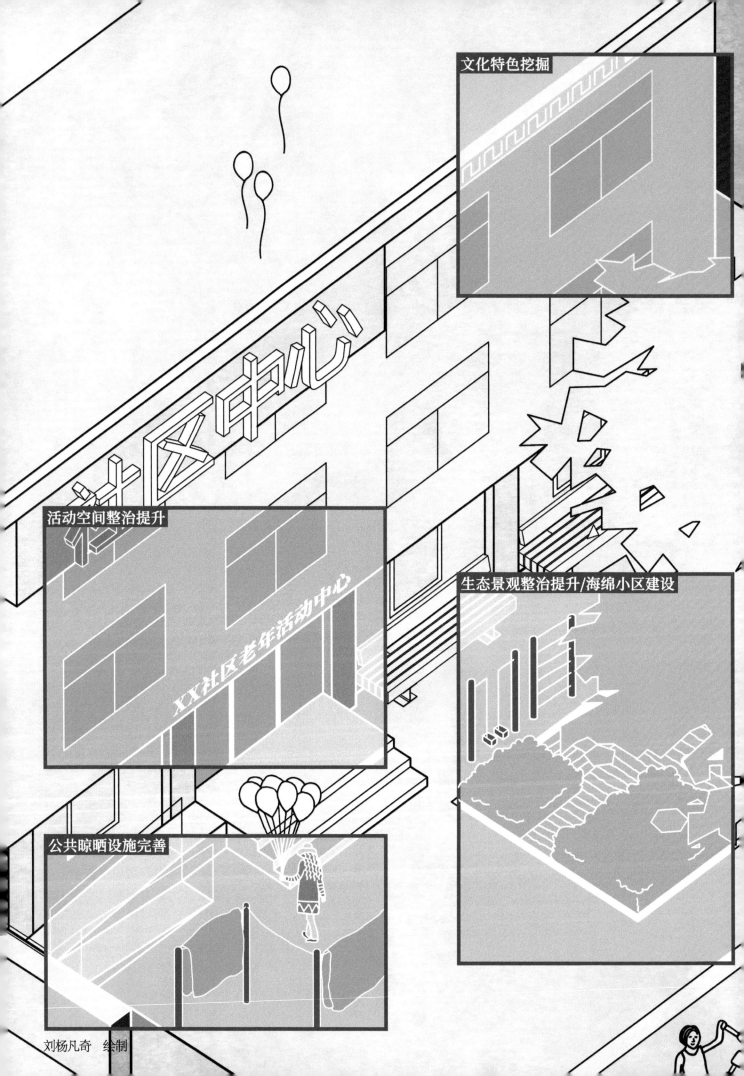

公共环境提升

柒

7. Public Environment Optimization

公共环境提升不仅是对空间环境的改善，也是对公共功能的提升，包含绿化景观整治提升、海绵小区建设、公共空间整治提升、康体设施完善、公共晾晒设施完善、文化特色发掘等方面。

改造原因：

● **小区公共空间供给和管理不足。** 老旧小区室外公共活动空间缺乏，绿化水平和公共服务水平较新小区有一定差距，小区环境风貌常缺乏特色。

● **高品质生活需求。** 居民生活水平提升，对健身活动、闲暇交往、环境品质的要求提高。

改造原则：

● **回应当代需求。** 以居民的需求出发，营造安全健康、舒适宜人、特色传承、智慧创新的小区公共环境。

● **实用朴素美观。** 保障小区各项公共功能相关的设施设备良好运行，空间环境整洁舒适、朴素得体。

● **选用适宜材料。** 选择适用、节能、环保、耐久的材料。

● **统筹组织实施。** 改造工作可与小区内其他改造工作可协同开展。

● **建全保障机制。** 由物业管理机构进行管理，建立公共空间的长效维护管理机制。

生态景观整治提升
Ecological Landscape Improvement

绿地总量增补。增加为居住区配套建设、可供居民游憩或开展体育活动的绿地，参照《城市居住区规划设计标准》GB 50180—2018 的要求，在 15 分钟、10 分钟、5 分钟生活圈层面，人均公共绿地指标达到 70% 的基础上，可以用多点分布及立体绿化的方式改善居住环境；在居住街坊层面，绿地应结合建筑布局设置集中绿地和宅旁绿地，其中集中绿地应达到旧区改建的标准，即人均面积不低于 0.35m²/人。在无法达到新规范标准时，宜因地制宜地通过立体绿化、小型绿化空间等途径增加绿化面积。

绿化植物应选择适应本地气候土壤条件、维护成本低、存活率高的品种，宜选择无刺、无飞絮、无毒、无花粉污染、不易导致过敏、无毒无刺的植物种类。道路、广场和室外停车场周边宜种植遮阴效果明显的高大阔叶乔木。

绿化景观提升。在基本绿地增补的基础上进一步强化艺术性、生态性和功能性，可进行地面绿植、屋顶绿植和垂直绿化（若有条件）的优化。绿化景观的布设可结合出入口、步道、小区广场、游憩与康体设施等。当条件允许时，可设置小型共享公共农园。宜突出植物季相景观变化，形成群落结构多样、乔灌草合理搭配的植物景观。

景观小品完善。对室外座椅等休息设施、室外灯具等照明设施、雕塑小品等艺术设施进行完善。

生态设施补充。绿地应结合场地雨水排放进行设计，并宜采用雨水花园、下凹式绿地、景观水体、干塘、树池、植草沟等具备调蓄雨水功能的绿化方式。下凹式绿地内宜选择耐淹、耐污能力强的植物品种。

古树名木保护。古树名木应建档挂牌，并明确保护要求和措施。具有良好生态价值的树木和植被也应原地保留，当无法原地保留时，宜采取异地移栽措施进行保护。

浇灌系统完善。应结合小区实际情况逐步完善浇灌系统及水源，提高非传统水源使用效率。

图 6-40

图 6-41

图 6-42

海绵小区建设
Sponge Community Construction

老旧小区的海绵小区建设主要是增加雨水收集利用、控制雨水下渗和排放，提高小区的雨水积存和蓄滞能力，保护利用天然水系，减少城市内涝。

雨水收集利用。常见的收集方法是增设雨水收集池，收集的雨水用于小区内绿化维护等用途。

雨水下渗和排放控制。常见的控制做法有增设高位花坛、植草沟、下凹绿地，换用透水铺装等。

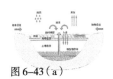

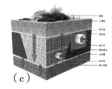

图 6-43（a） （b） （c）

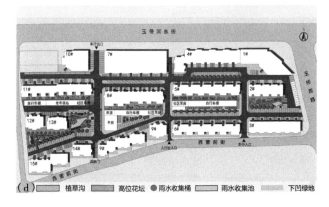

（d）植草沟　高位花坛　●雨水收集桶　雨水收集池　下凹绿地

图 6-40 上海市静安区星城花苑小区生态景观整治提升

Figure 6-40 Ecological Landscape Improvement in Xingchenghuayuan Residential Area，Jing'an District，Shanghai

图片来源：房可圆微信公众号 2019 年 2 月 20 日文章《在长宁，这些老小区竟然可以改成如此"精品"！》

图 6-41 上海市长宁区新泾八村生态景观整治提升

Figure 6-41 Ecological Landscape Improvement in Xingjing Village NO.8，Changning District，Shanghai

图片来源：房可圆微信公众号 2019 年 2 月 20 日文章《在长宁，这些老小区竟然可以改成如此"精品"！》

图 6-42 上海市长宁区新泾六村生态景观整治提升

Figure 6-42 Ecological Landscape in Xingjing Village NO.6，Changning District，Shanghai

图片来源：房可圆微信公众号 2019 年 2 月 20 日文章《在长宁，这些老小区竟然可以改成如此"精品"！》

图 6-43 北京市通州区西营前街小区海绵社区建设

Figure 6-43 Sponge Community Construction in Xiyingqianjie Residential Area，Tongzhou District，Beijing

（a）下凹绿地；（b）植草沟；（c）高位花坛；（d）设施位置分布

图片来源：筑福（北京）城市更新建设集团有限公司提供

活动空间整治提升
Public Space Improvement

公共空间占用清理。 清理公共空间的不合理占用，如居民房前屋后公共空间的杂物堆放，强化公共秩序，疏通疏散线路，恢复环境风貌，将其纳入物业管理的管辖范围。

户外广告清理。 统一清理户外广告和墙面垃圾，并加强日常维护。

入口空间优化。 对小区入口空间、大门、入口标志进行优化，设置宣传栏、电子显示屏、道路指引牌、房屋引导牌、小区平面图等。

围墙修缮完善。 清理、加固，修补围墙破旧破损部分，保障小区安全。开放式的老旧小区可增设围墙，宜采用透视围墙、绿化围墙的形式，也可使用艺术化手段对大片墙面进行改造，使其成为展现社区文化的载体。

场地铺装提升。 采用突出生态性、艺术性的材料场地铺装，优化环境。

标识系统整体设计。 整体统一设计楼牌、门牌、指示牌等标识，展现小区的历史文化和风貌特色。

图 6-44 上海市徐汇区永嘉路 309 弄口袋广场（庄慎教授团队设计）
Figure 6-44 Pocket Plaza on Lane 309 Yongjia Road, Xuhui District, Shanghai
图片来源：庄慎. 城市社区开放空间的私密感和领域感——上海永嘉路 309 弄口袋广场设计策略 [J]. 建筑学报，2020（10）：22-28

图 6-45 上海市长宁区威宁小区场地改造
Figure 6-45 Public Space Renewal in Weining Residential Area, Changning District, Shanghai
图片来源：房可圆微信公众号 2019 年 4 月 4 日文章《放大招！预排 9 个小区，45 万平方米！长宁推进精品小区建设动力强劲！》

上海市杨浦区三个老小区"破墙合体"

Three Old Residential Areas Combined into One, in Yangpu District, Shanghai

图 6-46（a）

辽源西路 190 弄、打虎山路 1 弄、铁路工房，原本是上海江浦路街道五环居民区的三个独立小区，一墙之隔，互不往来。然而三个老小区都有各自的问题。辽源西路 190 弄没有物业；铁路工房物业费入不敷出，公共配套不足；打虎山路 1 弄仅有两幢住宅楼住着 90 户人家，一条主干道晚上停放车辆后，严重缺乏公共空间。围墙打开前，社区里空间狭窄，设施陈旧。

三个小区合为一体，这在上海乃至全国范围内都没有多少经验和案例可循。然而上海这三个老旧小区，依靠居民、街道与社区规划师的自治共治，让这个大胆设想成为事实。

2018 年 10 月，三个小区完成合并更新，自治团队发起了新家园名字征集令，小区得名辽源花苑。如今，小区多了一个中心广场，孩子们在五彩的儿童活动场内玩滑梯，大人们在林荫下的座椅上休憩交谈。广场中央还有一个造型特别的雕塑，晚上会发出不同颜色亮光的三片不规则构件，纪念着三个小区的"合体"。一条"健身康体脉"贯穿整个社区，把小区里的社区休闲园、睦邻文化园和健康活力园等"三园"串联在一起，"一脉三园"景观由此得名。越来越多的年轻人搬进来居住，小区变得更有活力。

图 6-46（b）

图 6-46（c）

伴随着小区之间围墙的打开，辽源花苑下一步要面临软件上的"破墙"。原来的三个业委会将合并为一个，重新选聘一家物业公司进行管理。

图 6-46（d）

文字和图片来源：上观新闻网站 2020 年 9 月 23 日文章《上海中心城区，三个老小区如何"破墙合体"实现逆袭？》

图 6-46 上海市杨浦区三个老小区"破墙合体"

Figure 6-46 Three Old Residential Areas Combined into One

（a）小区入口；

（b）小区广场中的雕塑；

（c）小区间的围墙拆除；

（d）小区服务中心

康体设施完善
Recreational and Sports Facility Perfection

公共活动场地维护与增设。增设城市社区体育场地，如篮球场、排球场、门球场、乒乓球场、健步走、跑步路径、儿童游戏场地、综合场地等集中式的运动场地。场地应需满足场地表面层安全耐用、围挡设施安全坚固、外侧预留缓冲区、场地照明照度均匀、无障碍设施完善等要求。小区空间条件有限，增设体育场地需结合实际条件，可与公园绿地结合，体现土地混合、集约利用的发展要求。

室外健身设施维护与增设。在公共用地较为紧张的情况下，利用边角地设置健身器材也是一种选择。各类设施和器械应保证安全、环保、卫生、坚固、耐用。供老年人、儿童使用的健身设施应设置护栏、柔软地垫、警示牌等安全设施。

公共晾晒设施完善
Public Cloth Drying Facility Addition

固定晾晒设施增设。可在小区公共空间中增设固定晾晒设施，解决大部分老旧小区户内面积狭小、缺乏晾晒条件的问题。晾晒设施可依据小区场地条件和居民意愿集中或分散布置，方便居民使用。日常维护由物业管理机构负责。

临时晾晒设施增设。公共空间中增设的临时晾晒装置可随季节按需求选择是否摆放、如何摆放。必要时可腾挪空间，释放出更多公共场地。

图6-47（a）　　　　图6-47（b）

图6-47 北京市朝阳区劲松小区康体设施增设
Figure 6-47 Recreational and Sports Facilities in Jingsong Residential Area, Chaoyang District, Beijing
图片来源：孙子荆 摄

图6-48（a）　　　　图6-48（b）

图6-48 慈溪市公共晾晒区推广
Figure 6-48 Public Clouth Drying Facility in Cixi
图片来源：中国宁波网2018年9月5日转载《宁波日报》文章《慈溪：试点推广公共晾晒区》

文化特色发掘
Historical and Regional Characteristic Coordination

文化特色发掘应一方面保护历史文化要素，另一方面提炼地方特色提升小区环境的风貌特色。

小区历史要素保护。对历史上的自然要素和人文要素进行保留，并妥善处理周边环境。自然要素保护主要包含对经认定的名木古树和生长状况良好的大型植被植株等加以保护并妥善利用。人文要素保护主要指以文化传承为前提，对小区中具有人文价值、时代特征的建筑或构筑物，如雕塑、座椅、围墙栏杆、墙面标语、图绘等，进行保护并加以利用。涉及历史城区、历史文化街区、文物保护单位及历史建筑的居住区规划建设项目，必须遵守国家有关规划的保护与建设控制规定。

小区风貌与周边环境、城市整体风貌和地域文化特色协调。延续城市文脉，在小区中体现地方特色，展现文化底蕴，使小区融入城市的发展脉络。对地方特色的风格、色彩、材料、细部进行发掘，将其应用于小区公共环境的设计，特别是在小区入口、围墙、建筑外立面、景观构筑物、景观、照明等方面，突出小区整体的文化特色。

图 6-49（a）

图 6-49（b）

6-49（c）

图 6-49（d）

图 6-49 上海市浦东新区昌五小区借鉴地区传统游廊改造围墙，强化地方文化特色（童明教授团队设计）

Figure 6-49 Fence Wall Reconstruction in Changwu Residential Area in Pudong New Area，Shanghai

图片来源：童明，任广．边界重构——昌五小区围墙改造 [J]．建筑学报，2020（10）：15-21

社区服务/养老与残疾人/公共卫生健康设施完善

社区卫生中心

党员活动室

捌 公共服务增补

8. Public Service Supplement

包括社区服务设施完善、养老与残疾人设施完善以及公共卫生健康设施完善等。

完善原因：

● **原有供给不足。** 老旧小区原有公共服务标准与当前生活需求有差距，有些小区物业管理的长期缺位导致小区配套服务不完善。

● **标准要求提升。** 新规范的出台对公共服务配套提出了新要求。

完善原则：

● **优先补齐短板。** 面向老旧小区中短缺的公共服务设施，在空间资源可行基础上，优先进行短缺部分的补充。

● **因地制宜完善。** 结合小区既有条件，优先利用闲置空间补充完善公共服务，尽量使得公共服务设施满足规范中的服务半径要求。

● **鼓励混合利用。** 小区空间资源有限，鼓励一些社区服务功能分时利用、混合利用，提供多样化的公共服务。

社区服务设施
Community Service Facility

　　社区服务设施包含社区服务、文化活动、社区商业网点等多种功能，可同养老与残疾人服务、卫生健康设施等多种设施集中布局、联合建设，形成综合社区中心，并兼作党群服务中心和物业管理服务用房。应结合小区规模确定各项设施规模，将社区服务设施设置在交通便利、方便居民出入、便于服务居民的地点。服务设施可新建，可改建，可利用拆违腾退空间进行改造。

　　社区服务用房与党群服务中心完善或增设。依据常住人口规模，通过新建、改建或扩建方式完善或增设社区服务用房与党群服务中心，居民一站式解决日常事务。

　　文化活动用房完善与增设。文化活动用房兼具青少年活动站、老年活动站功能，可包含阅览室、书画室、网络室、多功能活动室等，可集中布置或也可分散在社区用房。

　　社区商业网点完善与增设。商业网点包含蔬果菜站、便民商店、理发店、家政服务网点等便民设施。

　　公共卫生间改造。改造小区内既有公共卫生间，并与市政污水、化粪池相连通。增加无障碍设计。

图 6-50 北京市西城区老墙根社区服务站
Figure 6-50 Community Service Facility in Laoqianggen Residential Area, Xicheng District, Beijing
图片来源：掌上广内微信公众号 2019 年 9 月 27 日文章《壮丽 70 年 奋斗新时代 | 广内一批新硬核民生项目国庆前后相继亮相！》
图 6-51 北京市西城区长椿街"社区便民新生活中心"
Figure 6-51 Intelligence Cube in Changchunjie Residential Area, Xicheng District, Beijing
图片来源：人民网 2019 年 11 月 9 日文章《"智能方"便民仓再升级 长椿街"社区便民新生活中心"亮相》

⭐ 北京市西城区西便门东里社区中心

Community Center in Xibianmen Dongli Residential Area, Xicheng District，Beijing

　　西便门东里社区位于北京老城西便门外，是 20 世纪 80 年代建成的居住小区，现有常住居民 1250 户。原有社区用房占地仅 616 平方米，在占地不增加的前提下，清华大学张悦教授团队通过更新将其改造为一个复合利用屋顶平台与地下空间，并与社区绿地充分融合的综合服务与活动空间。

　　该中心从首层西侧主入口进入一个会客厅式的社区服务空间，大跨与开放搁架取代了传统的隔间办公，更灵活地装载各种纸质或电子的服务信息；首层向东侧连接老年日间照料及其食堂与活动室，便于无障碍通行。地下层紧邻下沉庭院以改善通风采光条件，外区为球场、健身、舞蹈游戏与科技活动室等"活力"功能；内区为图书室与小组研讨等"安静"区。二层设置多功能厅及可开放连通的多层屋顶平台，可承载聚会联欢、讲座辅导、展览展示等较大规模的社区公共活动。

图 6-52（a）

图 6-52（b）

图 6-52（c）

文字和图片来源：清华大学建筑学院张悦教授提供

图 6-52 北京市西城区西便门东里社区中心
Figure6-52 Community Center in Xibianmen Dongli Residential Area，Xicheng District，Beijing
（a）改造前；（b）改造方案；（c）施工中

养老助残设施
Community Welfare System for the Elderly and the Handicapped

日间照料中心增设。有条件、有需求的小区可为有照护需求的人士增设日间照料设施。照料中心包含生活服务、保健康复、娱乐用房、辅助用房，对选址、交通条件、公共设施条件、标识系统、照明、空气、噪声、装修装饰材料等都有较高要求。功能复合的日间照料中心相对于单一的养老设施服务效率更高，服务人群也更广泛。可引入专业机构运营。

社区敬老食堂增设。服务小区内以老人为主的人群，为居民提供健康便捷的餐食和活动交往场地，让老年人享受更高品质的晚年生活。

公共卫生健康设施
Community Health Service Center

社区卫生服务中心完善与增设。完善并增设社区卫生服务，补齐卫生防疫短板，鼓励建设社区卫生服务中心。社区卫生服务中心应布局在交通方便、环境安静地段，宜与养老院、老年养护院等设施相邻，不宜与菜市场、学校、幼儿园、公共娱乐场所、消防站、垃圾转运站等设施毗邻。宜设置全科诊所、智能医务室、中医保健、康复训练、心理疏导等功能，宜与三级医院合作，提供远程诊疗、双向转诊等服务。其建筑面积与用地面积规模应符合国家现行有关标准的规定，避免重复建设或过于集中。在人口较多、服务半径较大、社区卫生服务中心难以覆盖的社区，需要设置社区卫生站加以补充。

图 6-53（a） 图 6-53（b）

图 6-54（a） 图 6-54（b）

图 6-53 广州市越秀区洪桥街长者综合服务中心
Figure 6-53 The Elderly Service Centre in Hongqiao Street, Yuexiu District, Guangzhou
图片来源：搜狐新闻网站 2018 年 10 月 17 日文章《当你老了，活在越秀何其有幸 | 越秀养老服务大盘点》

图 6-54 北京市海淀区北下关街道南里二区卫生服务中心
Figure 6-54 Community Health Service Center in Nanli NO.2 Residential Area, Haidian District, Beijing
图片来源：人民网 2020 年 9 月 25 日第 19 版文章《让老年人生活更舒适（健康焦点）》

⭐ 上海市闵行区江川路社区食堂

Community Canteen in Jiangchuan Road Residential Area, Minhang District, Shanghai

图 6-55（a）

图 6-55（b）

　　宾川路 502 号悦享食堂处在上海市闵行区江川路街道电机片区，该片区始建于 20 世纪 50 年代，是一个典型的以工薪阶层老年人为主的大型居住区，存在非常典型的老旧小区的使用问题，如部分公共服务设施荒废、适老化设施不足、老年人的餐饮问题无法解决等。社区食堂被纳入江川路电机片区适老化改造项目进行通盘考虑。

　　场地原状是一处废弃的煤气站，面向河道北竹港，既位于封闭居住区的边缘，又紧邻公共交通节点的关键部位。在煤气站的结构限定内，重新进行空间梳理与划分，旨在充分回应场地周边景观道路资源，同时不仅可以具有日常性的餐饮功能，内部餐饮桌椅也可以通过撤走来形成灵活的大空间，满足非日常性的唱戏、演讲等老年人喜欢的活动，进一步弥补周边住区内外空间类别乏善可陈的缺陷。

⭐ 上海市静安区星城花苑小区为老中心

Community Welfare Center in Xingchenghuayuan Residential Area, Jing' an District Shanghai

图 6-56（a）

图 6-56（b）

　　临汾路街道星城花苑小区属于售后公房小区，建于 20 世纪 80 年代末，小区人口主要以中青年为主体，30 年后，这批中青年逐渐迈入老年。针对这个特点，街道把小区内一处闲置幼儿园改建成综合为老中心，配置四大功能区：居家养老示范站、家庭服务聚合点、社区达人活动室、共治自治议事厅。精准对接社区居民的需求，每周一至周五各提供 1~2 场活动。为老中心置入了日间照料、社区食堂、长者照护等多种服务，把各类为老服务延伸到居民家门口，深受老年人喜爱，其中社区食堂最受老年居民欢迎，每到中午都会排起长龙，日均供餐达 750 客。同时，街道还在小区建设了适老性改造样板间，老年居民通过参观样板间选择合适的"装修套餐"，提升老年居民实施适老性改造的积极性，为大力推广居家养老打好基础。

图 6-55 上海市闵行区江川路社区食堂
Figure 6-55 Community Canteen in Jiangchuan Road Residential Area, Minhang District, Shanghai
文字和图片来源：建筑学院 ARCHCOLLEGE 微信公众号 2020 年 9 月 29 日文章《多义、连接与激活——上海江川路社区食堂设计实践》

图 6-56 上海市静安区星城花苑小区为老中心
Figure 6-56 Community Welfare Center in Xingchenghuayuan Residential Area, Jing' an District, Shanghai
（a）改造前；（b）改造后
文字和图片来源：房可圆微信公众号 2020 年 5 月 26 日文章《上海：统筹提升房屋功能和居住环境》

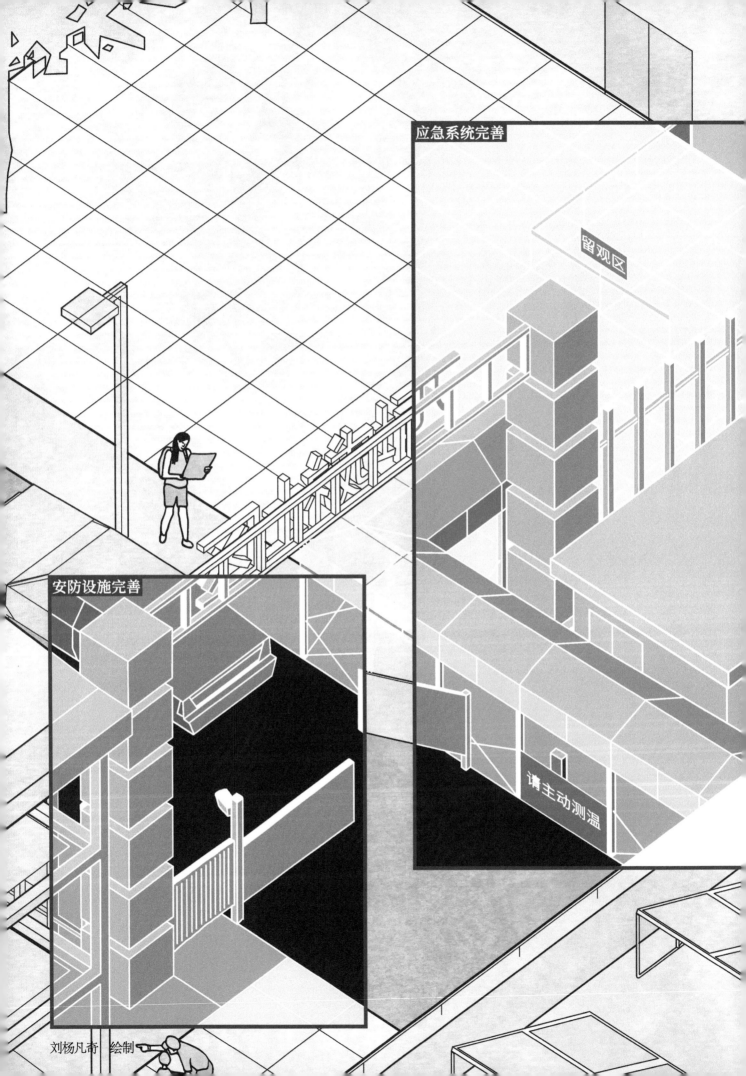

应急系统完善

留观区

安防设施完善

请主动测温

刘杨凡奇　绘制

玖

安全设施完善
9. Security Measure Improvement

包含出入口管理系统增设、监控系统增设、紧急呼叫系统增设和应急系统完善。

改造原因：

● **原有体系薄弱**。由于成本和技术的限制，早期的住宅小区建设多未安装小区安防系统，对管理不利。

● **安防要求提升**。住房商品化后，小区内人口构成逐渐多元，原有的"熟人社会"逐渐消解。随着居民的安全防范意识增强，对安防系统的完善提出要求。对紧急事件的发现和处置也有更高的要求。

改造原则：

● **完善安全体系**。通过安全设施的建设以及安全知识的教育宣传，建构完善住区安防体系，保护居民隐私和提高突发应急处理能力。

● **采用合理标准**。结合实际情况，尽量以最新的规范为标准。

● **统筹协调实施**。改造施工可考虑与其他设施设备改造的统筹，合理安排设备与线路的空间位置。

● **定期检查维护**。由物业管理机构进行管理，建立定期检查与维护机制。

出入管理系统
Access Control System

门禁系统。完善小区出入口的门禁或读卡闸机系统。在小区内的住宅单元、幼儿园、老年人服务点、办公、物业管理用房、设备用房（如热力站、配电室、调压站等）设门禁系统。

门禁系统必须满足紧急逃生时人员疏散的相关要求。当发生火灾或需紧急疏散时，门禁系统可通过总控开启应急状态，人员不需要使用钥匙或进行身份识别即可迅速安全通过。

车辆出入管理系统。小区主要出入口应设置并完善车辆出入管理系统，宜采用车辆牌照识别系统和车辆数量预告系统。

监控系统
Surveillance System

视频监控系统。在小区主要出入口、小区周界、主要通道、公共设施、物业管理用房、设备用房、车辆集中停放区域、安防控制室等处安装视频监控设备，并接入物业值班室、街道治安或派出所平台。监控探头所在位置应视野开阔、无明显障碍物或眩光光源，保证成像清晰。有条件的小区宜实行无死角视频监控，并应有效保证居民隐私。监控录像保存期限应不少于 30 天。若已有监控系统，应对其进行检测，更换老旧破损设备线路并保证其正常运行，改造后的系统应能满足智慧安防的需要，当有防控需求时应具备方便拓展功能。

图 6-57 北京市西城区白云路 7 号院门禁系统增设
Figure 6-57 Access Control System in NO.7 Baiyun Road Residential Area, Xicheng District, Beijing
图片来源：周雅青 摄

图 6-58 北京市西城区白云路 7 号院视频监控系统增设
Figure 6-58 Surveillance System Addition in NO.7 Baiyun Road Residential Area, Xicheng District, Beijing
图片来源：周雅青 摄

紧急呼叫系统
Emergency Alarm System

紧急呼叫与报警系统。建立与视频监控系统、出入口门禁系统、道闸系统、火灾自动报警系统联动的紧急呼叫系统，具备主动预警和呼叫报警功能。主动预警系统通过视频监控、传感器等装置警报异常情况。呼叫报警装置分布在小区重要公共空间、监控死角等处，可具备一键报警、通话、视频对讲等功能。

其中报警平台系统在派出所的许可和指导下安装，报警装置应易于操作，并安装在易于识别和触及的位置。报警信息同步传输到辖区派出所、社区值班室和物业值班室。

应急系统
Emergency Response System

预留应急管理的空间和条件，建立突发状况应急机制，对防火、防汛、防疫等工作形成应急预案。

防火防汛体系。合理设置应急救援站等公共安全服务设施，承担小区防火、防汛的巡查、检查工作，并协助火灾等灾害事故初期的应急处置。

健康防疫体系。结合社区卫生服务建立应急防疫体系。小区应具备封闭管理条件，小区内应具备隔离条件。小区主出入口位置应预留卫生防疫工作所需的通道场地，宜预留红外体温检测系统设备接口。

应急避难场地。完善应急避难场所和相应的指示标牌。

图6-59 西安市新城区咸东社区一键报警平台增设

Figure 6-59 Emergency Alarm System in Xiandong Residential Area, Xincheng District, Xi'an

图片来源：搜狐新闻网站2019年3月14日文章《创新在新城：一键求助＋报警手环＋e智平台，便民APP智慧守护老旧小区》

图6-60 北京市朝阳区樱花园小区防疫测温场地布置

Figure 6-60 Temperature Measurement Site in Yinghuayuan Residential Area, Chaoyang District, Beijing

图片来源：人民网2020年8月3日文章《市民热议老旧小区封闭式改造：老小区新门禁 这些问题有解》

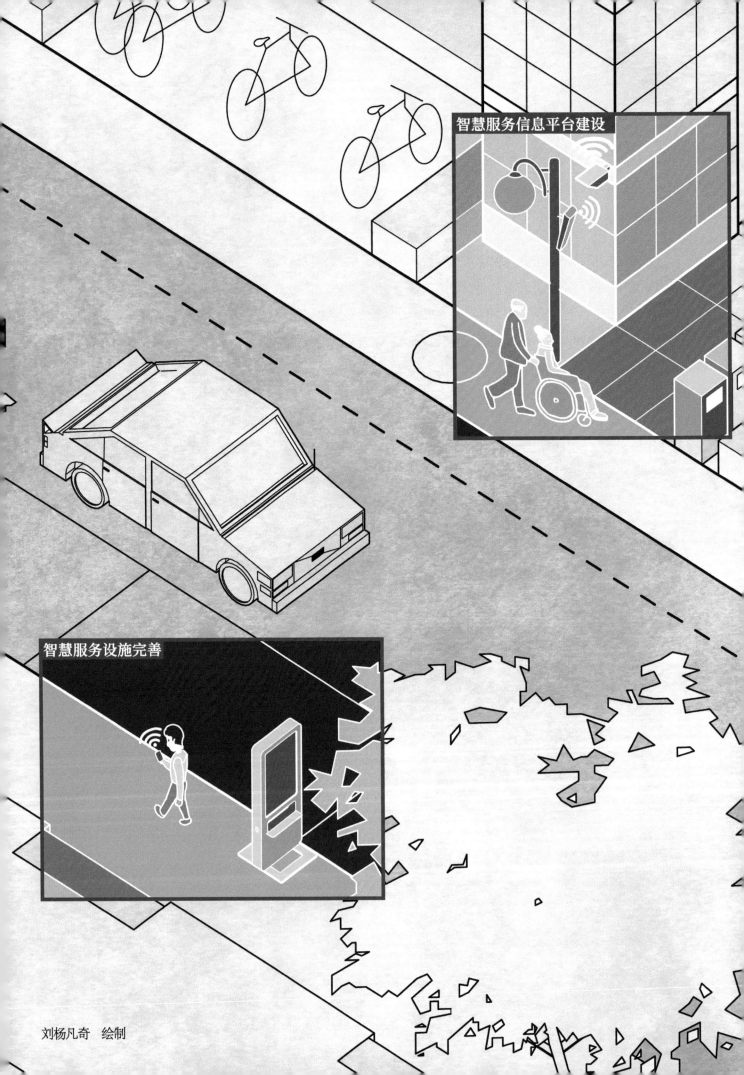

智慧服务信息平台建设

智慧服务设施完善

刘杨凡奇　绘制

拾

智慧设施补充

10. Intelligent Technology Application

包含智慧化服务设施完善和智慧化信息管理平台建设。

改造原因：

● **高品质生活需求**。科技发展使得智能化设备与技术应用日渐成熟，智慧设施可提升生活便利度，提高生活品质。

改造原则：

● **易于大众使用**。服务端应界面友好，便于所有类别的居民方便使用。

● **选择适宜产品**。选取适用耐用、节能环保的设施设备进行系统改造。

● **常态运营维护**。由所有者开展常态化维护。

智慧化服务设施完善
Intelligent Service System Establishment

公共设施智慧化改造。推广安防、消防、垃圾分类回收、停车、照明等设施的智慧化改造。

社区办事平台建设。建立或引进成熟的小区信息化平台，将与小区有关的政府职能、物业管理、业主服务、社会服务资源、区域经济信息等通过平台融为一体，日常推送小区物业管理公告、小区设施使用状况、政务信息、城市天气、交通状况等信息，并与安防管理系统的账号相对接。

依托社区综合服务中心建立自助服务平台端口，设立"一网通办"自助办理机和医保自助机。

结合安防设施，建设报警平台系统，集成一键求助、一键报警、追踪定位等功能。如遇安全威胁、身体严重不适、火警灾情等，通过设备终端或报警按钮及时求助以减少伤害，保障居民的人身安全和财产安全。

虚拟社群平台建设。可按需开通社群功能，满足居民资源共享、邻里互助、社区活动组织、公共事项咨询等需求。

图6-61（a）　　　　　图6-61（b）

图6-61 北京"西城社区通"通民心 解难题
Figure 6-61 Xicheng Community Service App Application
图片来源：新华网客户端2019年10月19日文章《"西城社区通"通民心 解难题——社区治理"神器"让居民成为"铁粉"》

通过社区通平台，社区对居民的诉求做到线上当即响应、线下快速处置，体现出社区快速处置问题的意识和能力。广内街道是"社区通"推广比较早的街道，社区居民对其使用已经成为习惯，遇到一些突发问题，马上就在"社区通"上发布消息，相关部门获知后当即"报到"解决问题，从"接诉即办"变成"未诉先办"。广内街道的居民发现，现在很多诉求信息都第一时间出现在了街道"社区通"和社区、街道、公共服务部门在内的"吹哨报到快治群"里，通过社区及时"吹哨"、各部门"报到"，将问题迅速解决，不需再进行"投诉"。

智慧化信息管理平台建设
Intelligent Management Platform Establishment

　　智慧管理信息平台主要面向社区和物业管理机构，以助其提高管理效率。

　　物业管理信息系统建设。建立小区人员、车辆、建筑、设备等信息的资源库，为社区的管理和服务提供信息化支撑，进行日常数字化管理。

　　安全风险感知平台建设。通过车辆微卡口、智能门禁、视频监控、消防烟感、电弧、消防栓水压、窨井盖位移等的感知，实时获知社区网格车辆、消防、地下管网等信息，进行风险预测。感知数据向政府综合治理和社区民警共享。

图 6-63（a）

图 6-63（b）

图 6-62

图 6-63（c）

图 6-62 上海市徐汇区徐家汇街道基础信息平台
Figure 6-62　Intelligent Management Platform Establishment in Xujiahui Sub-district, Xuhui District, Shanghai
图片来源：澎湃新闻网站 2019 年 11 月 20 日文章《沪首批智慧社区（村庄）建设示范点名单公布，徐汇这两个街道上榜！》

图 6-63 上海市徐汇区田林街道智慧社区试点
Figure 6-63　Smart Community Pilot Project in Xuhui District, Shanghai
（a）居民楼（配有人脸抓拍、门禁、电子屏）；
（b）车辆微卡口（配有车牌抓拍、人脸抓拍）；
（c）车库（配有电弧、人脸识别、烟感预警、门禁）
图片来源：澎湃新闻网站 2019 年 11 月 20 日文章《沪首批智慧社区（村庄）建设示范点名单公布，徐汇这两个街道上榜！》

⭐ 上海市徐汇区丁香园小区"智慧生活三件宝"
Intelligent Life in Dingxiangyuan Residential Area, Shanghai

扫码 6 小时完成电瓶车充电，户外健身实时显示"卡路里燃烧值"……这些场景都不再是电影里的桥段，在上海丁香园小区里，"智慧生活三件宝"将智慧生活带到居民身边，让大家体验了不一样的科技生活。

安装智慧门禁开启了刷脸开门时代。小区住户通过刷脸、刷卡等各式开门流程进门。而对于访客，后台则会将相关访客信息及时发送到户主手机上，由户主确认身份后为访客开门，即使户主身在外地，也可实现远程"一键开门"。

高颜值的电瓶车停车库扫码充电，一元充满。新建成的智慧停车库依托先进的网络技术，整合通信物联网、消防、弱电、软件管理等各方面资源，实现了扫码充电、智慧消防、视频监控等功能，并建立了管理员—物业—街道的全流程完善的监控管理平台。此外，338 个停车位也能充分满足居民的日常需求，解决了以往困扰居民的电动车私拉电线、楼道停车的问题。

户外"智慧健身"新鲜有趣。智能划船训练器、智能自行车训练器及传统的太极揉推器、双位漫步机、上肢牵引器等器械在小区健身花园"上线"。新引入的智慧健身器械涵盖监测、评估、运动效果等一系列数据监控。特别是其中两款智能健身器械颇为"吸睛"——利用太阳能进行发电照明，运动过程中的实时数据、精准对应的肌肉群运动等信息，都可通过扫描"二维码小程序"在手机上进行查看。

图 6-64（a）

图 6-64（b）

图 6-64（c）

文字和图片来源：搜狐网"上海徐汇"账号 2019 年 12 月 18 日文章《我们身边也有"黑科技"？这个"智慧"小区不得了！》

图 6-64 上海市徐汇区丁香园小区"智慧生活三件宝"
Figure 6-64 Intelligent Life in Dingxiangyuan Residential Area, Xuhui District, Shanghai
（a）智慧门禁；
（b）电瓶车扫码充电；
（c）智慧健身

北京市莲花池西里 6 号院
刘杨凡奇　摄

老旧小区更新的共建共治共享机制

The Co-Construction, Co-Management, Co-Sharing Mechanism of Old Urban Residential Area in Regeneration

　　老旧小区更新机制的建立是其高质量发展的基础。老旧小区更新是综合性、持续性的工作，由小区共有产权人利用各种资源，改造更新住宅建筑本体和小区公共环境，并建立可持续的运维机制。

　　建立党建引领、政府推动、居民主体、社会参与、多方支持的老旧小区更新机制，逐步实现老旧小区更新由政府为主向社会多方参与转变，是当前北京老旧小区更新的关键问题之一。考虑到目前多数老旧小区的主体尚不具备法人资格，北京市老旧小区更新由区政府统筹组织实施，以街道办事处（乡镇人民政府）负责实施长效管理机制工作，按照政府与居民主体、介入企业决策共谋、发展共建、建设共管、效果共评、成果共享的原则，维护各方合法权益，共同缔造和谐宜居社区。

The establishment of the regeneration mechanism of the old urban residential areas is the foundation of the high-quality development. The regeneration of old urban residential area is a comprehensive and continuous task, in which the public property owners use various resources to reconstruct and upgrade the residential building and community public environment, and establish a sustainable operational and maintenance mechanism.

Establishing an old urban residential area regeneration mechanism led by the Party, promoted by the government, residents as the main body, social participation and multi-party support, and gradually realizing the transformation from government oriented to multi-participants dominating is one of the key issues in the current regeneration work in Beijing. Since the main bodies of most old urban residential areas in Beijing are not qualified as legal representatives yet, district governments, and street offices (township people's governments) are responsible for implementing long-term management mechanisms with all parties, the government, the main residents and intervening enterprises, in accordance with the principles of joint decision-making, co-construction in development, joint management in construction, joint evaluation in performance, and sharing results, assuring the legitimate rights and interests of all parties and jointly create harmonious and livable communities.

加强党的领导核心地位

Strengthening CPC Leadership

党的十九届四中全会提出"社会治理是国家治理的重要方面。必须加强和创新社会治理，完善党委领导、政府负责、民主协商、社会协同、公众参与、法治保障、科技支撑的社会治理体系，建设人人有责、人人尽责、人人享有的社会治理共同体，确保人民安居乐业、社会安定有序，建设更高水平的平安中国。"这为老旧小区改造的基层治理提供了理论指导。

老旧小区改造是一项民生工程，要协调的方面多，存在利益诉求不一致、经济利益驱动动能不足等问题，没有坚强的党的领导是难以推进的。所以老旧小区综合整治应发挥基层党组织核心作用，构建"纵向到底、横向到边、协商共治"的社区治理体系。基层党组织在老旧小区改造中应当发挥把方向、定大局的领导作用，发挥统揽四方、整合资源的组织作用，发挥党委举旗帜、聚人心的带领作用，使老旧小区整治实践确保党的路线方针政策全面贯彻落实，才能保证老旧小区改造的顺利推进。

加强基层党组织的建设

Improving the Party Building

加强基层党组织的建设、巩固党的执政基础是贯穿社会治理和基层建设的主线，老旧小区改造也必定要依靠这条主线。应以改革创新精神探索加强基层党组织建设、引领老旧小区改造的路径。提高党组织的覆盖面，通过区域化党建、楼宇党建、党组织建在项目上，以及在老旧小区的物业公司、物业管理委员会、业主委员会等主体和服务组织中建立党支部（或临时党支部）等方式，推动党建和老旧小区改造的深度融合。

加强基层服务型党组织建设，不断提升基层党组织的组织、发动和服务能力，充分发挥基层党组织在老旧小区改造和社区服务中的引领作用。在街道（乡镇）党工委和社区党组织的领导下，始终保持以人民为中心的宗旨，充分考虑群众的诉求和利益，合理依法地解决群众提出的问题。利用组织优势，建立居委会、业主委员会或物业管理委员会、物业服务企业、产权单位、居民代表等多方共同参与的议事协商机制，始终把握好协调解决综合整治中的各类问题，调解矛盾纠纷，形成治理合力，是推进老旧小区整治顺利进行的组织保障。

☆ 天津市北辰区基层社会治理

Community Governance in Beichen District, Tianjin

天津市北辰区103个自然小区中，近一半为老旧小区，情况杂、困难多。社区生活如何越过越好？当地社区工作者们用一个个"微创新"做出了回答。

作为私搭乱建的"重灾区"，早期小区没有物业，小区绿化区早被"开发"成了各家菜地和庭院，部分居民把空地变成堆放装修废料的垃圾场。提起乱象谁都知道，真要先从自己身上"开刀"，却没有几个居民愿意配合工作。2019年，社区排水系统管道更新需要拆掉许多私建的棚屋，一些楼栋居民还得破开刚装修好的房屋墙体，工作推进阻力非常大。社区党委率先在全街打造"红色物业"党支部，让社区工作者与党员居民成为第一批志愿者。党员干部带头，把不符合规定的事项一一排查解决，居民服气，工作才好继续开展。对接安保、路灯维修、电路更新、除草绿化……一年多来，社区党支部把物业的活挑了起来。土路变水泥路、棚屋变花坛，社区环境好了起来，对"红色物业"的做法，居民们纷纷竖起了大拇指。类似的社区，几乎都成立了居民自管会、社区自治管理监督组织等机构，发动居民，群策群力，走出了一条自我管理、自我服务的社区居民自治管理新路子。

图 7-1（a）

图 7-1（b）

图 7-1 天津市北辰区佳荣里社区党员居民带头参加社区治理
Figure 7-1 CPC Members Takes the Lead in Community Governance in Jiarongli Community, Beichen District, Tianjin
图片来源：澎湃新闻 2019 年 11 月 28 日文章《"红色模式"筑牢社区治理"朋友圈"》；
文字来源：新华网 2020 年 11 月 7 日文章《老小区里的"微创新"——天津北辰区基层社会治理调查》

☆ 北京市石景山区古城大楼改造中的临时党支部

Temporary CPC Branch Establishment in Gucheng Area, Shijingshan District, Beijing

为了切实做好老古城大楼（十万平）老旧小区综改项目执行工作，发挥党建引领和党组织的战斗堡垒作用，2020年4月30日，古城街道老古城大楼（十万平）老旧小区综改项目临时党支部举行了成立仪式。区住建委、首华物业、古城街道、十万平社区相关领导参加仪式。

老古城大楼（十万平）老旧小区综改项目临时党支部由社区党委、首华物业党委、施工方和市级社会组织四方组成，临时党支部书记由社区党委书记王红军担任，办公地点设在曦景长安写字楼一层，旨在充分发挥党员的先锋模范作用，确保项目如期保质保量完成。

在启动仪式上，古城街道党工委书记赵恩国指出：一是要发挥好党的优势。要以人民为中心，充分考虑群众的诉求和利益，合理依法的解决群众提出的问题。同时，把党组织建在综改项目上，充分发挥了党组织的战斗堡垒作用，体现党的群众工作优势。二是党员支部和党员一定要勇于担当，很多问题是历史遗留下来的问题，党员要耐心破题，担起责任。三是要起到示范作用，带头支持参与项目，带头动员、引导群众；带头共商问题、共同解决，做到共享共治。尤其是五一劳动节期间仍然要坚持防疫工作要求，在做好疫情防控常态化的基础上，把老旧小区综合改造的基础工作做扎实。

下一步，临时党支部将践行党的群众路线、落实推进和监督管理、解决实际问题，为老百姓生活带来新改变。

文字来源：西望古城微信公众号 2020 年 5 月 1 日文章《古城街道老古城大楼老旧小区综改项目成立临时党支部》

发挥党员的模范带头作用
CPC Members Playing the Leading Roles

充分发挥党员的先锋模范作用和带头引领作用。街道办事处和社区居委会、物业管理单位的党员要发挥先锋模范作用，勇于攻坚克难和知难而上，乐于创新，敢于担当，还要带头执行政策，给群众作示范作榜样。要扎实落实单位党组织和在职党员"双报到"制度，将老旧小区改造和整治作为党员参与社区活动的重要任务，并发挥在职党员在政策解读能力、资源利用方面的优势，提高小区居民主体参与决策和管理的能力，积极推动党的政治领导力、思想引领力、群众组织力、社会号召力在基层落实落地①。

☆ 北京市朝阳区党校党员 "双报到" 助力社区联防联控
Dual-Registration of Beijing Chaoyang CPC Members for Community Joint Prevention and Control of COVID-19 Epidemic

新型冠状病毒肺炎疫情发生后，北京朝阳区委党校落实"基层党组织到所在地区的街道（乡镇）党（工）委进行报到，在职党员回居住地社区（村）党组织进行报到"的"双报到"机制，助力构建"外防输入，内防扩散"的联防联控防线，为抗击疫情贡献力量。

2020年1月下旬，区委组织部、区直机关工委发出《关于"深化1+1手拉手行动"，深入基层加强疫情防控工作，让党旗在基层一线高高飘扬的紧急通知》后，朝阳区委党校立即行动，迅速制定《关于做好新型冠状病毒肺炎疫情防控工作的实施方案》，明确了以支部为单位对接社区，在职在岗的共产党员全员参与的工作措施。党校5个支部分别对接左家庄街道下属的7个社区，迅速投入防疫一线。同时，在校党委的倡导和督促下，全体党员积极到居住地社区党组织报到，随时接受社区分配的任务②。

朝阳党校下沉的7个社区均为老旧小区，不同程度存在基础设施落后、卫生条件差、人员复杂、物业管理不到位的问题。党员下社区，与社区志愿者一道站岗值勤、上门排查，充分发挥了党校教职工知识面广、善于引导的优势，在宣传政策、答疑解惑、稳定情绪方面起到了重要作用。党校各党支部与社区党委遇事协商、密切协作，确保了社区资源分配合理、力量配置科学。党校与社区共同构建了一道联防联控严密防线，守护居民健康。

①详见：以"双报到"为载体 服务首都基层治理[J].旗帜，2021（01）：74-75。

②根据各支部与手拉手社区共同制订的工作计划，朝阳党校党员的主要任务包括深入社区排查、深入点位站岗、深入群众服务三项。在工作中，党校人员与社区工作人员一道，开展网格化排查、逐家逐户上门询问；通过数据跟踪和电话核查，统计摸排人员出行情况；向居民发放疫情防控宣传单和出入证，宣传政策；为社区居家隔离人员送外卖、快递与生活物资；为居民答疑解惑，开展咨询服务。截止目前，党校人员累计参与站岗执勤1059人次，入户排查5000余家，发放防疫宣传资料10000余份，发放社区出入证近10000份。同时，全校党员在居住地参与社区志愿服务40余人次。
文字来源：光明网2020年3月16日文章《北京朝阳党校党员"双报到"助力社区联防联控》

健全政府统筹协调机制
2. The Government's Coordination Modification

各级政府应当建立老旧小区综合整治工作协调机制，明确部门职责。市级部门加强政策供给，区政府履行本区老旧小区综合整治责任主体职责，统筹组织实施本行政区域内的老旧小区改造工作，负责解决综合整治工作中遇到的难点重点问题。街道办事处负责实施建立老旧小区长效管理机制工作，并对引入社会资本使用情况进行监管。老旧小区综合整治由具备相应资质的单位承接实施，实施主体需要协同政府部门全过程做好居民工作。

加强顶层设计和政策供给
Strengthening Top-Level Planning and Policy Supply

加强顶层设计，将老旧小区改造纳入城市更新和实现治理体系和治理能力现代化全局中统筹考虑，不就事论事，长远谋划，稳妥推进[①]。

北京市老旧小区综合整治项目遵循的是自下而上的原则，按照基层组织、居民申请、社会参与、政府支持的方式，由街道办事处、乡镇政府上报，区政府审核，经市老旧小区综合整治联席会议审议通过后列入改造计划。

在制定改造计划的过程中，要深入开展调查研究，摸清底数，建立持续更新的滚动台账。编制专项规划和行动计划，科学合理制定工作方案，制定相关导则和工作手册，注重因地制宜、分类指导。

对列入改造计划的项目，街道和乡镇政府要先充分获取居民的诉求，并会同项目实施主体，组织相关部门摸排小区情况。同时，要确保改造工程进场前完成业委会或物管会的组建工作，完善物业管理制度，让老旧小区既改得好也运转得好。

创新体制和机制，发挥政策的引导和促进作用[②]，多方筹措资金，鼓励和吸引社会资金的投入，最大限度发挥政府资金的撬动作用，调动各方积极性共建。老旧小区综合整治鼓励采用 EPC/BOT 等工程总承包模式，应由具备相应资质的单位承接实施，承接单位法人应资信良好。健全成本核算机制，明晰投资、建设、运营各环节相关方责任，厘清权益关系。

强化全过程的协调、监督和指导。针对问题及时优化调整相关政策。建立健全涵盖各方的考核机制，纳入绩效考评，聘请第三方核验，加强监督检查，提高过程监督的透明度，确保老旧小区改造保质保量和后续管理到位。

加强宣传、政策解读和培训，凝聚共识，坦诚沟通，展示成功案例，营造齐心协力共同促成的社会氛围。

---

①根据《北京市人民政府关于实施城市更新行动的指导意见》，老旧小区是城市更新中的重要构成，实施城市更新应坚持以下原则：（1）规划引领，民生优先；（2）政府推动，市场运作；（3）公众参与，共建共享；（4）试点先行，有序推进。

②各地具有代表性的政策有：北京市《老旧小区综合整治工作方案（2018~2020 年）》《上海市住宅小区建设"美丽家园"三年行动计划（2018~2020）》《上海市关于加强本市住宅小区综合治理工作意见》《广州市老旧小区微改造三年行动计划》《浙江省城镇老旧小区改造技术导则》《山东省城镇老旧小区改造技术导则》等。

搭建沟通平台及时了解民意

Building Communication Platforms

搭建居委会、实施主体、业主委员会或物业管理委员会参与的议事平台，共同协商，合力推进。

老旧小区改造施工现场应设立居民接待场所和接待人员，及时回应居民诉求。

用好全市统一的"12345"市民服务热线信息平台，及时解决群众反映的老旧小区改造、更新、维护和物业管理中的问题。

发挥基层综合服务的优势，结合地区实际搭建基层治理信息服务平台，通过服务了解老旧小区改造中的问题，提前化解矛盾和解决问题。

有效发挥公众舆论监督的作用。提高"社区通"的服务效能，不断拓宽社情民意反映渠道，在发挥传统媒体优势的基础上，利用新媒体、新技术，加强和群众的及时互动，迅速回应和正面发声。

☆ 北京市西城区西城家园 APP

The Application, Home in Xicheng

西城家园 APP 是由西城区民政局官方推出的综合生活服务平台，旨在为西城区百姓提供资讯获取、政务办事、民生服务等功能，建立以精准服务为支撑，以家园共治为目标，党委、政府、社会、群众同心同力建设"西城家园"的治理模式。

西城区依托新媒体手段，以"西城家园"治理平台为载体[①]，提供多样化的信息，广泛宣传，盘活各类服务资源、力量、载体，推动构建社会共建共治共享治理格局。

①西城家园功能包括：
[首页]首页全新升级，热点资讯推送，众多频道任意选择，应有尽有。
[商家]商家根据店铺类别，快速入驻，我们提供一对一高品质服务。
[发布]每日可以发布求职、美食、招聘、房产、二手、交友等互动，为客户提供免费互动交流。
[通知]实时掌握动态信息，及时处理，不必担心错过任何消息。
[我的]登录个人中心，订单、管理、收藏、账户、随时随地登录查看。

图 7-2 北京市西城区西城家园 APP 界面
图片来源：西城家园 APP 界面截图

北京 "12345" 热线接诉即办

12345 Hotline in Beijing for Quick Feedback to the Issues Reported by Citizens

群众诉求 "马上办"，新时代群众工作有了北京样本。

晚上 11 时多，12345 市民热线急切响起：康邑园社区水管爆裂，水柱喷涌，900 户同时停水……热线 "秒速" 向街道值班点派单，街道工委书记速达现场，自来水修理小组赶到现场，应急备用水送入社区，情况通报在居民微信群发布，水管修复。

绿地变菜地，从接到投诉、到草地还绿，仅用了 6 小时……

12345 热线对群众的操心事、烦心事、揪心事实行 "接诉即办"，将其作为特大型城市治理的突破口和着力点，推动首都北京基层工作方式发生重大转变，成为落实十九届四中全会精神的创新实践。

2018 年 12 月 15 日，在市委主要负责同志直接推动下，北京合并 68 个服务窗口热线，推出 "12345" 新市民热线。市民诉求由市政务局直接向 333 个街道乡镇派单，街道、社区完成对接服务；每天生成大数据民情分析，早上送到市、区领导案头。截至 2019 年末，受理来电 661.7 万件，办理实事 239.8 万件，件件有记录、有答复、有派单、有服务、有回访、有督办、有考核。政府服务在互联网时代提速，一个 "快" 字，凸显新时代新气象。

鲁谷街道试行 "双派双考" 长效治理机制。

为解决人民群众最关心最现实的问题，深化市民诉求 "闻风而动、接诉即办" 机制，北京石景山区鲁谷街道从 2020 年 10 月 27 日开始，试行接诉即办 "双派双考" 方法，简言之，就是以前派给街道相关科室的单子，现同时派给街道和社区、物业，且都参与考核，省去了街道转单程序，"社区居委会对人熟，物业对事熟"，两个部门相辅相成，将接诉即办延伸到末梢，打通服务老百姓的最后一公里。

鲁谷街道选取了聚兴园、重聚园、时代庐峰等 5 个社区 6 家物业进行试点，包括了老旧小区和商品房小区；物业公司有国企单位也有私营单位，覆盖了街道所有社区和物业的形态。"双派单" 的同时，这些社区和物业也要参与 "双考核"。鲁谷街道给出了一套物业的考核奖惩办法，并成立物业考核奖惩工作领导小组，对试点物业实行综合评分。这 5 个社区和 6 家物业每个月参与街道 22 个社区的排名。

"双派双考" 结合 12345 热线，可让物业有的放矢地去解决问题，也可让街道、社区更有效地未诉先办、主动治理，引导政府资金投入的重点和方向。

文字来源：《人民日报》2019 年 12 月 24 日头版头条文章《新时代群众工作有了 "北京样本"》

文字来源：人民网北京频道 2020 年 11 月 13 日文章《首次试行接诉即办 "双派双考" 石景山鲁谷街道探索老旧小区长效治理机制》

管理重心下沉综合解决问题

Shifting the Focus of Social Governance to the Community Level

推动社会治理和服务重心向基层下移，下沉更多资源到基层，为老旧小区改造及管理做强支撑和保障。

推进行政执法权和执法力量向基层下沉延伸，强化基层综合执法的能力，不断建立健全综合执法联动机制和标准规范，优化提升综合执法效能，更好地管住老旧小区的各类违法行为。对老旧小区更新中群众反映较多的违法搭建、损坏房屋承重结构、擅自改变房屋使用性质、群租、占用地下空间、毁绿占绿等违法行为要进行重点查处。

用好"街乡吹哨、部门报到"机制，以解决问题为出发点，快速反应，政府各部门主动向前一步，在街道办事处的总牵头下，对症下药，精准治理。

科学合理配置力量，统筹整合社区工作者、社区专员、楼门长和街巷长、小巷管家、网格员、协管员、志愿者等基层力量，将老旧小区改造整治纳入城市治理网格化管理。

☆ "街乡吹哨 部门报到"——北京市推进基层治理创新

Beijing Promoting Innovation of Community-level Governance System and Mechanism

2018年11月中旬，中央全面深化改革委员会第五次会议审议通过了《"街乡吹哨、部门报到"——北京市推进党建引领基层治理体制机制创新的探索》，认为北京市委以"街乡吹哨、部门报到"改革为抓手，积极探索党建引领基层治理体制机制创新，聚焦办好群众家门口事，打通抓落实"最后一公里"，形成行之有效的做法。

该做法源自北京平谷区金海湖镇一次"倒逼"式整改。这种下级"吹哨"、上级部门30分钟内应急"报到"的联合执法新机制，终止了14年来屡禁不止的黄金盗采。

2017年9月，北京市委常委会决定将平谷区的经验做法总结提升为"街乡吹哨、部门报到"。2018年1月，十二届北京市委深改领导小组第六次会议审议通过《关于党建引领街乡管理体制机制创新实现"街乡吹哨、部门报到"的实施方案》，并作为2018年全市"1号改革课题"，在16个区选点推广。

"吹哨报到"机制的关键，是向街乡"赋权"[①]，推动社会治理重心向基层下移，确保街道集中精力抓党建、抓治理、抓服务，破解基层治理难题。

文字来源：人民网2018年12月10日文章《街乡吹哨 部门报到——北京市推进党建引领基层治理体制机制创新纪实》

[①]过去，政府管理上"条"与"块"对接参差不齐，解决棘手问题，常常需要上级领导亲自"挂帅"，带着职能部门去街道集体"会商"，当场拍板。这样的做法难以"常态化"运转。"条"与"块"的矛盾，历来在基层社会治理中仿佛是一个"结"。

建立社区应急管理机制
Establishing Community Emergency Management Mechanism

以底线思维构建老旧小区更新的有效机制。

定期对老旧小区住房进行检查检测与维修，对安全隐患进行长效治理，形成覆盖源头管控、日常维护、专项整治等各方面的危房管理机制。

建立有效的社区应急管理机制，形成突发事件的应急处理预案，对公共卫生、灾难事故、自然灾害和各种安全事件构建有针对性的处置机制。完善生活服务设施应急维修保障机制。

在社区物业突发失管时，街道办事处应组织有关单位确定应急物业管理人，提供供水、垃圾清运、电梯运行等基本生活服务事项的应急服务。应急物业服务期限不超过 6 个月，费用由全体业主承担。

用好多元纠纷调解机制
Making Good Use of the Diversified Dispute Mediation Mechanism

用好人民调解、行业调解、行政调解、司法调解构成的多种纠纷解决机制，有效化解老旧小区改造和物业管理等方面的纠纷。在调解实践中，不断完善各方的权力义务关系规定，探索建立合情、合理、合规的居住区公共秩序。

定期评估整治效果
Regularly Evaluating the Effect of Regeneration

建立健全对老旧小区改造效果的评估机制，逐步形成小区全生命周期的定期评估，根据定期评估结果，适时进行检修、维修和改造，保持小区的健康发展。

市区人民政府应委托第三方对老旧小区综合整治情况进行抽查或全部察访核验，施工单位应进行质量控制，施工监理应按照相应标准进行验收。

老旧小区的更新效果评价，应该包括居民参与和居民自治机制建设、实施方案实际完成情况、施工质量验收情况和居民满意度、长效管理机制建立情况和综合整治效果等，并应按照综合指标体系进行综合评价。

加强小区改造的法治保障
Strengthening the Legal Basis

为保障老旧小区改造过程中的公共安全和公共利益，进一步完善细化相关实施细则和法规，探索增加保障强制性实施的条款。

针对社区治理的难题，不断探索社区治理的法治保障，为老旧小区可持续更新提供法律支撑。

图 7-3（a）

图 7-3（b）

图 7-3（c）

图 7-3 《向前一步》节目场景
Figure 7-3 One Step Forward TV Show
文字和图片来源：搜狐新闻网站 2020 年 11 月 8 日文章《惠民工程加装电梯为何行不通？"向前一步"直击老旧小区加装电梯难题》

《向前一步》直面老旧小区加装电梯难题
The TV Show One Step Forward Unveilling the Problems of Installing Elevators

北京海淀塔院小区没有电梯，部分老年人上下楼不方便，他们共同期盼着一个更加便捷的生活环境。自 2018 年起开始进行加装电梯的前期现场踏勘和居民意见调查，最终筛选出 50 栋适合加装电梯的单元楼试点。如今加装电梯工程已持续两年之久，却仍有 28 栋单元楼没有动工。

北京卫视热播的全国首档市民与公共领域对话节目《向前一步》走进塔院小区，邀请支持加装居民、反对加装居民、实施主体首开鸿城实业及花园路街道办事处四方代表面对面沟通，聚焦加装电梯困局。

邻里关系不和谐直接影响了电梯加装。以往因下水道堵塞形成的居民间积怨，使得下层居民反对电梯加装。为了化解与楼上邻居的紧张关系，沟通团成员前往居民家中多次进行调解。

现场居民又对加装电梯带来的实际影响提出了新的质疑。反对加装电梯的居民认为，加装电梯可能会对老化楼体的安全产生影响，并提出采光不足、临近电梯房间隐私暴露、电梯运行噪声扰民等问题。对此，首开工程设计师现身节目现场，化解居民顾虑，优化设计解决方案。

部分居民质疑加装电梯背后的动机，认为实施主体首开鸿城实业是为了谋取私利才急于推动加装工程。首开项目负责人详尽地回答解开了居民心里的疑惑[①]，更让居民对这项惠民工程有了更加全面、深入的了解。

①面对居民的质疑，项目负责人周帅详细讲解了每部加装电梯的工程费用在 110 万元左右，其中 70 万元为海淀区财政补贴，另外 40 万元由首开鸿城实业垫付，垫付的资金后续将通过居民缴纳使用费收回。平均每户每月收取 180 元，需 20.6 年可回收成本。

成都市社区发展治理促进条例

Regulations on the Promotion of Community Development and Governance in Chengdu

《成都市社区发展治理促进条例》（以下简称《条例》）于2020年12月1日起实施。这是全国首部以"社区发展治理"为主题，采用"促进条例"形式，以居民视角、社区尺度为城市发展转型和社会治理创新提供中长期指引的地方性法规。

《条例》共7章52条，分为总则、社区发展、社区治理、社区服务、保障与监督、法律责任和附则。《条例》重点聚焦社区发展治理，系统集成成都市社区发展治理体制机制创新成果，并对城乡社区发展治理中遇到的共性难题和成都市的特色做法作出制度性规定。

《条例》具有以下引领意义：一是主体的全面性。将社区发展治理主体由政府、社区居民等传统主体，扩大至包括人民团体和群众团体、驻区单位、社会组织等在内的各类主体。二是内容的系统性。将社区作为集发展、治理、服务等为一体的空间综合体，明确社区服务、社区发展、社区治理、社区人才队伍建设等社区发展治理重点领域和关键环节的工作要求。三是措施的针对性。针对"条块治理"弊端、社区规划服务缺失、社区减负难、市民参与度不高、获得感不强等社区发展治理中的共性问题做出制度性规定。将培育天府文化、村（居）民议事会制度、推动"五态"提升工作、打造产业功能区和国际化社区等成都特色内容上升为地方性法规。

图7-4（a）

图7-4（b）　图7-4（c）

图7-4（d）

文字来源：成都市委城乡社区发展治理委员会网站2020年12月2日文章《关于〈成都设施发展治理促进条例〉，这五个方面值得关注》

图7-4　2019年度成都市百佳示范小区
Figure 7-4　One Hundred Demonstration Community in Chengdu 2019
（a）蓓蕾社区；（b）益州社区；（c）府城社区；（d）新盛社区和平苑
图片来源：腾讯网2020年4月3日文章《有颜值有品质，成都高新这些社区、小区上榜"全市百佳"》

夯实居民自治基础
Residents' self-government

注重发挥基层群众性自治组织[1]在老旧小区更新过程中的基础作用。社区居委会是居民自治的组织者、推动者和实践者，在基础设施不全、物业管理相对缺失的老旧小区中发挥尤为重要的作用。

建立协商和公共沟通互动机制，构建形式灵活、透明公开、切实有效的议事平台[2]。议事平台可以是综合性的，也可以是专业性的。通过广泛和多层次的议事协商，提升社区自治组织协商、组织、服务社区事务的水平。

建立信息公开制度，推进涉及老旧小区改造的公共事务公开和民主管理。

充分发挥自治章程、居民公约在老旧小区改造过程中的积极作用，弘扬公序良俗，促进法治、德治、自治有机融合。

促进基层群众自治与城市治理网格化服务管理有效衔接，合理调度使用，进一步优化协同服务的机制，提升老旧小区改造调度和使用周围外部资源的能力。

推进民生工作民意立项
Following the advice of the masses

强化老旧小区改造民意导向，建立健全以民意征集、协商立项、项目落实、效果评价为流程的民生工程民意立项工作机制，凡面向居民开展的工程建设、惠民政策、公共资源配置等，实施前需广泛听取群众意见建议，不搞面子工程。

更有效利用公共资源，更精准为群众服务。对于不同类型的民生工作，应采取差异性的机制策略。

保障居民在过程中的建议权、知情权、参与权、监督权，调动居民的积极性，培养主人翁意识。

积极培育社区社会组织
Self-organization cultivation

结合居民关注点，积极孵化、培育、激发社区社会组织[3]，提升社区社会组织的组织化程度，发挥社区居民的创造活力和主观能动性，从而提升社区自我解决社区问题的能力，为老旧小区改造和社区治理奠定良好的健康的社会网络关系与环境。

探索通过社区社会组织的带头人开展居民意见征集、了解居民需求，吸引居民参与方案设计、资金筹集和过程监督等改造事宜。

---

①群众性自治组织是指由群众直接选举产生的非政权性质的群众自我管理、自我教育、自我服务的群众性组织。
②《中华人民共和国民法典》规定，下列事项由业主共同决定：（一）制定和修改业主大会议事规则；（二）制定和修改管理规约；（三）选举业主委员会或者更换业主委员会成员；（四）选聘和解聘物业服务企业或者其他管理人；（五）使用建筑物及其附属设施的维修资金；（六）筹集建筑物及其附属设施的维修资金；（七）改建、重建建筑物及其附属设施；（八）改变共有部分的用途或者利用共有部分从事经营活动；（九）有关共有和共同管理权利的其他重大事项。业主共同决定事项，应当由专有部分面积占比三分之二以上的业主且人数占比三分之二以上的业主 参与表决。决

定前款第六项至第八项规定的事项，应当经参与表决专有部分面积四分之三以上的业主且参与表决人数四分之三以上的业主同意。决定前款其他事项，应当经参与表决专有部分面积过半数的业主且参与表决人数过半数的业主同意。
③社区社会组织是指由社区组织或个人在社区（镇、街道）范围内单独或联合举办的、在社区范围内开展活动的、满足社区居民不同需求的民间自发组织。社区社会组织不等于社会组织（社会组织，在我国主要由公民自愿组成，从事非营利活动的社会团体、民办非企业单位和利用社会捐赠的财产从事公益事业的基金会三大类经民政部门登记的社会组织组成），但它是社会组织的重要组成部分。

吸引社会资金投入
Non-government Capital Investment

通过社会资金投入，提升整体市场化运作水平。

提升管理服务水平，提高物业以及服务等整体收益的综合效能。

强化培养居民的付费意识，可采取"先尝后买"的模式，提高物业的缴费率。

加强企业间的资源整合、链接，扩大多种经营的范围，打通上下游的商务和空间资源，促进新的消费机会，拓展返利的渠道。

创新融资模式，提供有针对性的金融产品支持。

☆ 上海市试点市场化"居家适老化改造"
Marketization Pilot Projects of the Elderly Dwelling Renovation in Shanghai

江阴路88弄，位于南京东路街道的百年石库门里"藏"着上海首家适老化智慧养老展示体验中心。小到可弯曲的勺子、轻便防滑的拖鞋，大到厨房浴室的全屋改造，这座"样板房"都一一展示，适老、居家、注重细节是给人最直观的感受。这些适老化家居并非特别复杂的改造，只需增添一些更舒心的"小细节"，就能满足老人原居安老需求。

适老化改造项目自2012年起在上海一直在推行。每年由市级福彩金出资，完成1000户低保困难老年人家庭居室改造，2012年、2013年该项目还被列入市政府实事项目。然而由政府资金托底的适老化改造覆盖人群始终有限，老人

们自己装修又很难找到称心的承接方。2019年年底，上海民政部门决定升级适老化改造项目，让更多的老人能够有机会拥有适合自己的房间。为此还推出了统一的居家环境适老化改造服务平台。60周岁及以上的户籍老人均可申请，并采取"政府补贴＋企业让利＋老人自负"的机制，根据老人具体情况可申请不同比例资助。

文字和图片来源：东方网2020年9月2日文章《上海试点市场化"居家适老化改造"项目，本市有需求的60岁以上户籍老人可申请》

图7-5 上海市黄浦区江阴路88弄适老化智慧养老展示体验中心
Figure 7-5 Marketization Pilot Projects of the Elderly Dwelling Renovation in Huangpu District，Shanghai

北京市"首开经验"
The Experience of Beijing Capital Development Corporation

2019年7月，市属国有企业首开集团与北京市石景山区人民政府通过"政企合作"的方式，推进首开集团对石景山区近500万平方米老旧小区的长效管理，肩负起"探索老旧小区改造全新模式，为老旧小区改造提供可复制、可推广经验"的重任。

首开集团从综合整治、有机更新与长效管理三个方面深入推进政企合作，对于1998年前建成的纳入综合整治范围的小区，由首开集团作为实施主体统筹推进以"六治七补三规范"①为主要内容的老旧小区综合整治；1999年之后建成的小区由区企双方投资，围绕小区建筑物本体、公共区域等18个更新点进行更新提升，实现小区良性运行。

北京市"劲松模式"
Social Capital Investment in the Jingsong Demonstration Project

北京市在劲松开展试点，首次引入社会机构，创新投融资机制，运用市场化方式推动城市更新。属地街道与愿景集团合作，在规划、住建和房管等部门的指导下开展小区改造提升，探索长效发展的创新模式。历时一年，"一街两园"示范区完成改造。

愿景集团出资弥补了数千万元的改造资金缺口。街道盘点了社区配套用房、人防工程等千余平方米闲置空间，交由愿景集团经营，如车棚改造出租为便民商店，配套用房入驻食品企业。此外，企业还将通过物业管理、便民设施付费等多种渠道，实现投资回报平衡。据测算，企业投入的改造资金约在14年后全部收回，并实现微利、可持续经营。

图7-6 试点小区北京市石景山区老山东里北社区改造后
Figure 7-6 Laoshan Donglibei Residential Area after Regeneration
文字和图片来源：首都建设网2020年9月29日文章《"首开模式"助力老旧小区有机更新》；北京日报客户端2019年11月4日文章《改造前后能有多大变化？看老山东里北"蝶变"美好家园》
图7-7 北京市朝阳区劲松小区中的公共服务
Figure 7-7 Public Services in Jingsong Residential Area
图片来源：北京市规划和自然资源委员会网站

① "六治"是治危房、治违法建设、治开墙打洞、治群租、治地下空间违规使用、治乱搭架空线；"七补"指补抗震节能、补市政基础设施、补居民上下楼设施、补停车设施、补社区综合服务设施、补小区治理体系、补小区信息化应用能力；"三规范"为规范小区自治管理、规范物业管理、规范地下空间利用。首开集团还携手社区，成立了由物业公司、政府部门、设计规划师、居民、社区居委会五方组成的工作专班以推进开展工作。

因地制宜引入专业组织支援
Non-government Organization Participation

因地制宜，专业的社会组织和专业人士参与老旧小区改造和社区治理，比如社工事务所、调解团队等，邀请责任规划师、高校教生团队等，提供专业咨询和技术服务，协助居民开展有效的议事活动，帮助居民形成有效的自组织、自治理、自发展。为居民提供更广泛的社会资源链接，拓展社区的视野，构建对接社区需求的资源支持网络。

帮助社区培育公共性，致力提升社区参与意识、参与能力和公民意识，促进社区主体性培育，推进社区认同感的形成。

☆ 北京市责任规划师助力城市精细化治理
Beijing Community Planners Contributing to Urban Elaborate Governance

责任规划师是由区政府选聘的独立第三方人员，为责任范围内的规划、建设、管理提供专业指导和技术服务。2019年5月，北京市规划和自然资源委员会发布了《北京市责任规划师制度实施办法（试行）》，在全市街乡镇中推行责任规划师制度，以专业力量助力基层开展城市更新工作，协助搭建"共建共治共享"的精细化治理平台。截至2020年5月，已有11个区签约了230名责任规划师，覆盖244个街道、乡镇和片区。

责任规划师与居民充分沟通，积极促成小区公共空间的改造提升。例如上地街道树村路甲一号院内一处杂草丛生的荒地，在与社区沟通后改造成为富有趣味的小区公共休闲区，并且在居民的建议下，为孩子们设计了娱乐设施。责任规划师努力留住老城文化，让老街小巷更有"北京魂儿"。例如东城区朝阳门街道崇雍大街的保护更新，维护了老城风貌，提升了居民生活品质[1]。随着北京乡村地区发展的需求日益凸显。大兴区责任规划师团队活跃在美丽乡村建设工作之中，提出了"乡村微花园"的概念，利用每家每户房前屋后的空地开展花园改造。

两年多来，责任规划师持续开展工作，取得了良好成效。北京市规划和自然资源委员会将继续开展责任规划师工作跟踪调研，完善相关制度和智慧协同平台，打造共建共治共享的城市治理新格局。

文字来源：新华网2020年5月10日文章《北京市责任规划师制度助力城市精细化治理》

[1]北京市东城区崇雍大街是责任规划师的匠心作品之一。设计者们采用传统工艺进行修缮，探索老旧建材回收利用方式，回收利用了大街原有的55万块旧砖、13万块旧瓦及大量木构件。同时，还利用腾退空间设置老字号店铺四联美发、永安堂等，完善了便民服务生活圈的建设。

图 7-8（a）

图 7-8（b）   图 7-8（c）

图 7-8（d）

北京市"新清河实验"

"New Qinghe Experiment" Community Level Social Governance Innovation and Community Planning in Beijing

清华大学刘佳燕副教授团队整合社会学、城市规划、建筑学等跨学科力量，自 2014 年至今在清河街道开展基层社会治理创新实验。旨在激发社区活力，促进公众参与，探索政府治理和社会自我调节、居民自治良性互动的方式。在具体实践过程中，强调参与式社区规划与社区协商治理、民生服务保障等工作协同推进，实现街区的全面提升。具体举措包括：

搭建社区议事协商平台。选举社区议事委员，形成定期以社区党组织、居委会（含议事委员）和物业为主体的联席会议，邀请相关组织和个人参与。

开展能力建设工作坊。通过专家授课、参与式工作坊等多种形式，提升基层工作人员从发现问题到解决问题及协调动员方面的能力。

参与式公共空间改造。通过社区 LOGO 设计、楼栋美化、参与式设计、建筑师体验工作坊等活动，提升社区参与和设计的能力，共同推进改造工作。

建立社区规划师制度。选拔组建由规划设计专业人员、社会工作者与社区居民（及外部志愿者）组成的"1+1+N"社区规划师团队，开展陪伴式支持。

搭建"智汇五家"[①]推动社区精细化治理。清河街道在北京首创社区治理指导中心，统筹协调社区公共事务管理，推进完善组织机构与工作机制；组织地区物业企业日常考评，规范管理服务质量与标准。

图 7-8 北京市海淀区清河基层社会治理创新
Figure 7-8 Qinghe Community Level Social Governance Innovation
（a）社区联席会议；
（b）基于楼栋共同体营造的楼栋美化；
（c）社区规划师征求居民意见；
（d）社区规划师共建社区花园
文字和图片来源：清华大学建筑学院刘佳燕副教授提供

①社区治理共同体：社区"两委"为"本家"、社区业主为"主家"、物业企业为"管家"、辖区单位为"邻家"、清河实验团队为"专家"。

☆ 北京市微花园示范中心社区参与式营造

Community Participation Construction of Beijing Micro Garden Demonstration Center

　　"微花园"是指居民自发或社区组织自下而上推动的小而美的绿色空间，是城市绿色生态系统重要的组成部分，也是居民门生活情趣的所在和社区文化的一个符号。微花园参与式设计共建是一种公众参与的绿色微更新，展现了老北京特有的胡同文化和生活，有利于老城区的整体保护，并且促进了邻里关系和社会治理。

　　自 2015 年以来，朝阳门街道联合北京市城市规划设计研究院、中央美术学院建筑学院十七工作室侯晓蕾教授团队，深入研究了老城胡同片区内的微花园，提出了设计方案和相应的建设管理体系，与居民一起建造 6 座"微花园"，并通过展览、活动与微花园营造等方式，让越来越多的居民和属地企事业单位通过"微花园"加入到街区共建的行列中来。

　　在"微花园"改造过程中，许多居民自发拆除了煤棚，清理了杂物，从此每天清晨，推门不见杂乱无序，只见花团锦簇、绿意盎然，街区环境变得更美了，生活也更美好了。

　　2021 年 4 月，朝阳门街道继续与中央美术学院建筑学院十七工作室、北京市城市规划设计研究院、中社社区培育基金携手，总结微花园 1.0 成果，启动"微花园 2.0 项目"，打造一个微花园示范中心，辐射带动落地 N 个高品质微花园样板，通过公众参与式营造活动激发公众热情，同时为热心居民赋能，带动居民和社会力量参与微花园建设，探索东四南历史保护街区微花园绿色微更新社会治理的提升路径与模式。

文字来源：中国新闻网 2021 年 6 月 25 日文章《朝阳门微花园示范中心落成 采用社区参与式营造》

图 7-9 北京市东城区朝阳门街道"微花园 2.0"项目示范中心
Figure 7-9 "Micro garden 2.0" project demonstration center
（a）微花园示范中心参与式共建；
（b）居民志愿者对微花园进行认领认养维护；
（c）微花园示范中心一角

图片来源：（a）（b）光明网 2021 年 6 月 25 日文章《北京东城朝阳门"微花园 2.0"项目微花园示范中心启动仪式举行》；（c）人民网 2021 年 6 月 25 日文章《北京朝阳门微花园示范中心亮相 推进老城胡同绿色微更新》

广泛动员社会各方助力改造
Motivating the Society to Support the Enhancement

充分争取老旧小区各种产权单位在资金、资源、空间和服务供给方面的支持，比如错峰、错时停车的空间共享等，提升产权单位的社会资源为社区服务的效率。

注重发挥驻地单位智力资源雄厚以及熟悉社区的优势，采取多种方式虚心请教专家，为社区治理和老旧小区改造提供专业顾问。

深化"门前三包"责任制，提升单位、个人参与城市管理、维护城市环境的积极性和自觉性，大家共同维护好老旧小区改造的成果。

大力发展志愿服务队伍，培养以社区党员、团员青年、居民代表、楼门院长、退休干部等为主体的骨干力量，发挥志愿服务力量在老旧小区改造和社区治理中对群众的组织、引导和带动作用。

☆ 北京市"周末大扫除"传统回归
Returning of the Weekend Cleaning Tradition in Beijing

北京各街道响应"我家街巷最好看"活动倡议，"周末大扫除"传统回归。

京城"全城大扫除"的传统由来已久。1949 年 3 月，解放后的北平开展了声势浩大的全民大清扫运动，组成了党、政、军、工、农、商、学各界人士参加的清洁运动委员会，各区成立运动分会，各街巷成立清洁小组，大家利用工作间歇时间参与义务劳动[①]。1950 年代，"爱国卫生运动"兴起，在各级"爱卫会"动员组织下，街道、胡同纷纷行动起来，居民宅院一日一扫、每周大扫，并进行检查评比。1957 年颁布的《北京市卫生运动经常化实施纲要》要求，各区、各系统把"爱国卫生运动"列入日常工作计划，每年春节、"五一"劳动节、国庆节前举行清洁大扫除。直到 20 世纪 80 年代前，许多大杂院还推行着轮流负责制，各户轮流将大院内外清扫得干干净净。

为迎接 2008 年北京奥运会，一场以"迎奥运、迎两会，从我做起、从身边做起"为主题的清洁大扫除活动在全市开展，燃起了全体市民的参与热情。2016 年起，源自东四街道的"周末大扫除"，如一颗"火种"，在全市上千个社区、村庄播撒开来，掀起"周末大扫除"的热潮。

---

①根据档案记载，1949 年及 1951 年 3 月开展的大扫除，将明清以来陈积的 60 余万吨垃圾全部清除干净，古都面貌焕然一新。

文字来源：京报网 2018 年 7 月 2 日文章《北京市各社区掀起"周末大扫除"热潮》

完善物业管理长效机制
5. Long-lasting Property Management Mechanism Cultivation

完善物业管理体系
Property Management System Improvement

将物业管理[①]纳入社区治理体系，坚持党委领导、政府主导、居民自治、多方参与、协商共建、科技支撑的工作格局。建立健全社区党组织领导下居民委员会、业主委员会或者物业管理委员会、业主、物业服务人等共同参与的治理架构。

老旧小区更新前，街道办事处应在区主管部门指导下，通过业主认可的方式组织建立业主大会、组建业主委员会或物业管理委员会等业主自治组织。业主委员会或物业管理委员会应组织居民因地制宜确定物业管理模式，就物业服务标准、收费标准等达成一致意见，签订物业服务协议。

推动在物业服务企业、业主委员会、物业管理委员会中建立党组织，发挥党建引领作用。

保障老旧小区的基本服务，包括秩序维护、共用部位及共用设施设备运行维修养护（含楼道门窗、照明设施、化粪池、消防安全检查）、保洁清洁（含垃圾分类），绿化养护，基本服务费由业主缴纳。

坚定推动物业管理全覆盖，妥善解决历史遗留问题，构建责权清晰的管理架构，不断完善物业管理长效机制，保障老旧小区健康可持续维护。

整治中同步实施物业管理[②]
Simultaneously Implementing Renovation and Strengthening Property Management

有序推进老旧小区实施物业管理。全面推动老旧小区物业管理向社会化、专业化、规范化、精细化发展。

改造工作启动前物业管理与改造工程同步表决，业主同意实施物业管理并交纳物业服务费的，列入综合改造计划。

改造中物业服务企业或其他管理单位要全程参与，提出合理化建议。

改造后管理单位要无缝衔接，即时有效开展物业服务。

坚持业主缴费和政府扶持相结合的原则。改造后的老旧小区物业费由业主缴纳。

实施综合改造的老旧小区原则上应实施专业化物业管理，部分改造的可对改造区域先行实施物业管理；暂不具备专业化物业管理条件的，可按照单位自管等现行方式或准物业管理方式进行管理。

---

①《中华人民共和国民法典》规定，业主可以自行管理建筑物及其附属设施，也可以委托物业服务企业或者其他管理人管理。业主可以设立业主大会，选举业主委员会。业主大会、业主委员会成立的具体条件和程序，依照法律、法规的规定。地方人民政府有关部门、居民委员会应当对设立业主大会和选举业主委员会给予指导和协助。

②文字来源：北京市住房和城乡建设委员会网站《关于建立我市实施综合改造老旧小区物业管理长效机制的指导意见》

图 7-10（a）

图 7-10（b）

图 7-10（c）

★ **上海市闵行区"红色物业"**

Property Management under the Guidance of CCP in Minhang District, Shanghai

经历了快速城市化进程和大量人口导入，上海闵行区基层社区治理面临新挑战、新要求。闵行全区有1000多个小区、270余家物业服务企业。曾几何时，反映小区管理方面的投诉占全区总数的 21.5%，位居十大热点信访榜首。

为破解这一难题，闵行区从 2017 年开始探索并在上海市首创党建引领的"红色物业"，以居民区党组织为核心，推进居委会、业委会、物业"三驾马车"协同运转，有效扭转物业服务满意度低的情况。目前，闵行区所有小区 100% 创建"红色物业"，200 个小区成为示范社区，"美好生活合伙人"的理念深入人心，构建起共建、共治、共享的社会治理新格局。

"红色物业"推进过程中，闵行区加强标准化、规范化建设，2018 年建立区级联席会议制度，出台相关实施意见，定期评估推进情况。推动公安、房管、城管等执法力量下基层、进社区，让居民区党组织有能力、有资源、有方法推动社区治理。

此外，闵行区还为"红色物业"创建提供菜单式模板，围绕日常制度、公共收益、物业选聘等 6 大类 25 项指标，制定业委会运作规范化评估标准，确定 37 项评价指标和综合标准，并开通"闵行物业行政监管评价系统"，由大数据自动生成白皮书，强化物业服务重点监管。

图 7-10 上海市闵行区"红色物业"
Figure 7-10 Property Management under the Guidance of CCP in Minhang District, Shanghai
（a）上海市闵行区某"红色物业"示范社区；
（b）上海市闵行区颛桥镇银都苑第一居民区党总支红色物业阵地；
（c）上海市"红色物业"的建设
图片来源：（a）（b）中国新闻网 2020 年 9 月 8 日文章《深化城市治理 上海闵行首创"红色物业"》；（c）新华财经网 2021 年 4 月 16 日文章《红心点亮民心 沪上"红色物业"在推进》

文字来源：上海新闻综合频道网站 2021 年 7 月 6 日文章《"红色物业"助力高品质生活 居民成最大受益者》

规范良性竞争的市场环境
Promoting a Fair and Healthy Market Environment

物业管理相关主体应当遵守权责一致、质价相符、公平公开的物业服务市场规则，维护享受物业服务并依法付费的市场秩序，优化市场环境。

完善信息发布和价格协商机制，公开物业服务清单，保障业主对物业服务的监督权，创新物业服务行业监管方式。

严厉惩处企业失信行为，推动形成"优胜劣汰，失信失业"的市场环境，促进行业、企业及从业人员依法履约、守信经营。

☆ 上海市住宅物业服务价格监测信息公布
Property Management Service Price Monitoring in Shanghai

为规范物业管理服务行业市场，完善"按质论价、质价相符"的住宅物业服务价格机制，按照《上海市住宅物业管理规定》的有关规定，由上海市物业管理行业协会收集、汇总和公布本市物业服务价格监测信息，供业主委员会和物业服务企业在协商物业服务价格时参考[1]。

表7-1 上海市各区住宅物业服务价格监测信息平均值[单位：元/（月·m²）]

区域/项目类型	商品房		售后房	
	多层	高层	多层	高层
全市	1.49	2.18	1.15	2.15
浦东新区	1.30	2.08	1.18	1.51
黄浦区	2.83	3.00	1.40	2.27
静安区	1.56	2.51	1.41	1.72
徐汇区	1.58	2.71	1.17	1.74
长宁区	3.12	3.24	1.27	1.89
普陀区	1.48	2.07	1.13	1.73
虹口区	1.46	2.15	0.97	1.63
杨浦区	1.48	2.01	1.14	1.66
宝山区	1.18	1.76	1.11	1.37
闵行区	1.97	1.98	1.18	1.52
嘉定区	1.36	2.11	1.18	1.60
金山区	0.74	1.50	0.75	1.31
松江区	1.32	1.94	1.23	2.05
青浦区	1.71	2.12	1.41	1.85
奉贤区	1.00	1.92	0.82	2.27
崇明区	0.99	1.50	0.73	2.23

[1]右表统计样本为2018~2019年上海8149个小区的物业服务价格信息，该平均价格包含合同价格、公共收益和政府达标奖励。商品房包含保障性住房，不含别墅。

文字和表格来源：上海市住房和城乡建设委员会网站

健全物业服务综合评价机制
Establishing a Evaluation Mechanism for Property Management

提升行业的监管水平，加强对物业服务企业资质管理，完善动态检查和奖惩机制。完善物业行业信用体系建设，加大有关物业企业和人员的诚信信息公开力度，纳入全市信用体系。

提升对物业服务评价的科学性，可引进第三方评估机构，量化评估标准的同时注重居民感受和满意度评价，综合考量，与对物业管理企业相关的政府扶持政策挂钩，优化物业服务达标考核制度。

支持物业管理、专业评估等行业协会依法制定和组织实施自律性规范，实行自律管理，推动行业健康有序发展。①

☆ 上海市普陀区达标考核促物业提升服务
Assesment Promoting Improvement of Property Management Services in Putuo District, Shanghai

2018 年 3 月以来，实施物业服务达标考核，是上海市普陀区住宅小区物业纠纷矛盾化解的试点任务。针对 20 个存在疑难复杂物业矛盾的住宅小区，普陀区引入第三方代理记账公司，通过对维修资金、公共收益、业委会工作经费三本账的代理记账，提高透明度。与此同时，每个街道镇至少引入 1 家社会组织参与物业纠纷调处工作，如今已实现全覆盖。

各街镇以住宅小区为对象开展考核，结合日常巡查和不定期抽查的情况实行"月考"，并根据"优秀""达标""基本达标""不达标"四类考核结果发放奖励。区房管局以物业企业为考核对象，采用半年度考核的模式，主要根据物业企业的信访投诉处置，第三方测评、维修资金及公共收益的

规范使用等内容进行确定考核等次，并对长期处于管理不善的物业企业纳入预警信息进行公示，加强事中事后监管。

新政策倒逼企业改进服务水平②。普陀区真如物业是一家扎根在真如镇、服务于普陀区的国有物业企业，服务对象多为建造于 20 世纪 50~90 年代的公房和售后房。在真如镇街道"全覆盖"物业企业 2018 年上半年度考核中，真如物业的达标奖励被扣掉了 30 万元。经过认真整改，真如物业公司打了场漂亮的翻身仗，不仅之前扣掉的 30 万"补"回来了，与去年相比奖励还增加了近 15 万。"业主缴物业费变得爽气了，来投诉物业的业主也少了，还有业主主动给我们点赞"，真如物业负责人表示。

①文字来源：张农科.关于我国物业管理模式的反思与再造[J]. 城市问题，2012（5）：2-14
②以普陀区真如镇街道为例，按照原有有对物业公司的考核规则，达标企业可以得到每平方米 0.3 元的政府奖励，有的管理面积大的物业公司，一年就可以拿几十万元，对于那些物业费多年没有涨价、入不敷出的企业来说，往往就靠这笔钱过日子了。可为物业服务"托底"，但难以充分发挥物业企业主动作为的积极性。2018 年，真如镇街道制定了《住宅小区物业服务考核办法（试行）》，将全街道公房、售后房和商品房等 87 个小区全部纳入考核，以期扭转过去政府对物业的考核名为"奖励"实为"补助"的局面。按照考核试行办法，满分是 100 分，其中职能部门评分占 40%，第三方社会专业力量评分占 60%，最终根据各住宅小区的评分从高到低排序，经综合评定后确定排名，使考核结果更加客观，并结合奖惩措施，使物业企业心服口服。
文字来源：澎湃新闻网站 2019 年 1 月 10 日文章《从被扣 30 万到奖励 15 万，上海这个街道物业如何打赢翻身仗》

北京市劲松小区
孙子荆　摄

附录 1 新中国北京住宅发展历程中的典型项目

Appendix 1 Typical Projects in Beijing Residential Development History Since 1949

附表 1-1 典型住宅项目

序号	项目	年代	住宅单体特点	住区规划特点	获奖	参考文献	备注
1	复外邻里（又名真武庙邻里住宅，其中真武庙头条以南的部分为铁道部花园式住宅真武庙头条 4 号院）	1953 年规划建设	均为砖混结构，木屋架、坡屋顶，外墙用水泥拉毛和横线条水泥抹灰。其中两层花园式住宅楼，坐北朝南，首层两户分别为东、西山墙开门，两层两户由中间楼梯入户；砖混结构，现浇楼板、楼梯，木屋架、坡屋顶，外墙水泥拉毛和横线条水泥抹灰	仿照西方"邻里单位"的思想。位于今复兴商业城及其南侧的真武庙二条胡同以北，占地约 4 公顷，由真武庙头条胡同分隔成南北两块。路北沿城市干道布置三层里弄式住宅，路南设计了 11 栋两层独立花园式住宅，内部道路采用尽端式格局。沿复兴门外大街南侧建设了副食和百货商场		北京市地方志编纂委员会编 . 北京志 · 城乡规划卷 · 规划志 . 北京：北京出版社，2007.06. 北京市地方志编纂委员会编 . 北京志 · 城乡规划卷 · 建筑工程设计志 . 北京：北京出版社，2007.03. 北京市地方志编纂委员会编 . 北京志 · 建筑卷 · 建筑志 . 北京：北京出版社，2002.11.	北京市第一批历史建筑
2	铁道部第三住宅区（月坛西街西里）	20 世纪 50 年代					《首都功能核心区控制性详细规划（街区层面）（2018 年—2035 年）》要求保护性修缮的特色小区
3	铁道部第四住宅区（真武庙四条南侧的西便门外大街 7 号院）	1952~1954 年建成	一梯两户砖混结构，现浇楼板、楼梯，木屋架，坡屋顶，外墙水泥拉毛和横线条水泥抹灰	13 栋三层住宅，其中南北向二单元住宅 7 栋、东西向一单元住宅 6 栋，形成周边式街坊		北京市地方志编纂委员会编 . 北京志 · 建筑卷 · 建筑志 . 北京：北京出版社，2002.11.	北京市第一批历史建筑
4	酒仙桥电子管厂职工生活区	1953 年规划建设	砖混、现浇板住宅体系	单元式的工人住宅区，由若干周边式街坊组成，每个街坊占地 1~2 公顷，住宅沿四周道路边线布置，围合成一个个内部庭园，布局强调轴线和对称。托儿所、幼儿园设在街坊内部，商场、邮电等公共服务设施临大街布置		北京市地方志编纂委员会编 . 北京志 · 城乡规划卷 · 建筑工程设计志 . 北京：北京出版社，2007.03. 北京市地方志编纂委员会编 . 北京志 · 建筑卷 · 建筑志 . 北京：北京出版社，2002.11. 赵景昭主编 . 住宅设计 50 年 北京市建筑设计研究院住宅作品选 . 北京：中国建筑工业出版社，1999.09.	
5	京棉二厂生活区	1953 年规划建设	沿用至今的单元住宅的原型。住宅多数是三层，清水砖墙、木屋架坡顶、混凝土楼板。每户设有厨房、厕所以及上下水、采暖设备等，一梯两户或三户	单元式的工人住宅区，由若干周边式街坊组成，每个街坊占地 1~2 公顷，住宅沿四周道路边线布置，围合成一个个内部庭园，布局强调轴线和对称。托儿所、幼儿园设在街坊内部，商场、邮电等公共服务设施临大街布置。占地 23 公顷，建筑总面积 20.8 万平方米		北京市地方志编纂委员会编 . 北京志 · 城乡规划卷 · 规划志 . 北京：北京出版社，2007.06. 北京市地方志编纂委员会编 . 北京志 · 建筑卷 · 建筑志 . 北京：北京出版社，2002.11. 北京市地方志编纂委员会编 . 北京志 · 市政卷 · 房地产志 . 北京：北京出版社，2000.11. 赵景昭主编 . 住宅设计 50 年 北京市建筑设计研究院住宅作品选 . 北京：中国建筑工业出版社，1999.09.	
6	百万庄住宅区	1953 年建成	学习苏联大单元设计，三层单元拼联式住宅	位于三里河路东侧，是最早建设的大型住宅区，占地约 12.9 公顷，建筑总面积 6.9 万平方米，其中住宅 41 栋、927 套，建筑面积 6.7 万平方米。住宅区中心是 2 公顷左右的公共绿地，周围由 8 个住宅街坊和一组花园式住宅组成。住宅均为三层单元拼联式，按轴线对称的格式形成"双周边式"住宅区		北京市地方志编纂委员会编 . 北京志 · 城乡规划卷 · 规划志 . 北京：北京出版社，2007.06. 北京市地方志编纂委员会编 . 北京志 · 城乡规划卷 · 建筑工程设计志 . 北京：北京出版社，2007.03. 北京市地方志编纂委员会编 . 北京志 · 建筑卷 · 建筑志 . 北京：北京出版社，2002.11. 吕俊华，彼得·罗，张杰主编 . 中国现代城市住宅 1840-2000. 北京：清华大学出版社，2003.08. 赵景昭主编 . 住宅设计 50 年 北京市建筑设计研究院住宅作品选 . 北京：中国建筑工业出版社，1999.09. 李宏铎 . 百万庄住宅区和国棉一厂生活区调查 [J]. 建筑学报，1956（06）：19-28+67.	北京市第一批历史建筑；《首都功能核心区控制性详细规划（街区层面）（2018 —2035 年）》要求保护性修缮的特色小区
7	景山后街地安门宿舍大楼（地安门内大街 40、41 号住宅，地安门机关宿舍大楼）	1954 年建成	"社会主义内容，民族形式"，采用西方古典三段式的建筑构图原则，使用中国古典建筑的坡屋顶作为建筑的顶部处理，同时将西方建筑雕饰与中国建筑的古典构件和图案结合起来			吕俊华，彼得·罗，张杰主编 . 中国现代城市住宅 1840-2000. 北京：清华大学出版社，2003.08.	优秀近代建筑，北京市第一批历史建筑

序号	项目	年代	住宅单体特点	住区规划特点	获奖	参考文献	备注
8	三里河住宅区（三里河一区、二区、三区）	1954~1955年建设	学习苏联大单元设计	"双周边式"住宅区。一区占地21.1公顷，建筑总面积15.9万平方米，其中住宅275栋，2482套，面积13.7万平方米。二区占地16.6公顷，建筑总面积13.8万平方米，其中住宅33栋，1258套，面积10.3万平方米。三区占地9.9公顷，建筑方总面积8.8万平方米，其中住宅30栋，1403套，面积8.1万平方米		北京市地方志编纂委员会编.北京志·城乡规划卷·规划志.北京：北京出版社，2007.06. 北京市地方志编纂委员会编.北京志·建筑卷·建筑志.北京：北京出版社，2002.11.	
9	京棉三厂住宅区	1955年建设	住宅多数是三层，清水砖墙、木屋架坡顶、混凝土楼板。每户设有厨房、厕所以及上下水、采暖设备等，一梯两户或三户	占地22公顷，建筑总面积18.1万平方米，其中住宅57栋，面积16万平方米		北京市地方志编纂委员会编.北京志·城乡规划卷·规划志.北京：北京出版社，2007.06. 北京市地方志编纂委员会编.北京志·建筑卷·建筑志.北京：北京出版社，2002.11.	
10	永安路小区	1955年规划建设		"成街成坊"的建设原则，在街坊的基础上，考虑了街坊与街道的关系，提高了建筑层数和密度，节约用地		赵景昭主编.住宅设计50年 北京市建筑设计研究院住宅作品选.北京：中国建筑工业出版社，1999.09. 北京市城市建设综合开发办公室编.京华康居 摄影集[M].北京：中国建筑工业出版社.1995.	
11	右安门实验性住宅	1955年建成一期	造价低又切合广大人民当时生活方式的居住建筑，使用年限20~30年，采用外走廊方式组成单元组合。两层楼房，一层直接通到院内，二层通到室外走廊再到院内	九幢两层楼房		华揽洪.关于北京右安门实验性住宅设计经验介绍[J].建筑学报，1955（03）：24–34. 徐之江.对"关于北京右安门实验性住宅设计经验介绍"的一些意见[J].建筑学报，1956（01）：118–123.	已拆除
12	幸福村街坊	1956年规划建设	住宅新类型，可作为这个时期外廊式住宅的代表	占地11.3公顷，规划建筑总面积6.4万平方米，共有住宅35栋、986套，住宅建筑面积5.7万平方米。建筑布局顺应不等边的地形和地势起伏的特点，使建筑组成大小不同的室外生活庭院，合理安排道路系统，生活服务设施齐全，并注意了绿化建设		北京市地方志编纂委员会编.北京志·城乡规划卷·规划志.北京：北京出版社，2007.06. 北京市地方志编纂委员会编.北京志·建筑卷·建筑志.北京：北京出版社，2002.11. 吕俊华，彼得·罗，张杰.中国现代城市住宅1840–2000.北京：清华大学出版社，2003.08. 赵景昭主编.住宅设计50年 北京市建筑设计研究院住宅作品选.北京：中国建筑工业出版社，1999.09. 华揽洪.北京幸福村街坊设计[J].建筑学报，1957（03）：16–35.	
13	西便门外大街10号院	1956年建成					北京优秀近现代建筑，北京市第一批历史建筑
14	夕照寺小区	1957年规划并开工建设	3~4层为主，砖混结构，单元式住宅，室内设备较齐全，有厨房、厕所	小区规划理论首次应用，正式提出城市居住区以"小区"为基本单位。占地10~20公顷，建筑面积5万~10万平方米。公共服务设施有：中小学、托儿所、幼儿园、综合商场、主副食店、小区服务中心以及公共食堂		北京市地方志编纂委员会编.北京志·城乡规划卷·规划志.北京：北京出版社，2007.06. 北京市地方志编纂委员会编.北京志·建筑卷·建筑志.北京：北京出版社，2002.11. 北京市地方志编纂委员会编.北京志·市政卷·房地产志.北京：北京出版社，2000.11. 赵景昭主编.住宅设计50年 北京市建筑设计研究院住宅作品选.北京：中国建筑工业出版社，1999.09. 傅守谦，罗栋，张国良.北京市夕照寺居住小区规划方案介绍[J].建筑学报，1958（01）：10–16.	
15	呼家楼	1957年建设		应用小区规划的理论。占地25.3公顷，建筑总面积15.7万平方米，其中住宅63栋，2758套，面积15.7万平方米		北京市地方志编纂委员会编.北京志·建筑卷·建筑志.北京：北京出版社，2002.11. 北京市地方志编纂委员会编.北京志·市政卷·房地产志.北京：北京出版社，2000.11.	
16	左家庄	1957年建设	五层振动砖壁板住宅	建筑面积31.0万平方米		北京市地方志编纂委员会编.北京志·建筑卷·建筑志.北京：北京出版社，2002.11.	
17	外交公寓	1957年建成	中央7层，两翼6层	位于建国门外齐家园，建筑面积1.12万平方米		北京市地方志编纂委员会编.北京志·城乡规划卷·建筑工程设计志.北京：北京出版社，2007.03.	北京优秀近现代建筑，北京市第一批历史建筑
18	福绥境（今西城区白塔寺宫门口三条1号）	1958~1960年间建设	建于"大跃进""人民公社"化的高潮中，称"公社大楼"。三处首次在北京建造的有电梯的8-9层一般住宅之一，面积21800平方米。砖混住宅，板式建筑。在长内走道的两侧安排住户，类似集体宿舍，两端设电梯、楼梯；户内有厕所，在每层设公用的厨房，有地下室（今作旅馆用）；楼下设公共食堂			北京市地方志编纂委员会编.北京志·城乡规划卷·建筑工程设计志.北京：北京出版社，2007.03. 北京市地方志编纂委员会编.北京志·建筑卷·建筑志.北京：北京出版社，2002.11.	北京市优秀近现代建筑，北京市第一批历史建筑

序号	项目	年代	住宅单体特点	住区规划特点	获奖	参考文献	备注
19	北官厅（今东城区北新桥北官厅胡同14号）	1958~1960年间建设	公社大楼，面积1.41万平方米，其余同福绥境			北京市地方志编纂委员会编.北京志·城乡规划卷·建筑工程设计志.北京：北京出版社，2007.03. 北京市地方志编纂委员会编.北京志·建筑卷·建筑志.北京：北京出版社，2002.11.	已拆除
20	安化寺（安化楼，今东城区广渠门内大街14号）	1958~1960年间建设	公社大楼，面积1.95万平方米，无地下室，其余同福绥境			北京市地方志编纂委员会编.北京志·城乡规划卷·建筑工程设计志.北京：北京出版社，2007.03. 北京市地方志编纂委员会编.北京志·建筑卷·建筑志.北京：北京出版社，2002.11.	北京市第一批历史建筑
21	虎坊路小区	1958年建设		应用小区规划理论。占地9.2公顷，规划建筑面积8.8万平方米，其中住宅34栋，1042套，面积7.2万平方米。该小区规划布局是成街与成片相结合，住宅平均为3.9层，人口密度每公顷536人，是一个多层高密度的住宅小区		北京市地方志编纂委员会编.北京志·建筑卷·建筑志.北京：北京出版社，2002.11. 北京市地方志编纂委员会编.北京志·市政卷·房地产志.北京：北京出版社，2000.11. 北京市城市建设综合开发办公室编.京华康居 摄影集[M].北京：中国建筑工业出版社.1995.	北京市第一批历史建筑
22	洪茂沟大型砖砌块住宅	1958年建成	住宅结构与住宅工业化起步，开展4层大型砖砌块试验，纵墙承重，采用跨度4.4米、高17厘米预应力空心楼板和波形大瓦	建筑面积共1.42万平方米		北京市地方志编纂委员会编.北京志·建筑卷·建筑志.北京：北京出版社，2002.11. 吕俊华，彼得·罗，张杰主编.中国现代城市住宅1840-2000.清华大学出版社，2003.08. 北京建工集团总公司编.北京市建筑工程总公司志1953-1992[M].北京：中国建筑工业出版社.1994. 陆仓贤.装配式大型砖砌块试验住宅[J].建筑学报，1958（09）：1-3.	
23	白纸坊小区	1958年建设		要求适用、经济和美观三者统一，最大限度利用原有半建成区基础。分隔成三段，采用单独街坊的方式，文化福利设施布置在交通方便、位于中心的位置		赵冬日，寿振华，冯颖.北京市白纸坊居住小区改建规划方案[J].建筑学报，1958（01）：17-22+30.	
24	永安里小区	1958年建设	采用8012-5住宅通用图，在全国"反浪费"运动背景下，根据国家计委《住宅经济指标的几项规定》设计的"窄、小、低、薄"低标准住宅，建筑面积36.6平方米/户			北京市地方志编纂委员会编.北京志·城乡规划卷·建筑工程设计志.北京：北京出版社，2007.03.	
25	和平里小区	1959年规划		应用小区规划理论。占地18.5公顷。居住7260人，住宅平均层数4.1层。原规划三个住宅组团，住宅间距较大，充分满足北京的日照要求，形成宽敞的庭园。每组团内设基层商店及托幼，组团之间用中小学和绿地分隔，商业放在沿街住宅的底层。南部为居民中心，未建，后全部改为住宅		赵景昭主编.住宅设计50年 北京市建筑设计研究院住宅作品选.北京：中国建筑工业出版社，1999.09.	
26	垂杨柳住宅区	1959~1961年期间陆续修建一部分		应用小区规划理论		北京市地方志编纂委员会编.北京志·市政卷·房地产志.北京：北京出版社，2000.11. 朱暢中.试作北京垂杨柳住宅区规划的一些体会[J].建筑学报，1964（07）：11-16.	
27	真武庙二里	20世纪50~60年代	借鉴苏联建筑形式				北京市第一批历史建筑
28	真武庙三里	20世纪50~60年代	借鉴苏联建筑形式				北京市第一批历史建筑
29	真武庙四里	20世纪50~60年代	借鉴苏联建筑形式				北京市第一批历史建筑
30	科源社区	20世纪50~60年代建成		其中13、14、15号楼为坡顶三层楼，因安置海外归来的著名学者和国内自然人文学各学科领域的知名科学家，被称之为"特楼"			科源社区13、14、15号楼为北京市第一批历史建筑
31	将军楼	20世纪50年代末建成	占地452平方米，共有上下两层，东西各为一户，每户上下层共计9间房，一楼有一个可以容纳十几人的会议室	火箭院一共修建了两栋"将军楼"、五栋"首长楼"，现仅存1栋"将军楼"		火箭院生活区里的"将军楼"[EB/OL].（2015-08-01）[2021-06-22].http://calt.spacechina.com/n488/n754/c4257/content.html	北京市第一批历史建筑
32	和平里七区	20世纪50~60年代					北京市第三批历史建筑

序号	项目	年代	住宅单体特点	住区规划特点	获奖	参考文献	备注
3	羊坊店装配式大型壁板住宅	1960年建成	5层装配式大型壁板住宅试验(住宅工业化试验),承重墙为厚5厘米钢筋混凝土预制薄腹壁板。主开间3.6米,进深5.4米+5.4米,层高3.2米	面积3744平方米,共48户		北京市地方志编纂委员会编.北京志·建筑卷·建筑志.北京:北京出版社,2002.11. 北京建工集团总公司编.北京市建筑工程总公司志1953–1992[M].北京:中国建筑工业出版社.1994. 徐强生,谭志民.探求我国住宅建筑新风格的途径[J].建筑学报,1961(12):9–12.	
4	北蜂窝	1960~1961年建设	4~5层,振动壁板住宅,以厚14厘米预制砖板作承重墙	6栋		北京市地方志编纂委员会编.北京志·建筑卷·建筑志.北京:北京出版社,2002.11. 陆仓贤.振动砖板住宅的设计研究[J].建筑学报,1964(01):4–8.	
5	水碓小区	1963年规划	五层振动砖壁板住宅,机械化施工	应用小区规划理论。道路弯曲,建筑前后左右错开,墩式建筑穿插布置,集中设置绿地,形成多变的空间		北京市地方志编纂委员会编.北京志·建筑卷·建筑志.北京:北京出版社,2002.11.北京市地方志编纂委员会编.北京志·市政卷·房地产志.北京:北京出版社,2000.11. 赵景昭主编.住宅设计50年北京市建筑设计研究院住宅作品选.北京:中国建筑工业出版社,1999.09. 陆仓贤.振动砖板住宅的设计研究[J].建筑学报,1964(01):4–8.	
6	灵通观住宅3栋(今灵通观3号、4号、5号)	1963年	9层砖混结构,局部梁柱,预制空心楼板。每栋分东西两个单元,各设1台电梯、1座楼梯,由中部的外走廊连通。每层6户,户型有二室、三室、四室3种,户内设厨房、厕所。建筑面积共19048平方米	位于建国门外大街南面		北京市地方志编纂委员会编.北京志·建筑卷·建筑志.北京:北京出版社,2002.11.	
7	龙潭小区	1964年规划,1965年竣工	五层振动砖壁板住宅,为适应装配式住宅墙板在现场工业化施工的要求,住宅全部为条形,房间朝南居多	应用小区规划的理论。规划总建筑面积11.4万平方米,其中住宅36栋,2592套,面积10.7万平方米。住宅南北向行列式布置,长短相间。基层商店位居中心。道路系统吸取里弄手法,分主弄、次弄和支弄		北京市地方志编纂委员会编.北京志·城乡规划卷·规划志.北京:北京出版社,2007.06. 北京市地方志编纂委员会编.北京志·建筑卷·建筑志.北京:北京出版社,2002.11. 北京市地方志编纂委员会编.北京志·市政卷·房地产志.北京:北京出版社,2000.11. 赵景昭主编.住宅设计50年北京市建筑设计研究院住宅作品选.北京:中国建筑工业出版社,1999.09.	
8	三里屯	1965年建设	五层振动砖壁板住宅	应用小区规划的理论。占地25.0公顷,建筑总面积16.5万平方米,其中住宅46栋,面积10.5万平方米		北京市地方志编纂委员会编.北京志·建筑卷·建筑志.北京:北京出版社,2002.11. 北京市地方志编纂委员会编.北京志·市政卷·房地产志.北京:北京出版社,2000.11. 北京市城市建设综合开发办公室编.京华康居摄影集[M].北京:中国建筑工业出版社.1995.	
9	新源里	1965年建设		应用小区规划的理论。占地12.5公顷,建筑总面积8.1万平方米,其中住宅30栋,面积6.9万平方米		北京市地方志编纂委员会编.北京志·建筑卷·建筑志.北京:北京出版社,2002.11. 北京市地方志编纂委员会编.北京志·市政卷·房地产志.北京:北京出版社,2000.11.	
10	新中街	1960~1966年期间	五层振动砖壁板住宅			北京市地方志编纂委员会编.北京志·建筑卷·建筑志.北京:北京出版社,2002.11.胡世德.北京建筑体系的发展与展望[J].建筑技术,1993(01):10–14+24+2.	
11	东光路住宅一条街	1964~1965年规划建设		位于今东大桥路西侧,南北全长1.5公里,占地10.5公顷,总建筑面积8.9万平方米,住宅44栋,住宅面积8.1万平方米,均为多层。规划突破了周边式沿街布置方式,在30米左右进深的狭长空地上,南北向布置多数住宅,使其有良好日照和通风。在4~5层住宅楼房之间,用1~3层公共服务建筑相连		北京市地方志编纂委员会编.北京志·建筑卷·建筑志.北京:北京出版社,2002.11.	
12	金鱼池住宅区	1967年开工建设	楼内没有厨房,在廊子里做饭,没有自来水和厕所,到楼梯旁取水,去楼外上厕所。墙体是24厘米的空斗墙,薄屋顶。楼板是2.5厘米厚的槽形板,上下干扰,没有暖气,更没有煤气	占地13.5公顷,盖房60栋、建筑面积11万平方米		北京市地方志编纂委员会编.北京志·建筑卷·建筑志.北京:北京出版社,2002.11.	已危改
13	10号外交公寓	1971年	7层住宅楼	建筑面积6730平方米		北京市地方志编纂委员会编.北京志·城乡规划卷·建筑工程设计志.北京:北京出版社,2007.03.	
14	9号外交公寓(建国门外大街外交公寓1号)	1972年	7~9层住宅楼	建筑面积1.98万平方米		北京市地方志编纂委员会编.北京志·城乡规划卷·建筑工程设计志.北京:北京出版社,2007.03.	北京优秀近现代建筑,北京市第一批历史建筑

序号	项目	年代	住宅单体特点	住区规划特点	获奖	参考文献	备注
45	建国门外大街外交公寓（建国门外大街外交公寓12、14号）	1973年建成	北京第一栋10层以上的高层住宅，地上16层，地下2层，装配整体框架–剪力墙结构，2栋建筑面积18966平方米。另有4~6层板式公寓2栋及附属建筑	位于建国门外大街北侧，占地2.03公顷		北京市地方志编纂委员会编.北京志·建筑卷·建筑志.北京：北京出版社，2002.11.	北京优秀近现代建筑，北京市第一批历史建筑
46	建国门东北侧外交公寓	1974年5月25日开工，1984年6月30日全部竣工	14层和16层现浇剪力墙大模板高层住宅，内浇外板，内墙采用大模板现浇，外墙、楼板、隔墙等预制	总建筑面积16.4万平方米，其中14和16层的高层公寓12栋，是全国最早兴建的高层大模板建筑和北京市最早兴建的高层公寓群	三期工程（5栋）获1982年度国家优质工程银质奖	北京市地方志编纂委员会编.北京志·建筑卷·建筑志.北京：北京出版社，2002.11.科学出版社.中华人民共和国首都城乡建设五十年[M].北京：科学出版社.	
47	厂桥、东大桥、安定门外和西二环路，共9栋框架–剪力墙高层住宅	1974~1977年建设	框架–剪力墙板式普通高层，9~14层，开间以6.3米为主，进深4.5~5.4米，住宅层高3米。底层一般用于商业，层高3.6~6.4米	共9栋，建筑面积共约11万平方米		北京市地方志编纂委员会编.北京志·城乡规划卷·建筑工程设计志.北京：北京出版社，2007.03.北京市地方志编纂委员会编.北京志·建筑卷·建筑志.北京：北京出版社，2002.11.	
48	广播事业局（复兴门南大街西侧）、民航管理局（东三环北路东侧）、牛街（广安门内大街南侧）三处板式楼	1974~1977年建设	12层板式楼，开间6.0米和6.3米，进深分别为6.0米+3.6米和5.8米+4.8米，有一道内纵墙，住宅层高2.9米。有底层商店。现浇剪力墙液压滑模高层住宅，内、外墙现浇，楼板预制，隔墙及外墙内保温采用碳化石灰空心板或加气混凝土条板。这种体系的整体性好，开间较大，结构施工一般每层3~4天	建筑面积共5万平方米	"液压滑升模板施工技术"获1978年全国科学大会奖	北京市地方志编纂委员会编.北京志·城乡规划卷·建筑工程设计志.北京：北京出版社，2007.03.北京市地方志编纂委员会编.北京志·建筑卷·建筑志.北京：北京出版社，2002.11.	
49	天坛南里小区	1975年建设	4~5层装配式大板建筑。小区东段试点2栋10~11层装配式大板高层住宅，建筑面积2.14万平方米	占地13.5公顷，总建筑面积13.7万平方米，其中住宅25栋，1668户，面积9.1万平方米。小区紧靠天坛南外墙，东西排开呈长条形，小区内设有公共绿地。住宅按行列式布置，建筑间距为南面楼高的1.7倍左右	"装配式大板居住建筑"获1978年全国科学大会奖	北京市地方志编纂委员会编.北京志·城乡规划卷·规划志.北京：北京出版社，2007.06.北京市地方志编纂委员会编.北京志·建筑卷·建筑志.北京：北京出版社，2002.11.	
50	青年湖小区	1975年规划建设		占地10.4公顷，建筑总面积5.7万平方米，其中住宅16栋，693套，面积5.2平方米	北12号楼获1986年建设部优秀设计奖住宅设计表扬奖；509号楼获1996年中国建筑工程鲁班奖	北京市地方志编纂委员会编.北京志·城乡规划卷·建筑工程设计志.北京：北京出版社，2007.03.北京市地方志编纂委员会编.北京志·建筑卷·建筑志.北京：北京出版社，2002.11.	
51	东三环中路统建1号楼普通住宅	1975年建成	现浇剪力墙大模板高层住宅，10层，内墙采用大模板现浇，外墙、楼板、隔墙等预制			北京市地方志编纂委员会编.北京志·建筑卷·建筑志.北京：北京出版社，2002.11.东三环统建1号楼大模板住宅设计[J].建筑技术，1976（Z2）：8–16.东三环统建1号楼大模板住宅施工[J].建筑技术，1976（Z2）：17–28.	位置不确切
52	前三门大街南侧住宅区	1976年开工，1985年建成	内承重墙用大模板现浇，外墙用预制板的"内浇外板"体系高层住宅，地上9~16层，地下1~2层，层高2.9米，开间有3.3米、2.7米和3.9米3种，进深以5.1米和4.8米为主。其中板式住宅，9~13层，有一道内纵墙；塔式住宅，11~16层，一般有两道内纵墙	首次集中以高层住宅为主体的统一建设，位于崇文门、正阳门、宣武门南侧，全长5公里。规划用地22.03公顷，规划总建筑面积58万平方米，临街布置高层板式、塔式住宅，34栋，39万多平方米，约7000户。实际完成各类建筑125栋，共52.08万平方米。其中住宅37栋，40.66万平方米	其大模板住宅建筑成套技术获1978年全国科学大会奖	北京市地方志编纂委员会编.北京志·城乡规划卷·规划志.北京：北京出版社，2007.06.北京市地方志编纂委员会编.北京志·城乡规划卷·建筑工程设计志.北京：北京出版社，2007.03.北京市地方志编纂委员会编.北京志·建筑卷·建筑志.北京：北京出版社，2002.11.吕俊华，彼得·罗，张杰主编.中国现代城市住宅1840~2000.北京：清华大学出版社，2003.08.科学出版社.中华人民共和国首都城乡建设五十年[M].北京：科学出版社.	
53	劲松住宅区	1976年规划，1976年开工，1989年全部建成	一期平均7层，二期平均9层。开间2.7~3.9米，进深以5.1米为主，层高2.9米。大模板现浇混凝土用于多层砖混住宅的内承重墙，形成"内浇外砌"体系。其中劲松213号楼（1977年建）为6层内浇外砌体系住宅，预制短向板；317号楼（1979年建）和306号楼（1981年建）首层为大空间现浇框架–剪力墙结构，2-6层为"内浇外砌"小开间住宅	一期占地27.3公顷，总建筑面积36.79万平方米，其中住宅31.84万平方米；二期占地26.6公顷，总建筑面积40.6万平方米，其中住宅35.56万平方米。实际完成各类建筑303栋、81.03万平方米。一二期分别划分为4个小区，每个小区又分为若干住宅组团，以南北向行列式布局为主，主要路口采用L形住宅，某些狭长地段采用点式住宅呈梅花形布局	获1979年市科技成果一等奖和1982年度国家发明三等奖	北京市地方志编纂委员会编.北京志·建筑卷·建筑志.北京：北京出版社，2002.11.北京市地方志编纂委员会编.北京志·市政卷·房地产志.北京：北京出版社，2000.11.赵景昭主编.住宅设计50年 北京市建筑设计研究院住宅作品选.北京：中国建筑工业出版社，1999.09.科学出版社.中华人民共和国首都城乡建设五十年[M].北京：科学出版社.	

序号	项目	年代	住宅单体特点	住区规划特点	获奖	参考文献	备注
54	团结湖住宅区	1976 年规划，1976 年 5 月开工，1986 年全部建成交付使用	大量采用装配式大板住宅，少部分为混合结构。层数以六层为主，少量五层及高层大板试点住宅，平均层数 6.9 层。其中，团结湖板式住宅，1979~1982 年建设，地上 10 层，地下 2 层，装配式大板住宅体系；团结湖塔式住宅，1979~1982 年建设，地上 12 层，地下 2 层，装配式大板住宅体系；团结湖 13 号楼，1980 年建设，六层，纵梁框架轻板、预制圆孔大楼板	规划用地 39.8 公顷，规划总建筑面积 48.91 万平方米。实际完成各类建筑 184 栋、54.28 万平方米。其中住宅 113 栋、47.52 万平方米。绿化面积 3.47 公顷，覆盖率 51.99%，其中团结湖公园占 3.11 公顷，是居民锻炼、休憩的理想场所。根据地形特点，居住区分为 11 个组团。住宅基本为南北朝向，北面布置条形高层住宅以利冬季挡风。十字方格网道路，公共服务设施较完善，分大、中、小三级节点		北京市地方志编纂委员会编．北京志·建筑卷·建筑志．北京：北京出版社，2002.11. 北京市地方志编纂委员会编．北京志·市政卷·房地产志．北京：北京出版社，2000.11. 赵景昭主编．住宅设计 50 年 北京市建筑设计研究院住宅作品选．北京：中国建筑工业出版社，1999.09. 北京城市建设开发集团总公司编．北京城市建设开发集团总公司志 1977–1995[M]．北京：中国建筑工业出版社.1994.	
55	十字坡小区（为北京市首批公开出售的商品房，于 1989 年开始销售）	1978 年开工，1988 年除东商业楼外全部竣工		高层住宅沿东外大街布置避免遮挡，多层住宅行列式布局，商业服务业集中布置在道路交叉口		北京城市建设开发集团总公司编．北京城市建设开发集团总公司志 1977–1995[M]．北京：中国建筑工业出版社.1994. 丁世华著．当代北京居住史话 [M]．北京：当代中国出版社.2009.	
56	和平里北街装配式大板高层住宅	1978 年建成	11 层装配式大板高层住宅		"装配式大板居住建筑"获 1978 年全国科学大会奖	北京市地方志编纂委员会编．北京志·建筑卷·建筑志．北京：北京出版社，2002.11.	
57	天坛东门外体育馆路装配式大板高层住宅	1979年建成	12 层装配式大板高层住宅		"装配式大板居住建筑"获 1978 年全国科学大会奖	北京市地方志编纂委员会编．北京志·建筑卷·建筑志．北京：北京出版社，2002.11.	
58	左家庄住宅区	1979年开工，1984年竣工		规划用地 36.56 公顷，规划总建筑面积 45.82 万平方米。居住区规划分为三个区，沿三环路及机场路为高层塔式和板式住宅，其余以多层住宅为主，中间两三组高层。住宅多沿路网排成 45 度角。区内集中绿地四处，按独立的花园式布置		北京市地方志编纂委员会编．北京志·建筑卷·建筑志．北京：北京出版社，2002.11. 北京市地方志编纂委员会编．北京志·市政卷·房地产志．北京：北京出版社，2000.11. 北京城市建设开发集团总公司编．北京城市建设开发集团总公司志 1977–1995[M]．北京：中国建筑工业出版社.1994.	
59	双榆树居住区	1979年12月开工，1986年7月完工		规划用地 41 公顷，总建筑面积 53.9 万平方米。分 4 个住宅组团，高层住宅集中沿中关村大街和北三环西路布置，多层住宅布置在科学院南路两侧，按南北方向排列。设有双榆树公园		北京市地方志编纂委员会编．北京志·建筑卷·建筑志．北京：北京出版社，2002.11. 北京市地方志编纂委员会编．北京志·市政卷·房地产志．北京：北京出版社，2000.11. 北京城市建设开发集团总公司编．北京城市建设开发集团总公司志 1977–1995[M]．北京：中国建筑工业出版社.1994.	
60	西便门西里"Y"形滑模住宅	1980~1983年建设	高层滑动模板住宅，地上 20 层，地下 3 层，采用大升间（5.4 米 和 5.7 米净模）、大进深（9 米净模），首次取消内纵墙，层高 2.8 米；每层 9 户，都有较好的朝向和通风	3 栋，建筑面积 3.75 万平方米		北京市地方志编纂委员会编．北京志·建筑卷·建筑志．北京：北京出版社，2002.11.	
61	万泉河住宅区	1981 年 7 月开工，1987 年 12 月全部建成		位于海淀区万泉河路与北四环路相交处。规划用地 18 公顷，规划总建筑面积 26.24 万平方米。实际完成各类建筑 69 栋、27.68 万平方米		北京市地方志编纂委员会编．北京志·建筑卷·建筑志．北京：北京出版社，2002.11. 北京市地方志编纂委员会编．北京志·市政卷·房地产志．北京：北京出版社，2000.11. 北京城市建设开发集团总公司编．北京城市建设开发集团总公司志 1977–1995[M]．北京：中国建筑工业出版社.1994.	
62	蒲黄榆路西侧大开间住宅	1981~1983年建设	15 层"十"字形内天井大开间住宅，每层 10 户，墙体现浇滑模，预制梁，短向空心预制楼板	3 栋		北京市地方志编纂委员会编．北京志·建筑卷·建筑志．北京：北京出版社，2002.11.	
63	五路居居住区	1982 年开工建设		分为 4 个小区：安贞里、安贞西里、安康里、安康西里。这个居住区吸取劲松居住区和团结湖居住区的优点并改进其存在的问题，做到：规模与范围合理，层数与密度适当提高，住宅组群变化有序，商业布点安排妥当，道路绿化自成系统，住宅标准化与多样化紧密结合。建筑面积 156.20 万平方米		北京市地方志编纂委员会编．北京志·建筑卷·建筑志．北京：北京出版社，2002.11. 北京市地方志编纂委员会编．北京志·市政卷·房地产志．北京：北京出版社，2000.11. 赵景昭主编．住宅设计 50 年 北京市建筑设计研究院住宅作品选．北京：中国建筑工业出版社，1999.09. 北京城市建设开发集团总公司编．北京城市建设开发集团总公司志 1977–1995[M]．北京：中国建筑工业出版社.1994.	

序号	项目	年代	住宅单体特点	住区规划特点	获奖	参考文献	备注
64	香河园居住区	1982年开工，1988年完工	住宅建筑采用砖混结构，装配式大板、纵梁框架、外挂板内大模和全现浇五种结构形式。其中，西坝河东里小区内进行了高层大模、板、塔及多层砖混、大模、大板以及台阶型住宅等多种形式的实践探索	规划用地54.61公顷，规划总建筑面积92万平方米。坝河东里利用扇形地形，使小区布局呈辐射状。西里位于坝河北岸狭长地段，沿河布置了10栋高层住宅。南里在坝河河弯处，用地也呈扇形，围绕水源井保护区布置5栋高层塔楼	北京西坝河高层住宅获1989年建设部优秀设计奖项三等奖；西坝河北里台阶式住宅获1986年北京市优秀设计三等奖；西坝河高层住宅获1988年北京市优秀设计二等奖；西坝河东里小区获首规委优秀小区一等奖	北京市地方志编纂委员会编.北京志·城乡规划卷·规划志.北京：北京出版社，2007.06. 北京市地方志编纂委员会编.北京志·建筑卷·建筑志.北京：北京出版社，2002.11. 北京市地方志编纂委员会编.北京志·市政卷·房地产志.北京：北京出版社，2000.11. 赵景昭主编.住宅设计50年 北京市建筑设计研究院住宅作品选.北京：中国建筑工业出版社，1999.09. 北京城市建设开发集团总公司编.北京城市建设开发集团总公司志 1977–1995[M].北京：中国建筑工业出版社.1994.	
65	塔院小区	1982年开工，1990年全部建成	内、外墙和楼板均现浇的大开间、大空间、大模板板式商住楼	规划用地16.1公顷，总建筑面积26.4万平方米，规划用地为长方形。纵贯南北的宽阔绿带作为小区中心。绿带两侧采用反对称重复组织了4个住宅组团：朗秋园、迎春园、消夏园和晴冬园	小区18层住宅获1986年建设部优秀设计奖住宅设计表扬奖	北京市地方志编纂委员会编.北京志·城乡规划卷·建筑工程设计志.北京：北京出版社，2007.03. 北京市地方志编纂委员会编.北京志·建筑卷·建筑志.北京：北京出版社，2002.11. 北京市地方志编纂委员会编.北京志·市政卷·房地产志.北京：北京出版社，2000.11. 北京城市建设开发集团总公司编.北京城市建设开发集团总公司志 1977–1995[M].北京：中国建筑工业出版社.1994. 徐莹光，葛缘恰.户户向阳的高层塔式住宅[J].建筑学报，1983（11）：74–76.	
66	红莲小区（又名莲花河小区，北京市首批公开出售的商品房，1989年始售）	1982年开始征地拆迁		规划成北、中、南三个小区，每个小区都由高层塔式住宅、多层板式住宅及商业、服务、儿童教育和附属工程所组成		北京城市建设开发集团总公司编.北京城市建设开发集团总公司志 1977–1995[M].北京：中国建筑工业出版社.1994. 丁世华著.当代北京居住史话[M].北京：当代中国出版社.2009.	
67	富强西里小区	1982年规划，1988年竣工	以四层和五层为主（少量六层）的砖混住宅，每栋容纳250户左右。建筑风格上结合大兴地方民居特色，在住宅檐口、门头等建筑处理上富有地方特色。墙体采用当地生产的灰砂砖、女儿墙用红色预制板斜放。小区进行了建筑节能试验	占地12.1公顷，总建筑面积13万平方米，分成8个组团，单元入口面向庭院，形成内向型以南、北向为主的封闭院落	获1990年全国优秀工程勘察设计银质奖；1989年建设部优秀设计奖二等奖；1988年北京市优秀工程二等奖；1986年北京市优秀设计二等奖	北京市地方志编纂委员会编.北京志·城乡规划卷·规划志.北京：北京出版社，2007.06. 北京市地方志编纂委员会编.北京志·建筑卷·建筑志.北京：北京出版社，2002.11. 赵景昭主编.住宅设计50年 北京市建筑设计研究院住宅作品选.北京：中国建筑工业出版社，1999.09. 北京市城市建设综合开发办公室.1980–1989北京市综合开发住宅小区居住区图选[M]. 白德懋，寿震华，李敏，董康.规划的实施往往比规划本身更为重要——实现富强西里小区规划的几点体会[J].建筑学报，1989（03）：48–49. 白德懋，寿震华.城市空间的连续——记富强西里小区环境[J].建筑学报，1988（10）：43–47. 白德懋，寿震华.小区规划的新尝试——北京黄村富强西里设计[J].建筑学报，1985（05）：17–20+83.	
68	和平里兴化街西侧华北电力设计院住宅区	1983~1984年建成	装配式大板塔式住宅，16层，层高2.9米，小开间			北京市地方志编纂委员会编.北京志·建筑卷·建筑志.北京：北京出版社，2002.11.	
69	前门东大街北侧商住楼	1983~1987年建成	现浇板柱-剪力墙商住楼			北京市地方志编纂委员会编.北京志·建筑卷·建筑志.北京：北京出版社，2002.11.	
70	广安门内大街牛街口商住楼	1984年建设	全现浇滑模商住楼，底层框架-剪力墙结构体系，用作商店。标准层剪力墙大开间（5.7米净模），层高2.7米，有一道内纵墙			北京市地方志编纂委员会编.北京志·建筑卷·建筑志.北京：北京出版社，2002.11.	
71	台阶式花园住宅系列	1984年	大天井、大进深，层层退台，多层绿化。平面方正，纵横墙对齐，再加构造柱及现浇圈梁，结构抗震性好。房间可大可小，适应不同家庭组成及远近期变化	住宅的层数、进深、群体布置形式强调节约用地和提高居住密度。采用行列式、高低搭配、点条结合、前后错落	赢得1984年全国砖混住宅方案竞赛	吕俊华，彼得·罗，张杰主编.中国现代城市住宅1840–2000.北京：清华大学出版社，2003.08. 吕俊华.台阶式花园住宅设计系列[J].世界建筑，1986（01）：44–48.	
72	西罗园住宅区（为北京市首批公开出售的商品房，于1984年开始销售）	1984年开工，分期分批建设	多层住宅一类是花园台阶式，一类是一字长条式；高层和超高层住宅有三叉形、蝴蝶形、"Z"字形、风车形等多种平面	特大住宅区，占地54.3公顷，规划总建筑积113.7万平方米，其中住宅建筑面积89.3万平方米，公建22.4万平方米，住宅129栋、13452套，可居住44097人。住宅区分为3大部分7个区。三叉形和风车型高层住宅沿河岸和干路布置		北京市地方志编纂委员会编.北京志·建筑卷·建筑志.北京：北京出版社，2002.11. 北京市城市建设综合开发办公室.1980–1989北京市综合开发住宅小区居住区图选[M]. 李发增主编，胡正平，张欣副主编.北京市房地产开发经营总公司志.北京市房地产开发经营总公司.1993. 丁世华著.当代北京居住史话[M].北京：当代中国出版社.2009.	

278

序号	项目	年代	住宅单体特点	住区规划特点	获奖	参考文献	备注
73	南三环中路煤炭总公司、北礼士路新华印刷厂和复兴路电子器件总公司三处试点商住楼	1984~1987年	底层大空间、上层鱼骨式大开间大模板商住楼。三处住宅试点，12~18层。开间以6.6米为主，进深以5.1米+5.1米为主，住宅层高2.7米。内承重墙为现浇混凝土，大模板施工；外墙围护结构分别采用条板、拼装大板和整间复合岩棉板等多种做法，仅承自重；楼板有预应力薄板与现浇叠合板和全现浇两种做法；底层采用框架-剪力墙，作商业服务用房	建筑面积共4.33万平方米	建造技术获1987年度市科技进步一等奖和1988年度国家科技进步二等奖，由市建工总主持，科研、设计、施工联合攻关	北京市地方志编纂委员会编.北京志·建筑卷·建筑志.北京：北京出版社，2002.11.	
74	翠微居住区	1984年开工，1996年竣工		建筑面积49.24万平方米。全区划分为五个里，各里建筑形态不一，且以不同的建筑色彩暗隐春、夏、秋、冬之意，中里为居住区商业中心		北京市地方志编纂委员会编.北京志·城乡规划卷·规划志.北京：北京出版社，2007.06.北京市地方志编纂委员会编.北京志·建筑卷·建筑志.北京：北京出版社，2002.11.	
75	清华大学I型住宅	1985年建成			获1986年建设部优秀设计奖住宅设计表扬奖	北京市地方志编纂委员会编.北京志·城乡规划卷·建筑工程设计志.北京：北京出版社，2007.03.全国城市住宅设计研究网编.住宅设计参考图选3[M].1987.清华大学建筑系建筑创作作品选[J].建筑学报，1988（04）：3-32+65-66.	
76	建外华侨公寓（建国门外大街南侧、长富宫东）	1985~1988年	14~18层，全现浇剪力墙结构，标准单元呈"T"形，每层3户，户户向阳，设2部电梯	北京市第一栋对外的商品公寓楼。共6栋联排单元式公寓，高低错落，建筑总面积6.59万平方米，住宅建筑面积4.74万平方米，与临街底层商业裙房相连，南为庭院，东南侧为3层地下车库	获1995年北京市优秀设计奖民用类一等奖	北京市地方志编纂委员会编.北京志·城乡规划卷·建筑工程设计志.北京：北京出版社，2007.03.北京市地方志编纂委员会编.北京志·建筑卷·建筑志.北京：北京出版社，2002.11.赵景昭主编.住宅设计50年北京市建筑设计研究院住宅作品选.北京：中国建筑工业出版社，1999.09.	
77	方庄住宅区	1985年开工，1996年基本完工	方庄芳城园南龙、北龙，1988年开工，1993年竣工，地上22~28层，地下2~3层，全现浇大模板塔式住宅，内、外墙均为现浇混凝土、大模板施工，楼板为现浇大开间薄板叠合楼板。方庄芳群园一区1号B高层住宅楼，1992年9月开工，1994年12月竣工，建筑面积15628平方米，全现浇大开间剪力墙叠合楼板结构	规划用地147.8公顷，总建筑面积约266万平方米，其中住宅181万平方米，是当时北京市最大的住宅开发区，由芳古园、芳城园、芳群园、芳星园组成。全区以十字路和环路系统为基本骨架，划分为"静""闹"两街，"闹街"贯穿东西，是繁华的商业区，安排商业设施，"静街"贯穿南北，两旁是住宅区。其中芳城园进行了高层、高密度的设计，以两组高层连塔弯曲围合，形成"二龙戏珠"格局	1995年联合国"亚太经社会"组织选定的无障碍建筑环境改造试点小区，1997年完成改造；方庄芳城园10号（12~14）获1995年北京市优秀设计一等奖；方庄芳群园一区1号B高层住宅楼获1996年度中国建筑工程鲁班奖	北京市地方志编纂委员会编.北京志·建筑卷·建筑志.北京：北京出版社，2002.11.北京市地方志编纂委员会编.北京志·市政卷·房地产志.北京：北京出版社，2000.11.赵景昭主编.住宅设计50年北京市建筑设计研究院住宅作品选.北京：中国建筑工业出版社，1999.09.北京城市建设开发集团总公司编.北京城市建设开发集团总公司志1977-1995[M].北京：中国建筑工业出版社.1994.	
78	北京建材总公司高层住宅	1986年建成			获1986年建设部优秀设计奖住宅设计创作奖	北京市地方志编纂委员会编.北京志·城乡规划卷·建筑工程设计志.北京：北京出版社，2007.03.全国城市住宅设计研究网编.住宅设计参考图选3[M].1987.建材总公司高层住宅[J].建筑学报，1987（01）：15.	
79	光明公寓盒子住宅	1986年建成	2~3层钢框轻板盒子住宅，每户有10~13个盒子，每个重3~4吨，平面只有4550毫米×2275毫米一种，屋顶分平、坡两种，外墙为12厘米厚轻质预制板	54栋，建筑面积1.83万平方米		北京市地方志编纂委员会编.北京志·建筑卷·建筑志.北京：北京出版社，2002.11.	
80	后八里庄5、6号塔式住宅	1986~1989年建设	装配式大板塔式住宅，地上18层，地下2层，平面呈"井"字形，每层8户，层高2.7米，房间平面以3.3米×4.8米为主	建筑面积2.06万平方米		北京市地方志编纂委员会编.北京志·建筑卷·建筑志.北京：北京出版社，2002.11.	
81	六里屯	1986年开工，1993年竣工		建筑面积35.96万平方米	获1991年北京市优秀设计二等奖；5号、6号高层板式住宅获建设部优秀设计奖二等奖	北京市地方志编纂委员会编.北京志·城乡规划卷·建筑工程设计志.北京：北京出版社，2007.03.北京市地方志编纂委员会编.北京志·建筑卷·建筑志.北京：北京出版社，2002.11.北京市城市建设综合开发办公室.1980-1989北京市综合开发住宅小区居住区图选[M].	

序号	项目	年代	住宅单体特点	住区规划特点	获奖	参考文献	备注
82	胡家园小区19号大开间住宅	1987年建成	22层滑模工艺住宅			北京市地方志编纂委员会编.北京志·建筑卷·建筑志.北京：北京出版社，2002.11.	
83	大北窑国际贸易中心国际公寓（国贸中心国际公寓）	1987~1990年建设	全现浇框架–筒体住宅，30层，地下2层，方形平面，轴线尺寸32.9米×32.9米；在内筒四侧布置住户，4种户型，每户73~147平方米，层高2.95米，柱网4.7米×4.7米	2栋，建筑面积7.43万平方米		北京市地方志编纂委员会编.北京志·建筑卷·建筑志.北京：北京出版社，2002.11.	
84	安苑北里（属于慧苑居住区）	1987年开工，1991年竣工	安苑北里小区为北京市推行建筑—步节能进行全方位的试验，包括多、高层住宅，学校、锅炉房及管网设施等多方面探索建筑节能效益，最后从规划和个体设计上体现高度的节能意识；围护结构及室外供热管网节能保温措施做到了经济、稳妥、富于多样化；采暖设计考虑了运行管理阶段的节能，为北京市推广建筑节能起到了示范作用，成为北方地区第一个进行全面建筑节能的试点小区	是亚运会工程配套项目。慧苑居住区为百万平方米以上的特大居住区，在统建史上开创了短工期的先例。规划用地57.89公顷，总建筑面积110.8万平方米。其中住宅82.4万平方米，公建28.3万平方米，高层住宅比重83.6%，总住户数10494户，总居住人数36730人。实际建成面积105.9万平方米，其中住宅82.6万平方米，公建23.7万平方米	获北京市科技进步二等奖；首规委科技成果一等奖	北京市地方志编纂委员会编.北京志·建筑卷·建筑志.北京：北京出版社，2002.11.赵景昭主编.住宅设计50年北京市建筑设计研究院住宅作品选.北京：中国建筑工业出版社，1999.09.北京市城市建设综合开发办公室.1980-1989北京市综合开发住宅小区居住区图选[M].北京城市建设开发集团总公司编.北京城市建设开发集团总公司志1977-1995[M].北京：中国建筑工业出版社.1994.首都规划建设委员会办公室，第十一届亚运会工程总指挥部，北京市建筑设计研究院，世界建筑导报社主编.北京亚运建筑[M].世界建筑导报社.1990.	
85	安慧北里（又名第11届亚运会运动员村，属于慧苑居住区）	1987年开工，1990年竣工	公寓设计不拘一格，包含塔式、短板、折板、跃廊等多种形式的大模板体系住宅。其中有代表性的亚运村汇园公寓平面呈退台"V"字形，地上13~25层，地下1~2层	是亚运会工程配套项目。多种住宅形成变化丰富的组团或开放序列，不仅满足亚运会期间的使用功能要求，也为会后的使用创造了良好的条件	获1991年国家级金奖；1990年北京市科技进步特等奖；1990年建设部一等奖；亚运村汇园公寓2号楼、4号楼获1990年特别鲁班奖	北京市地方志编纂委员会编.北京志·建筑卷·建筑志.北京：北京出版社，2002.11.赵景昭主编.住宅设计50年北京市建筑设计研究院住宅作品选.北京：中国建筑工业出版社，1999.09.北京市城市建设综合开发办公室.1980-1989北京市综合开发住宅小区居住区图选[M].北京城市建设开发集团总公司编.北京城市建设开发集团总公司志1977-1995[M].北京：中国建筑工业出版社.1994.首都规划建设委员会办公室，第十一届亚运会工程总指挥部，北京市建筑设计研究院，世界建筑导报社主编.北京亚运建筑[M].世界建筑导报社.1990.宋融.第十一届亚运会运动员村的规划设计[J].建筑学报，1991（02）：52-56.	
86	安慧里（又名安慧南里，属于慧苑居住区）	于1987年3月起陆续开工，1990年9月竣工	安慧南里建成18栋25层全现浇滑模塔式住宅，塔式住宅顶层做退台。安慧南里北小条建成4栋13层装配式大板塔式住宅	是亚运会工程配套项目。占地39.7公顷，建筑面积80.58万平方米。居住区内设5公顷中心庭院，2500平方米水面和多处绿地		赵景昭主编.住宅设计50年北京市建筑设计研究院住宅作品选.北京：中国建筑工业出版社，1999.09.北京市城市建设综合开发办公室.1980-1989北京市综合开发住宅小区居住区图选[M].北京城市建设开发集团总公司编.北京城市建设开发集团总公司志1977-1995[M].北京：中国建筑工业出版社.1994.首都规划建设委员会办公室，第十一届亚运会工程总指挥部，北京市建筑设计研究院，世界建筑导报社主编.北京亚运建筑[M].世界建筑导报社.1990.	
87	恩济庄住宅区	1987年9月开工，1992年底基本完成	恩济庄盒子住宅，于1991年建造，为6层混凝土盒子住宅，叠合楼板。恩济花园为5~6层轻钢结构住宅，层高3米，采用轻型钢结构、预制与现浇叠合楼板，现浇楼梯，外墙为加气混凝土砌块，抹灰涂料饰面，屋顶为起脊坡屋面，铺红色陶瓦，每单元均设电梯，楼内设有防雷系统。每套平均建筑面积124平方米	建筑面积58.90万平方米，其中住宅楼81栋，6616套，建筑面积52.9万平方米，公共建筑和配套设施35项，建筑面积5.6万平方米。小区呈东西长、南北窄的长条形，东面和南面环水。高层住宅沿各区边缘设置，成线状或簇状布局。多层住宅成行成列，大部分坐北朝南。一区东部是意大利北京住宅示范中心工程区（恩济花园），有住宅10栋，建筑面积4.9万平方米，448套住房，配套服务设施齐全，包括大型地下停车场、娱乐中心、游泳馆等		北京市地方志编纂委员会编.北京志·建筑卷·建筑志.北京：北京出版社，2002.11.北京市城市建设综合开发办公室.1980-1989北京市综合开发住宅小区居住区图选[M].	
88	小营	1987年开工，1995年竣工		建筑面积40.23万平方米	世纪宝鼎公寓（原名小营公寓）获2001年度建设部部级优秀住宅和住宅小区设计三等奖	北京市地方志编纂委员会编.北京志·建筑卷·建筑志.北京：北京出版社，2002.11.北京市城市建设综合开发办公室.1980-1989北京市综合开发住宅小区居住区图选[M].	

序号	项目	年代	住宅单体特点	住区规划特点	获奖	参考文献	备注
89	清源中里小区	1987年	在基本利用通用图的条件下，采用多种手法（错接、层数跌落、增加45度转角单元等），形成丰富多变的轮廓、体形和空间	将主要商业设施放在小区南部人流主要入口附近。小区公园和托幼，以水面形成自然界限。文化馆和老年人活动站位于小区主路尽端。小区的商业、公园、文化馆三足鼎立，在人流必经之处组成购物、休息、娱乐、交往等多功能的公共活动中心。南部绿化引入并贯穿小区，形成绿化带和"通风走廊"	获1989年全国城乡建设系统部级优秀工程设计（城市规划专业部分）三等奖	北京市地方志编纂委员会编.北京志·城乡规划卷·规划志.北京：北京出版社，2007.06. 范耀邦.北京市城市规划设计研究院北京市黄村清源里小区规划 [J].城市规划，1990（02）：25-26+34.	
90	十里堡北里商住楼	1988年建成	装配式大板商住楼（底层框架）13层，层高2.9米，小开间			北京市地方志编纂委员会编.北京志·建筑卷·建筑志.北京：北京出版社，2002.11.	
91	交通部高层住宅	1989年竣工	三幢高层连方体锯齿形塔式住宅，其间连建二层商业建筑，连方体锯齿形，每户朝向东南或西南		获1995年北京市优秀设计民用类三等奖	北京市地方志编纂委员会编.北京志·城乡规划卷·建筑工程设计志.北京：北京出版社，2007.03. 赵景昭主编.住宅设计50年北京市建筑设计研究院住宅作品选.北京：中国建筑工业出版社，1999.09.	
92	松下彩色显像管有限公司高层住宅	1980年代后期	采用标准图平面，但在阳台和顶部做了重新设计		获市优秀设计奖	赵景昭主编.住宅设计50年北京市建筑设计研究院住宅作品选.北京：中国建筑工业出版社，1999.09. 北京市城乡规划委员会编.优秀住宅设计作品1992年北京市优秀住宅设计评选获奖项目 [M].北京：中国建筑工业出版社.1994.	
93	小黄庄危改小区	1988年4月开工，1999年10月全部建成		位于东城区安外大街东北侧，占地15.2公顷，总建筑面积32.66万平方米		北京市地方志编纂委员会编.北京志·建筑卷·建筑志.北京：北京出版社，2002.11. 北京市城市建设综合开发办公室.1980-1989北京市综合开发住宅小区居住区图集 [M].	
94	麦子店东苑公寓	1989年	2~3层钢框轻板盒子住宅	14栋，建筑面积9125平方米		北京市地方志编纂委员会编.北京志·建筑卷·建筑志.北京：北京出版社，2002.11.	
95	菊儿胡同危改小区	1989年10月开工，1994年7月竣工	2~3层类四合院住宅。采用多种户型，以适应不同家庭的选择；其中一室户8户，平均42.32平方米/户；二室户27户，平均60.29平方米/户；三室户27户，平均70.92平方米/户；厨房45平方米；厕所2.1~2.7平方米；每户至少有一间9平方米的卧室；60%的住户具有8平方米以上的厅，其中30%的房间有厅室可分可合的特点；底层住户有室外小院、二三层住户有室外阳台或平台	占地1.4公顷，建筑面积1.75万平方米。第一期试点工程占地0.21公顷，住户44户，138人。改造工程采用的类四合院，是由若干"基本院落"组成四合院住宅院群落。一期工程拆除原有院落7个，危旧平房64间，建起新院落4个，二三层住宅92间，46套，包括公共交通面积和自行车库在内，建筑面积2760平方米，拆建比为1：2.54，人均居住面积从每人5.3平方米增至12.4平方米，容积率从1：0.8提高到1：1.32	获1993年联合国"世界人居奖"；1992年亚洲住宅设计金奖；第一届中国建筑学会建筑创作奖（1993年颁发）；1991年北京市优秀设计一等奖	北京市地方志编纂委员会编.北京志·城乡规划卷·建筑工程设计志.北京：北京出版社，2007.03. 北京市地方志编纂委员会编.北京志·建筑卷·建筑志. 吴良镛编著.北京旧城与菊儿胡同 [M].北京：中国建筑工业出版社.1994.	北京市第二批历史建筑
96	小后仓胡同危改房	1990年建设		原为破旧平房，居民298户。改建为3~4层单元式楼房小区，共350户，占地1.3公顷，建筑面积2万平方米。以"胡同和院"为构思，按原有胡同走向进行建筑布局，坡屋顶、灰墙绿树、小院门楼，创造了富有京味的居住环境	获北京市优秀小区规划设计一等奖	北京市地方志编纂委员会编.北京志·建筑卷·建筑志.北京：北京出版社，2002.11. 赵景昭主编.住宅设计50年北京市建筑设计研究院住宅作品选.北京：中国建筑工业出版社，1999.09. 黄汇，史楠.小后仓胡同危房改建———次旧城改建的探索 [J].城市规划，1990（06）：3-6. 黄汇.北京小后仓危房改建工程中的点滴感受 [J].建筑学报，1991（07）：2-9+2.	
97	中仓危改小区	1990年建设		占地12公顷，规划建筑面积15.7万平方米，其中住宅34栋、148个单元，建筑面积11.4万平方米，可住居民1561户，附属及配套工程4.2万平方米		北京市地方志编纂委员会编.北京志·建筑卷·建筑志.北京：北京出版社，2002.11.	
98	德宝危改小区	1990年12月5日开工，1992年4月30日竣工		是北京市第一批危旧房改造工程。占地10.2公顷，总建筑面积11.32万平方米		科学出版社.中华人民共和国首都城乡建设五十年 [M].北京：科学出版社.	
99	虎背口（东花市）危改小区	1990年12月开工，1999年9月全部建成	8号住宅为5、6层的多层住宅，采用坡屋顶，根据北京日照角度选用1：1.6坡度，利用坡屋顶的有效空间设计成跃层，顶层每层增加14~20平方米的使用面积，在顶层北部形成局部退台屋顶花园	小区道路十字相交，将小区用地分为四个街坊，三个布置住宅，一个布置小区共建及绿地。住宅南北向布置，与斜路自然形成错落的庭院		科学出版社.中华人民共和国首都城乡建设五十年 [M].北京：科学出版社. 北京市建筑设计志编纂委员会.北京建筑志设计资料汇编下 [M]. 北京市城乡规划委员会编.优秀住宅设计作品1992年北京市优秀住宅设计评选获奖项目 [M].北京：中国建筑工业出版社.1994. 北京虎背口危房改造小区规划方案简介 [J].建筑学报，1991（07）：14-15.	

序号	项目	年代	住宅单体特点	住区规划特点	获奖	参考文献	备注
100	槐柏树小区	1990年建设	以维护和发扬古都风貌为出发点，吸取传统的居住区空间结构和建筑形式特点。取接近四合院"青砖灰瓦"颜色，在建筑檐口、阳台、山墙等部位饰以清新明快的色彩。采取顶层退台结合坡屋顶的做法，坡屋顶下为跃层，住宅以4、5、6层为主，相互组合，高低错落	重点危旧房改造区。小区占地11.4公顷，总规划建筑面积24.4万平方米，其中住宅楼有23栋、2253套，建筑面积15.2万方米。保留原有街道，保护沿街树木，各住宅组团布局着力突出"院"的空间特点，与古都风貌相呼应		北京市地方志编纂委员会编.北京志·建筑卷·建筑志.北京：北京出版社，2002.11.刘克葫、杨加林、王江涛.北京槐柏树危旧房改造小区规划设计体会[J].建筑学报，1991（07）：8–13.	
101	恩济里小区	1990年开工，1993年全部竣工	每户面积标准从45平方米到125平方米多种档次，户型从1室1厅到4室2厅等6种及加阁楼形式，还有灵活分隔和方便残疾人使用的住房	经建设部批准的北京市第一个试点小区。占地9.98公顷，总建筑面积14.73万平方米，其中住宅21栋、共12.53万平方米，其中多层住宅9.17万平方米。小区内分4个封闭式组团，每个组团400户左右。主干路呈蛇形限制车速，两侧是带状绿地，组团之间留有较大绿地。以4~6层不同的高度、板塔不同体型和坡顶平顶相间的楼房，围合成大小不同院落空间	获1994年建设部"全国城市住宅小区建设试点"综合金牌奖，规划设计、建筑设计、施工质量、科技进步一等奖；1996年度中国建筑工程鲁班奖（国家优质工程）；1994年市住建委和市规委授予的"北京市优质居住小区"称号；第二届中国建筑学会创作奖优秀奖（1996年颁发）；"恩济里小区的环境与节地、节能的综合研究"获1995年北京市科技进步二等奖；小区乙3号楼获1995年北京市优秀设计一等奖，丙3号楼、乙1号楼获二等奖，丁3号楼、丙1号楼获三等奖	北京市地方志编纂委员会编.北京志·城乡规划卷·建筑工程设计志.北京：北京出版社，2007.03.北京市地方志编纂委员会编.北京志·建筑卷·建筑志.北京：北京出版社，2002.11.赵景昭主编.住宅设计50年北京市建筑设计研究院住宅作品选.北京：中国建筑工业出版社，1999.09.北京市城市建设综合开发办公室.1980–1989北京市综合开发住宅小区居住区图选[M].	
102	花家地居住区	1990年开工，1995年竣工		规划用地23.34公顷，总建筑面积29.8万平方米。住宅面积24.9万平方米，其中高层住宅5.7万平方米，公建面积4.9万平方米，总居住户数4290户，居住人数15015人。实际完成建筑面积32.9万平方米。建筑打破行列式单调布局方式，居住建筑成组成团创造一种相对封闭的邻里居住环境。		北京市地方志编纂委员会编.北京志·建筑卷·建筑志.北京：北京出版社，2002.11.	
103	南磨房	1990年开工，1995年竣工	六层混凝土盒子住宅	建筑面积31.92万平方米	二期710高层住宅获1995年北京市优秀设计民用类三等奖	北京市地方志编纂委员会编.北京志·城乡规划卷·建筑工程设计志.北京：北京出版社，2007.03.北京市地方志编纂委员会编.北京志·建筑卷·建筑志.北京：北京出版社，2002.11.	
104	华威小区23号楼（华威小区大开间灵活住宅）	1990年开工，1995年竣工	第一栋大开间灵活分隔住宅，六层，开间5.4米，进深10.8米，一梯二户，在户内不仅取消了承重横墙，也取消了承重内纵墙，在开间和进深两个方面都具有灵活性	建筑面积20.75万平方米	获评1992年度全国样板工程；"大开间灵活分隔住宅"获1992年度市科技进步一等奖	北京市地方志编纂委员会编.北京志·建筑卷·建筑志.北京：北京出版社，2002.11.赵冠谦主编，《中国住宅设计十年精品选》编委会编.中国住宅设计十年精品选[M].北京：中国建筑工业出版社.1996.北京市城乡规划委员会编.优秀住宅设计作品1992北京市优秀住宅设计评选获奖项目[M].北京：中国建筑工业出版社.1994.	
105	青塔居住区	1991年开工，2000年竣工		建筑面积74万平方米	b区高层住宅获1995年北京市优秀设计民用类三等奖；B1–2号高层住宅获1995年中国建筑工程鲁班奖	北京市地方志编纂委员会编.北京志·城乡规划卷·建筑工程设计志.北京：北京出版社，2007.03.北京市地方志编纂委员会编.北京志·建筑卷·建筑志.北京：北京出版社，2002.11.赵景昭主编.住宅设计50年北京市建筑设计研究院住宅作品选.北京：中国建筑工业出版社，1999.09.	
106	西八间房中建一局四公司院内试验住宅（西八间房一局住宅）	1991~1993年建设	整体预应力装配式板柱–剪力墙住宅体系，地上18层，地下3层，"Y"形平面，三叉的柱网为3.3米×6.0米	1栋，建筑面积1.08万平方米		北京市地方志编纂委员会编.北京志·建筑卷·建筑志.北京：北京出版社，2002.11.	

序号	项目	年代	住宅单体特点	住区规划特点	获奖	参考文献	备注
107	周庄小区	1992 年建设	首规委、市建委确定的北京市建筑节能一步到位试点小区。一步到位即在 1980 年~1981 年住宅通用设计基础上节能 50%		"建筑节能 50% 的经试验研究——北京丰台周庄小区节能工程"获建设部科技进步二等奖；10 号楼获 1995 年北京市优秀设计民用类表扬奖	赵景昭主编.住宅设计 50 年北京市建筑设计研究院住宅作品选.北京：中国建筑工业出版社，1999.09. 北京市地方志编纂委员会编.北京志·城乡规划卷·建筑工程设计志.北京：北京出版社，2007.03. 郭长珊.周庄小区规划设计简介 [J].北京规划建设，1995（02）：40–42.	
108	丽晶苑公寓	1993~1995 年建设	全现浇框架–筒体住宅，地上 22 层（住宅层），地下 2 层，矩形平面尺寸 30 米 ×38 米，每层 6 户，外墙砌块贴釉面砖	建筑面积 3.10 万平方米		北京市地方志编纂委员会编.北京志·建筑卷·建筑志.北京：北京出版社，2002.11.	
109	甘露园小区商住楼、公共汽车总公司五场（公汽五场）住宅两处	1993~1995 年建设	灵活大开间高层商住楼试点，底层为商店，走廊设在住户北侧，内浇外砌灵活大开间，户内取消了承重横墙和内纵墙，在开间和进深两个方向都具有灵活性		"大开间灵活分隔住宅"获 1992 年度市科技进步一等奖	北京市地方志编纂委员会编.北京志·建筑卷·建筑志.北京：北京出版社，2002.11.	
110	世纪村	1994 年	推广灵活大开间高层商住楼，为解决走廊干扰和厨房排烟提供途径		"大开间灵活分隔住宅"获 1992 年度市科技进步一等奖；4 号楼采用获 1993 年北京住宅设计竞赛一等奖的 "大开间跃廊式高层板式住宅"方案	北京市地方志编纂委员会编.北京志·建筑卷·建筑志.北京：北京出版社，2002.11.	
111	育新花园小区	1994 年 3 月 24 日开工，1996 年教师节前竣工		是当时全国最大的高校教师住宅小区。小区占地 16.4 公顷，总建筑面积 32 万平方米，其中住宅面积 26 万平方米		科学出版社.中华人民共和国首都城乡建设五十年 [M].北京：科学出版社. 韩秀琦，孙克放主编.当代居住小区规划设计方案精选 [M].北京：中国建筑工业出版社.2000.	
112	望京 A5 区	1994 年开工，1997 年竣工	全现浇剪力墙高层住宅，地上 18~30 层，地下 2 层，以 4.8~6.6 米大开间为主，屋顶标高最高为 102 米	望京新城开发建设的起步区，占地 20.1 公顷，总建筑面积 57.5 万平方米，有平面"十"字形住宅 12 栋（24~30 层，每层 12 户）和"U"形住宅 5 栋（18~27 层，每层 8 户）共 42.5 万平方米	建设部批准设立的小康住宅示范小区	北京市地方志编纂委员会编.北京志·建筑卷·建筑志.北京：北京出版社，2002.11. 赵景昭主编.住宅设计 50 年北京市建筑设计研究院住宅作品选.北京：中国建筑工业出版社，1999.09. 北京城市建设开发集团总公司编.北京城市建设开发集团总公司志 1977–1995[M].北京：中国建筑工业出版社.1994.	
113	桃园危改小区（桃园住宅）	1995 年竣工	危房改造工程，采用卷棚屋顶，坡屋顶做阁楼，北面多次退层，节省了用地。主卧及起居室均朝阳		1 号楼获 1995 年北京市优秀设计奖民用类一等奖	北京市地方志编纂委员会编.北京志·城乡规划卷·建筑工程设计志.北京：北京出版社，2007.03. 赵景昭主编.住宅设计 50 年北京市建筑设计研究院住宅作品选.北京：中国建筑工业出版社，1999.09. 首都建筑艺术委员会编.95' 首都建筑设计汇报展专辑.首都建筑艺术委员会，1995.	
114	万科城市花园	1995~2000 年建设			东三东四区获 2001 年度建设部部级优秀住宅和住宅小区设计三等奖		
115	望京 A4 区	1993 年规划，1998 年竣工		全小区无障碍设计	建设部经济适用房试点；建设部 2000 年跨世纪试点小区	赵景昭主编.住宅设计 50 年北京市建筑设计研究院住宅作品选.北京：中国建筑工业出版社，1999.09. 北京城市建设开发集团总公司编.北京城市建设开发集团总公司志 1977–1995[M].北京：中国建筑工业出版社.1994.	
116	燕化星城居住区	1996~1997 年建设	遵照《2000 年小康型城乡住宅科技产业工程城市示范小区规划设计导则》，以起居室为家庭生活核心，整体设计厨房和卫生间。充分利用坡屋顶下的空间，适当安排老虎窗	小区占地 8.2 公顷，以多层住宅为主，适当配以高层住宅，绿率率 34%，配套设施丰富。中心区以高层住宅围合出下沉的星城文化广场。沿小区半环状道路设置一条 30~50 米宽的半环状绿化带，商业、托幼、小学校、文化站和管理用房等设施沿绿化带布置	获国家优秀设计银奖；建设部优秀设计二等奖	开彦.小康型居住区的探索——北京燕化星城规划设计构思 [J].北京规划建设，1997（04）：33–35. 开彦.探索住区未来——对小康住宅规划设计导则的认识 [J].建筑学报，1998（11）：4–9+65.	

283

序号	项目	年代	住宅单体特点	住区规划特点	获奖	参考文献	备注
117	地铁"太西"住宅楼	1996 年 10 月 开 工，1998 年 6 月竣工		位于海淀区太平湖地铁车辆段，工程跨双线铁路，在地铁线上建造平台式建筑。建筑面积 1.70 万平方米		科学出版社.中华人民共和国首都城乡建设五十年 [M].北京：科学出版社.	
118	万泉新新家园	1999 年建成	古典三段式欧陆洋房	占地 25 公顷，其中居住占地 16.81 公顷，总建筑面积 22.54 万平方米，其中住宅建筑面积 20.24 万平方米，容积率 1.34，绿化率 44.8%。一条 50 米宽的林荫步行大道纵贯小区南北，按住户比例 100% 设计地下车库停车位，住宅电梯直达车库，车库主要出入口均布置在小区入口处，实现了人车分流、无障碍通行	一期工程获 2000 年度国家级优秀勘察设计评选第九届全国优秀工程设计银奖；获 2001 年度建设部部级优秀住宅和住宅小区设计三等奖；14 号~18 号楼获 2003 年度北京市第十一届优秀工程设计住宅设计三等奖	仲继寿，刘燕辉.北京万泉新新家园 [J].建筑知识，2000（03）：30-32.	
119	北潞春绿色生态住宅小区	1998 年建造	采用了 6 种结构体系，全现浇钢筋混凝土结构、内浇外砌陶粒混凝土空心砖结构、以陶粒混凝土空心砖为填充墙的框架结构、小型混凝土空心砌块结构、异型柱柱结构及免拆模现浇节能墙结构。提高围护结构的热工性能，墙面、屋顶均为复合式，外门窗为双玻塑钢门窗及节能户门，屋顶增加透气层	建设部试点小区，我国首座全方位的绿色生态小区，占地 14.46 公顷，建筑面积 16.63 万平方米，居民 1450 户、5000 人，设集中公共绿地和利用中水的水景	获 2001 年度建设部部级优秀住宅和住宅小区设计三等奖	赵景昭主编.住宅设计 50 年 北京市建筑设计研究院住宅作品选.北京：中国建筑工业出版社，1999.09. 黄汇.绿色生态居住小区的节能、节水、节地、治污设计 [J].建筑学报，2001（07）：38-41+67.	
120	中海雅园	1998~2000 年建设		占地 6.25 公顷，总建筑面积 18.8 万平方米，17 栋，1120 户，由 8 栋 16~18 层的高层住宅和 9 栋 10~11 层的小高层住宅组成		孟犁歌.探索人性化的居住空间——"中海雅园"设计谈 [J].建筑学报，2000（08）：15-18.	
121	车公庄北里危改小区	1999 年建成			获 2007 年度北京市第十三届优秀工程设计评审住宅及居住区一等奖		
122	SOHO 现代城	1999~2001 年建设	SOHO 中国的第一个项目工程，首次向市场推出"小型办公，居家办公"（SOHO）这一概念	占地 7.3 公顷，总建筑面积 48 万平方米。一期建设 6 栋 28 层塔楼，总建筑面积 26 万平方米，公寓总套数为 1385 套，车位 1228 个。二期建设 4 栋联体楼，总建筑面积 22 万平方米，其中 SOHO 公寓 512 套，商铺 48 间，办公室 277 套，车位 866 个，商业街 1.9 万平方米，写字楼 6.1 万平方米。配套一所幼儿园 2150 平方米，一所小学校 5800 平方米，俱乐部 2235 平方米	获 2002 年度国家级优秀工程勘察设计评选第十届全国优秀工程设计铜奖；获 2001 年度建设部部级优秀建筑设计二等奖；获 2001 年度建设部部级优秀住宅和住宅小区设计三等奖；获第三届中国建筑学会建筑创作奖优秀奖（2004 年颁发）	吴霄红，林红.将共享空间引入高层住宅——北京现代城 5 号楼空中庭院设计构思 [J].建筑学报，2001（07）：28-29.	
123	富景花园	1999~2004 年建设	功能复合，三层及以上为高档公寓。设计了多种户型，从套内建筑面积 65 平方米的一室户到 176 平方米的三室户、210 平方米的跃层。进深 22.8 米，东西两个单元一梯五户，中部两个单元一梯四户，带有落地外窗的核心筒设在公寓单元的北侧。下部公共部分为框-剪结构，上部公寓为剪力墙结构	占地 0.73 公顷，总建筑面积 4.28 万平方米，住宅面积 2.45 万平方米，公建面积 1.84 万平方米，容积率 4.27，户数 208 户，建筑层数 19 层，建筑密度 0.43，绿化率 25%，道路面积 0.23 公顷，停车数地上 20 辆，地下 280 辆。建筑为"凸"字形，建筑面积和居住户数最大化		张赞讴，申易.旧城区中的新住宅——北京富景花园设计 [J].建筑学报，2005（04）：56-58.	
124	金宸公寓	2000 年建成	两栋建筑均为地下 2 层，地上 13 层，层高净高 2.8 米。外部尺寸均为 60 米长，20 米宽，均为单元式公寓。结构形式采用钢框架-混凝土核心筒结构体系		获批建设部"钢结构住宅示范工程"，被列入建设部的 36 个科技攻关项目之一		
125	望京花园东区高教住宅小区	2000 年开工			获 2003 年度中国建筑工程鲁班奖（国家优质工程）；获 2003 年度北京市第十一届优秀工程设计住宅设计二等奖		

序号	项目	年代	住宅单体特点	住区规划特点	获奖	参考文献	备注
126	万科星园	2000~2001年建设		总建筑面积约30万平方米，15栋蝶式楼灵活布局，楼间绿地错落，绿化覆盖率达到62%	一期工程获2003年度北京市第十一届优秀工程设计住宅设计二等奖	韩秀琦，杨军.当前住区环境设计中值得探讨的几个问题[J].建筑学报，2001（07）：52-55+68.	
127	龙泽苑小区	2000~2005年建设		东区占地19.6公顷，总建筑面积42万平方米，约3800户	建设部经济适用房试点	赵景昭主编.住宅设计50年北京市建筑设计研究院住宅作品选.北京：中国建筑工业出版社，1999.09. 黄卫，陆军，鄢婴垣.从"龙湖"到"龙泽苑"——新时期住宅小区规划设计[J].建筑学报，2001（07）：15-17+66-67.	
128	星岛嘉园住宅小区	2001年建成			获2003年度部级优秀勘察设计评选优秀城镇住宅和住宅小区三等奖；获2003年度北京市第十一届优秀工程设计住宅设计二等奖		
129	东方太阳城老年社区	2001年建成	针对不同收入阶层的老人，设计了公寓、联排住宅、独立住宅等不同类别的产品，户型面积从70平方米到500平方米，建筑层数4、5层，注重公寓户型的舒适性与经济性，积极探索老年住宅的形态	老年社区占地234公顷，总建筑面积70.71万平方米，容积率0.3，总户数4017户，绿化率47.8%，地上停车4430辆，社区服务配套完备。形成一个中心社区、三个公寓社区、一个联排住宅社区和两个独立住宅社区，由绿地、水体分隔，利用这些绿地、水体规划了高尔夫练习场和富于特色的水体景观	一期获2003年度北京市第十一届优秀工程设计住宅设计二等奖；一、二期工程获2008年度全国优秀工程勘察设计行业奖住宅与住宅小区二等奖	王庆.老年社区设计探讨——东方太阳城老年社区设计[J].建筑学报，2005（04）：68-72.	
130	棕榈泉国际公寓（北京世纪朝阳花园）	2001~2004年建设	各公寓围绕中央庭园布置，为一梯二户、三户和四户的独塔或板楼，首层不设住户，户型最小有110平方米和121平方米两室两厅，主力户型为160~200平方米的三室两厅户型，平面大户型建筑面积在330平方米左右，后在顶部增加了少量跃层特大户型，300平方米以上的大户型比例总的控制在10%以内。11栋公寓住宅中的9栋是超过高层框支剪力墙结构（27~30层），建筑高度从90~99米左右不等，公寓楼层的大开间剪力墙结构在首层转换为框架梁柱，首层层高高达6.3米与9.45米（2号、5号公寓）	建筑用地6.72公顷（含规划路代征地0.51公顷），总建筑面积33.87万平方米，其中住宅面积26.01万平方米，公建面积7.64万平方米，容积率3.64，总户数1277户，总人口3575人，停车数地上40辆，地下公寓1402辆，社会停车116辆。沿周边错列布置建筑，把绿地集中在中部。在用地北侧面对朝阳公园的最好视线部分规划了4幢塔式公寓和2幢板式公寓，同时将其他5栋公寓围绕区内的中央庭园布置。沿小区周边布置了外环的车行（兼消防）通道	获2005年度北京市第十二届优秀工程设计居住区规划及居住建筑三等奖	彭璨云.国际品牌住区的打造——棕榈泉国际公寓设计[J].建筑学报，2005（04）：62-67.	
131	锋尚国际公寓	2001~2003年建设	运用柔和天棚盘管辐射+置换式新风系统的配套新技术	占地2.6公顷，总建筑面积10万平方米，其中4.5万平方米是国内第一次全面执行欧洲发达国家标准的住宅。采用围合式布局组织出6000平方米的中央绿地，并实现人车分流		田原.从北京锋尚国际公寓谈建筑的平衡设计[J].建筑学报，2006（10）：19-21.	
132	UHN国际村	2001~2006年建设	建筑层数地上1~28层，地下1~2层。板状塔的户型布局不仅保证了户型的内部通风，同时开洞形成的高桥与低桥使得小区内南北通风更加顺畅	用地8.16公顷，总建筑面积32.4万平方米，其中住宅建筑31.26万平方米，公建建筑面积1.2万平方米，容积率2.97，总户数1680户，总人口4704人，建筑密度19%，绿化率31%，停车数地上200，地下3450。折线建筑形成了空间分割的秩序		谢国杰.北京UHN国际村[J].建筑学报，2007（04）：70-75.	
133	凤凰城高层住宅（华丽嘉园A座）	2002年建成	现浇钢筋混凝土剪力墙	占地7.7公顷，总建筑面积10万平方米，620户	获2003年度北京市第十一届优秀工程设计住宅设计二等奖	WPS住宅设计实例[J].建筑学报，2002（03）：26-31.	
134	倚林佳园	2002年建成	叠拼住宅，取消传统楼梯间入户方式，上下层住宅分开入户，用错落的方式来增加户与户之间的私密性，以层层退台的手法减小建筑的体量感	容积率1.25，层数4~5层，24栋，698户	获2005年度部级优秀勘察设计评选优秀城镇住宅和住宅小区二等奖；A区获2003年度北京市第十一届优秀工程设计住宅设计一等奖；C区获2005年度北京市第十二届优秀工程设计居住区规划及居住建筑二等奖	陈一峰.低层高密度住宅设计探讨[J].建筑学报，2003（09）：17-19.	

序号	项目	年代	住宅单体特点	住区规划特点	获奖	参考文献	备注
135	回龙观文化居住区D05、D06区	2002年建成			获2003年度北京市第十一届优秀工程设计住宅设计二等奖		
136	金鱼池地区（"房改带危改"）	2002年建成				甘宏.金鱼池危改工程竣工新小区迎进老住户[J].北京房地产，2002（05）：5-7.	
137	星河湾小区	2002~2005年建设	采用大量成套技术和设备，如屋顶节能、外墙保温技术、变频空调、雨水收集人工湖、循环水系等。个性化设计与大批量工业化生产相结合，用全成品房取代毛坯房	建设部"城市住宅试点小区"，总占地34.1公顷，居住区规划用地14.3公顷，总建筑面积约55.72万平方米。形成南北两个街坊结合东部生态公园的格局，以园林道路串联起各个院落，改变集中块状绿地的做法，顺应地形和道路的走向布置成带状绿地		魏维，杨军.演进中的居住区概念及其建设模式——解读北京星河湾[J].建筑学报，2005（10）：17-20.	
138	金地·格林小镇	2002~2005年建设	全国首批健康住宅试点项目，首个开展健康住宅社会环境专项研究与实践的健康住宅示范工程，包括多层住宅、小高层住宅、联排及叠拼住宅。联排和多层都采用砖混结构，小高层采用短肢剪力墙结构。多层小高层均为板式住宅，一梯两户，户型超大面宽、小进深、大外窗，在厅和居室内无梁，房间不露柱	占地24.56公顷，总建筑面积30.82万平方米，容积率约1.25。其中住宅面积为29.70万平方米，公建面积为1.12万平方米。公建包括综合性会所、休闲型商业街区及各种生活服务设施。建筑在保证南向的条件下尽可能错落变化，形成尺度较小的院落空间，联排布置于中心，小高层分散化布局，小高层底层设过街楼。采用人车分流、道路系统外环行车的方式。分散的绿地、大面积的水面、高渗透性能的地面，有利于小气候的调节		刘东卫，吴超.居住健康的生活空间环境——北京金地格林小镇健康住区[J].建筑学报，2006（04）：19-21. 曹秋颖.健康住宅金地·格林小镇——健康住宅激发社会潜能[J].建筑学报，2008（11）：22-23.	
139	山水文园（四通路小区A区）（一期）	一期2002年建成			获2008年度全国优秀工程勘察设计行业奖住宅与住宅小区二等奖；2007年度北京市第十三届优秀工程设计评审住宅及居住区二等奖		
140	锦秋知春花园住宅小区	2003建成	"L"型平面塔楼，曲线平面板楼，每两层设置一个空中花园，北侧立面大面积实墙上开小窗，配以鲜艳的暖色调，南侧立面以开敞阳台、落地大观景窗为主，配以大量横线条的遮阳百叶，弧形板楼屋顶部分采用叠落设计	总占地4.3公顷，住宅占地3.5公顷，居住建筑面积约18.2万平方米，总户数824户，绿化率32.8%，容积率3.8，停车泊位数896辆	获2003年度北京市第十一届优秀工程设计住宅设计一等奖	刘虹.细部与空间的塑造——锦秋知春花园住宅小区设计[J].建筑学报，2005（04）：73-77.	
141	绿岛小区	2003年建成			获2003年度北京市第十一届优秀工程设计住宅设计一等奖		
142	金晖嘉园三期	2003年建成	提出80~480平方米的不同规格、不同空间布局的户型设计，80平方米两居小跃层引起市场强烈反响	占地2.4公顷，总建筑面积8.96万平方米，其中地上建筑面积6.29万平方米，地下建筑面积2.67万平方米。住宅总套数384套，容积率2.62，绿化率35%。由南至北由低到高3排布置5栋板楼，第1排为6层，第2排为9层，最北为14层		张弛，韩力平，牛丽江.北京金晖嘉园三期住宅设计[J].建筑学报，2005（10）：56-58.	
143	西二旗"创业者家园"（现称"领秀硅谷"）	2003年建成	小户型160~200平方米，中户型200~250平方米，大户型250~300平方米，以三层为主。设计了邻里式庭院、围合式庭院、内庭院式庭院三种庭院，将联排住宅的设计手法运用到多层（跃层型）中，建筑形式简洁	占地71.4公顷，总建筑面积68万平方米，其中住宅建筑面积58万平方米，公建建筑面积9.97万平方米，容积率0.95，总户数4145户，总人口13264人，绿化率37%，停车数地上1480，地下3500。一期开发西部南侧的低层联排住宅区和4-5层多层区，建设规模10万平方米		郝佳俐，顾刚.北京"创业者家园"[J].建筑学报，2006（04）：70-71.	
144	广渠门京城仁合住宅	2003年建成，2004年配租		建筑平面为U形，建筑面积约3万多平方米，共402套住房；其中一居室132套，为无障碍设计，两居室162套，三居室108套。于2003年建成，2004年配租，针对廉租家庭中行动不便的残疾人及老年人较多的实际情况，对南向靠近电梯位置安排了无障碍设计			北京市第一个廉租房项目

序号	项目	年代	住宅单体特点	住区规划特点	获奖	参考文献	备注
45	解放军总医院"明日家园"	2003 年建成			获 2007 年度北京市第十三届优秀工程设计评审住宅及居住区一等奖		
46	建外 SOHO	2003~2007 年建设	全部采用基底平面为 27.3 米×27.3 米的塔楼，由南至北大致分为 3 个高度，南部为 12~16 层，中间为 20~28 层，北部为 30~33 层。外立面全部由方框元素构成，墙面、窗框、栏杆等全部采用白色	总建筑面积 68.38 万平方米，由 24 栋高矮不同的白色楼宇构建而成，含商业、写字楼及住宅。30 度平面旋转和由低到高的组合，解决高层塔楼的日照间距问题，提高居住用地的使用效率	项目一期、二期、三期获 2005 年度北京市第十二届优秀工程设计居住区规划及居住建筑二等奖	徐建伟. 简约建筑的人性化——建外 SOHO 设计 [J]. 建筑学报，2004（04）：40-43.	
47	远洋山水	2003~2008 年建设	板塔结合，"一字形板（塔）"的住宅类型进深 16~18 米，尽量控制塔楼标准层服务户数。提出了灵活可变、双厅（家庭起居和生活起居）、双主卧户型。立面以"灰"色作为主色调	北京市政府确定的第一批绿化隔离带地区试点项目。总占地 50.51 公顷，总建筑面积约 200 万平方米。尽量采用短板建筑，以提高小区日照、卫生质量。保留用地内古树，修缮现有区级文物崇兴庵并作为文化会所使用。带状集中绿化带沿住区主路展开，将崇兴庵、保留古松、良好的自然植被有机串联起来，并有效组织中心区域的板式住宅形成半开敞式的院落空间	西区一期 1~7 号楼获 2008 年度全国优秀工程勘察设计行业奖住宅与住宅小区二等奖；西区三期 23~25 号楼获 2009 年度北京市第十四届优秀工程设计建筑设计居住建筑类三等奖	刘晓钟，吴静，高羚耀."远洋山水"——居住品质的创新与追求 [J]. 建筑学报，2004（10）：26-28.	
48	中海凯旋	2004 年建成		项目位于西城区二龙路西街			
49	蓝堡小区	2004 年建成	CBD 区域商住综合体，公寓户型由 8 个板式单元围合在一起。东西向居所起居室面对着花园，配置宽幅的落地观景窗；南北向居所充分利用南向面宽，每户南向轴线面宽 12.4 米；东南、西南设计了小户型，以"消化"转角空间。分户墙设为剪力墙，户内尽量减少剪力墙，以便变化户型格局，局部吊顶式集中空调，水表出户设计	占地 1.52 公顷，总建筑面积 20 万平方米，定位为高档公寓与商业、办公综合体，其中公寓总建筑面积约 13 万平方米，商业及办公约 7 万平方米。采用由南向北渐次降低建筑高度的高低错落的板式围合造型，在底层及 3~5 层的建筑转角处多处架空通廊	北京蓝堡国际公寓获 2005 年度北京市第十二届优秀工程设计居住区规划及居住建筑二等奖	张萍萍，吴霄红. CBD 区域商住综合体的创作与实践——浅谈蓝堡小区的设计 [J]. 建筑学报，2005（02）：56-58.	
50	珠江国际城	2004 年建成	叠拼住宅，对倚林佳园进行改良，减少上户面积，强化上下户南北分入的方式，并给上层住户提供 40 平方米的可停车的北面花园	容积率 0.9，4 层、3 层混合		陈一峰. 低层高密度住宅设计探讨 [J]. 建筑学报，2003（09）：17-19.	
51	果岭"CLASS"居住区	2004 年建成	户型共分跃层户型、平层户型两大类。跃层户型两单元一组，底层相邻单元共同形成一个南北贯通 120 平方米的阳光大堂，不同功能层高不同，一层起居厅层高 4.6 米，厨房、次卧层高 2.8 米，二层主卧层高 3.2 米，中间层卧室或其他功能层高为 5 米。平层户型进深最小处仅 9 米，单户最大面宽 17.7 米，层高 3.2 米，起居厅南向开间 6 米，而进深仅为 5.4 米，中西厨分开设置	占地 9.4 公顷，总建筑面积 17.86 万平方米，其中住宅建筑面积 12.23 万平方米，公建建筑面积 5.63 万平方米，容积率 1.37，总户数 569 户，总人口 1593 人，建筑层数 3~8 层，建筑密度 23.4%，绿化率 40.1%，停车数地上 21，地下 787。总体布局结构一横一纵两条轴线，作为步行轴、绿化轴、景观轴和分区轴。利用半地下车库在平地上造出有变化的坡地、台地效果，建筑单体将平层楼型与跃层楼型进行多样化组拼，顺应坡地布置成高低错落、前后错位、随坡就势的组合		李促进，姚晓哲. 北京"CLASS"居住区 [J]. 建筑学报，2007（04）：66-69+104.	
52	五栋大楼	2004 年建成			获 2008 年度全国优秀工程勘察设计行业奖住宅与住宅小区二等奖		
53	顶秀青溪家园	2004~2007 年建设	南北两区，北部高层区分为两个层次，北端为 14 层板式小高层，向南为第二层次的 9 层板式小高层；南部底层为 4-6 层花园洋房。户型设计小进深大面宽，探索了花园洋房、下沉庭院、空中花园、入户花园、错层空间、跃层空间的处理	占地 7.65 公顷，总建筑面积 18.7 万平方米，其中住宅建筑面积 12.9 万平方米，公建建筑面积 1 万平方米，容积率 1.82，总户数 908 户，总人口 2906 人，绿化率 35.1%，停车数地上 199，地下 767	获 2009 年"广厦奖"；《建筑学报》发表	郭淳. 顶秀青溪住宅小区 [J]. 建筑学报，2008（04）：60-63.	

序号	项目	年代	住宅单体特点	住区规划特点	获奖	参考文献	备注
154	望京 A1 区（国风北京）	2005 年建成		纯板小高层为主的低密度社区。国风北京为建设部科技应用示范小区，北京市"一优二示范"工程（即：住宅建设工程质量全部要达到市优长城杯；建筑节能示范；新技术应用示范）	获 2009 年度北京市第十四届优秀工程设计建筑类一等奖；2008 年"广厦奖"；A1 区 A、B 组团获 2009 年度全国优秀工程勘察设计行业奖住宅与住宅小区三等奖	王艳彬.望京新城 A1 区，打造低密度理想生活城 [J]. 城市开发，2005（12）：57.	
155	北京奥林匹克花园一期	2005 年建成			获 2005 年度部级优秀勘察设计评选优秀城镇住宅和住宅小区设计二等奖；获 2005 年度北京市第十二届优秀工程设计居住区规划及居住建筑二等奖		
156	朗琴园（中鑫花园）	2005 年 10 月 1 日开工，2008 年 1 月 25 日竣工	地上 22 层，框架结构	建筑面积 15.06 万平方米	获 2003 年度北京市第十一届优秀工程设计住宅设计二等奖	刘晓钟，周正国.喧嚣年代里的简约之歌——朗琴园 [J]. 建筑创作，2001（02）：81. 刘文鼎.纯与整：朗琴园四期方案求索 [J]. 建筑创作，2004（02）：122-126.	
157	金都杭城	西区 2006 年建成，东区 2009 年建成			获 2008 年度全国优秀工程勘察设计行业奖住宅与住宅小区二等奖；2007 年度北京市第十三届优秀工程设计评审住宅及居住区二等奖		
158	澳洲康都	2006 年建成			获 2008 年度全国优秀工程勘察设计行业奖住宅与住宅小区二等奖		
159	北京当代万国城项目（当代 MOMA）	2006 年建成	其中，POP Moma 为科技住宅，住宅采用了恒温恒湿顶棚柔和辐射冷暖系统、恒湿全置换新风系统、外遮阳及窗优化系统、屋面优化系统、厨房及排水优化系统、防噪声优化系统、中央除尘优化系统、智能化电梯系统、水处理优化系统等十套技术体系		获 2015 年度住建部绿色建筑创新奖二等奖；8~10 号楼获 2009 年度北京市第十四届优秀工程设计建筑设计居住建筑类三等奖		
160	泰跃房地产圆明园东门住宅区（褐石园）	2007 年建成	叠拼住宅，高档项目，总结了倚林佳园和珠江国际城的得失，一、二层为复式，三层为平层，四、五层为复式或平层，设置电梯，下有花园，上有屋顶花园，为中间层提供 1.8 米 ×6 米的阳台	容积率 1.15		陈一峰.低层高密度住宅设计探讨 [J].建筑学报，2003（09）：17-19.	
161	国美明天第一城	2007 年建成		占地含代征地 72 公顷，总建筑面积 60 万平方米。项目用地被几条规划道路穿越，根据道路走向，规划建造各类公共设施，营造出充满活力的街区式社区氛围		李鸿新，李钊.大型居住区设计的理论与探索实践 [J].建筑学报，2006（04）：12-15.	
162	上京·新航线	2007 年建成	健康住宅，6 座 26 层南北向板高层，层高 3.0 米，起居厅面宽 4.8 米以上，主卧室面宽 3.6~3.9 米以上。次卧室、书房、餐厅面宽均大于 3 米。全部采用一梯两户板式户型，住宅南北通透，确保自然通风，合理布局厨卫空间。采用剪力墙大空间结构体系，交通核内集中设置管井区，室内采用浮筑楼板技术体系	占地 7.86 公顷，总建筑面积约 32 万平方米，容积率 3.5，总户数约 1600 户，绿地率 30%。形成超大尺度中央公园及四个院落空间，并营造多层次的交往空间		程开春.健康住宅之"健康"设计——北京上京·新航线 [J]. 建筑学报，2008（11）：15-17.	
163	北京奥林匹克公园（B 区）奥运村	2008 年建成	南北通透，灰砖、局部白墙、木塑条板为立面主材，住宅均设计了屋顶花园，房间比例 1：1.5~1：2	奥运赛时规划总用地 66.58 公顷，其中运动员公寓区规划占地 27.55 公顷，建筑面积 53 万平方米，整体采用无障碍设计，引入智能化技术	获 2009 年度北京市第十四届优秀工程设计建筑设计居住建筑类一等奖	刘京.北京奥运村的人性化设计与思考 [J]. 建筑技术及设计，2008（11）：6.	
164	金隅美和园	2008 年建成	楼房类型为全现浇钢筋混凝土剪力墙结构、六到九层、南北通透的中高层板楼，采用外墙外保温技术，建筑节能指标为 65%	总占地 12 公顷，建筑规模约 17 万平方米，小区共有 1710 套住房，其中两限房 1546 套，廉租房 164 套。两限房中有一居室 76 套，两居室 326 套，三居室 44 套			北京城八区首个交用的廉租房项目

序号	项目	年代	住宅单体特点	住区规划特点	获奖	参考文献	备注
65	百旺·茉莉园	2008 年建成	多层、小高层板楼，主力户型为 120~140 平方米的三室二厅二卫和 85~95 平方米的二室二厅	规划总用地 44.2 公顷，规划建设用地 21.4 公顷，总建筑面积 31.70 万平方米，其中居住总面积 27.03 万平方米，容积率 1.34，绿化率 30.60%	获 2009 年度全国优秀工程勘察设计行业奖住宅与住宅小区二等奖；获 2009 年度北京市第十四届优秀工程设计建筑设计居住建筑类二等奖		
66	北京世纪华侨城一期	2008 年建成	立面不求过分装饰，讲究造型比例适度。户型设计考虑远近结合，布局力求最大使用率	旅游加地产的综合开发模式。华侨城社区设计追求高品质的生活环境，采用模块化的城市街区模式	获 2009 年度全国优秀工程勘察设计行业奖住宅与住宅小区三等奖；2009 年度北京市第十四届优秀工程设计建筑设计居住建筑类一等奖	北京世纪华侨城旅游主题社区规划和一期住宅设计 [J]. 建筑创作，2008（09）：78-79. 赫亚兰．北京世纪华侨城：生态型居住社区 [J]. 城市住宅，2009（03）：67-69.	
67	嘉润园（阳光上东）国际社区	2008 年建成	全世界 6 个国家的 7 家设计公司分别承担不同街区的设计。户型大致分为三类，一是传统式户型，二是现代式户型，三是中西结合式户型	组团街坊式的规划布局	C1 区获 2005 年度北京市第十二届优秀工程设计居住区规划及居住建筑三等奖；C9 获 2011 年度全国优秀工程勘察设计行业奖住宅组一等奖；C9 区获 2011 年度北京市第十五届优秀工程设计居住建筑一等奖	冯卫．解读阳光上东 [J]. 建筑创作，2006（02）：42-63.	
68	华凯花园	2009 年建成	板楼、塔楼，一居室 46~54 平方米 二居室 90~119 平方米 三居室 124~157 平方米	地上建筑面积 17.7 万平方米	获 2008 年度全国优秀工程勘察设计行业奖住宅与住宅小区二等奖；2007 年度北京市第十三届优秀工程设计评审住宅及居住建筑一等奖		
69	林达嘉园住宅楼（远洋公馆）	2009 年建成			获 2011 年度北京市第十五届优秀工程设计居住建筑一等奖		
70	马连洼竹园住宅小区（西山华府）C 区住宅	2009 年建成			获 2011 年度全国优秀工程勘察设计行业奖住宅组三等奖；2011 年度北京市第十五届优秀工程设计居住建筑二等奖		
71	住总·旗胜家园	2009 年建成		占地 31.81 公顷，建筑面积 57.99 万平方米。本项目是北京市第一个社会保障性两限房项目	获全国城市住宅设计研究网颁发的第十一届年会暨第十次优秀设计工程评选保障性住房住区规划设计一等奖		
72	假日风景（北京市住宅产业化试点工程）	2009~2011 年建成	北京市住宅产业化试点工程，采用装配整体剪力墙结构，保温装饰一体化外墙，预制楼梯、阳台和空调板等。建筑形式上主要体现出"塑造、装配、清水"3 个方面的特征	北京地区第一批利用工业化技术建造的工业化商品住宅楼	D 地块 D1、D8 工业化住宅获 2013 年度全国优秀工程勘察设计行业奖住宅与住宅小区二等奖；D 地块 D1、D8 工业化住宅获 2013 年度北京市第十七届优秀工程设计建筑综合类居住建筑一等奖；D 地块 D1、D8 工业化住宅获 2019 年"北京市优秀工程勘察设计奖"专项类装配式建筑设计优秀奖三等奖；B3 号、B4 号楼为装配式整体剪力墙结构，被北京市建委授予"北京市住宅产业化试点工程"	杨超英．中粮万科假日风景 [J]. 建筑学报，2012（04）：60-62. 樊则森．塑造 装配 清水——中粮万科假日风景 D1、D8 号住宅楼预制装配新技术的创新 [J]. 建筑学报，2012（04）：63-64.	
73	龙湖唐宁ONE	2009~2011 年建设	城市中心高密度住宅区绿色设计实践，大进深大户型塔式住宅	占地 5.66 公顷，总建筑面积 24.83 万平方米，其中住宅 12.91 万平方米，公建 5.02 万平方米，容积率 3.8，总户数 1098 户，建筑密度 26.55%，绿化率 30%，停车 963 辆。用地分为内外区，沿城市主干道和周边道路的外区布置商业、会所、办公，内区布置住宅，小区西北部"L"形高层板楼阻挡冬季西北风，人车分流		童英姿，李楠，李颖，柴培根．城市中心高密度住宅区绿色设计实践——龙湖唐宁ONE[J]. 建筑学报，2013（03）：46-49.	
74	雅世合金公寓	2010 年建成	新型工业化体系的实验住宅，实施了内装工业化体系，并与结构体系完全分离。结构体系采用清水混凝土配筋砌块结构，再辅以加厚楼板，实现开间室内布局。内装系统由轻钢龙骨石膏板隔墙、轻钢龙骨吊顶、架空地面以及配套的设备和管道构成	占地 2.21 公顷，总建筑面积 7.78 万平方米，其中住宅建筑面积 4.40 万平方米，公建建筑面积 4638 平方米，容积率 2.2，总户数 486 户，建筑密度 28.83%，停车位 432 辆，自行车停放数 1072 辆	获第十一届（2012 年度）中国土木工程詹天佑奖；第六届中国建筑学会建筑创作奖佳作奖；雅世·合金公寓获 2011~2012 年度"广厦奖"；2013 年度全国优秀工程勘察设计行业奖住宅与住宅小区一等奖；1 号住宅楼等 11 项获 2012 年度北京市第十六届优秀工程设计综合类（居住建筑）一等奖	刘东卫，张广源．雅世合金公寓 [J]. 建筑学报，2012（04）：50-54. 徐勇刚．内装工业化的实践——博洛尼基于雅世合金项目的探索 [J]. 建筑学报，2014（05）：50-52. 苗青，周静敏，郝学．内装工业化体系的应用评价研究——雅世合金公寓居住实态和满意度调查分析 [J]. 建筑学报，2014（07）：40-46. 周静敏，苗青，刘东卫．内装工业化体系的居民接受度及改造灵活性研究——以雅世合金公寓为例 [J]. 建筑学报，2019（02）：12-17.	

序号	项目	年代	住宅单体特点	住区规划特点	获奖	参考文献	备注
175	常营丽景园	2010年建成	U型双核心塔楼为主的户型设计，通过精细化设计减小交通面积	绿色、亲和、经济型生态宜居社区，从可持续的角度降低使用成本，对日照、通风、景观绿化等资源的共享以均好性为目标。社区内规划了多种类型的活动场所	8号、9号楼廉租房获2011年度北京市第十五届优秀工程设计保障性住房建筑设计奖	李钊，郭淳，刘吉臣，武海滨，王宇.保障性住房的发展与设计实践[J].建筑学报，2011（08）：65–69.	
176	红狮家园（东铁匠营宋庄路38号）	2010年建成		占地约6公顷，是商品房、两限房与廉租房混合的住区，其中两限房建筑面积占比约为65%，廉租房建筑面积占比约为4%	获2011年度北京市第十五届优秀工程设计保障性住房建筑设计奖	曹金森.保障性住区的混合居住效应研究[C]// 中国城市规划学会、杭州市人民政府.共享与品质——2018中国城市规划年会论文集（20住房建设规划）.中国城市规划学会、杭州市人民政府：中国城市规划学会，2018：8.	
177	远洋万和城（北四环东路项目）	2010年建成	"差异化产品社区"，实现中小户型之间、大户型之间、中小户型与大户型之间、地块之间的差异化	高容积率，底层架空，小区整体抬高，人车分层、步行优先，引入台地花园	获2012年度北京市第十六届优秀工程设计综合类（居住建筑）一等奖	刘晓钟.北京远洋万和城，北京，中国[J].世界建筑，2019（05）：80–81.	
178	中粮万科长阳半岛	2010~2012年建设	中高层住宅，应用模数协调住宅结构构件与装修部品之间的尺寸关系，基本实现土建和装修的"集成"，实现大部分装修部品部件的"工厂化制造"和室内装修的"装配式施工"，推行"绿色装修"	总占地4.68公顷，住宅建筑面积9.50万平方米，容积率1.84，总户数888户，建筑密度22.76%，绿化率31%，停车位459辆。用地东北角小区步行入口集中设置商业配套服务设施，同时将人流引入小区内部组团间南北贯通的集中绿带，人车分流，复层绿化园林种植，不设计大面积纯草坪，地下停车场采用覆土绿化	1号地块04地块住宅及配套项目获2013年度北京市第十七届优秀工程设计建筑综合类居住建筑二等奖；1号地产业化住宅项目获2019年"北京市优秀工程勘察设计奖"专项类装配式建筑设计优秀奖三等奖；长阳镇起步区1号地04地块（1~7号楼）及11地块（1~7号楼）获2013年度住建部绿色建筑创新奖二等奖		
179	众美光合原筑	2010~2015年建设	公共租赁住房适老化设计，体现在空间的灵活性与适应性，采用交流性LDK空间（指将起居室、餐厅与厨房构成一体化空间），务实性厨房空间，分离性卫浴空间、综合性玄关空间、多用性居室空间、系统性收纳空间以实现功能空间的适老化设计。主体结构为剪力墙结构	占地1.58公顷，总建筑面积1.69万平方米，其中地上1.21万平方米，地下4810平方米，容积率1.2，户数149户，建筑密度30%，绿化率30%。其中1、2号楼为经济适用房，3号楼为外廊式公共租赁住房，4号楼为单元式公共租赁住房	被列为我国"十二五"国家科技支撑计划对保障性住房开展课题研究的示范工程	秦姗，闫英俊，魏红.公共租赁住房适老化设计实践——北京众美光合原筑项目[J].建筑学报，2015（06）：28–31.	
180	北京中信城（大吉危改片区）	2010年12月30日开工，2019年9月2日竣工	业态包含住宅、5A级写字楼、五星级酒店	总占地43.65公顷，总建筑面积约108万平方米	获第十一届（2012年度）中国土木工程詹天佑奖		
181	通惠上河嘉园（42号、58号地块）	2011年建成	以4层为主的多层低密度小区，户型面积88~235平方米不等	占地14.8公顷	获2011年度全国优秀工程勘察设计行业奖住宅组三等奖；2011年度北京市第十五届优秀工程设计居住建筑二等奖		
182	钓鱼台七号院	2011年建成	金属屋顶，红砖立面，融合中国传统元素装饰，100户精装住宅全部沿玉渊潭湖面展开，南北通透，面积300~1000平方米，层高3.4米，南向面宽14~21米	占地约1.6公顷，地上总建筑面积4.3万平方米	获2013年度全国优秀工程勘察设计行业奖住宅与住宅小区二等奖	庄惟敏，方云飞.用经典诠释现代——钓鱼台七号院的红砖[J].世界建筑，2012（09）：31–37.	
183	四合上院（棉花片B–3地块）	2011年建成	12~15层板式建筑，灰墙瓦顶	围合内向的形式，容积率4.05	获2013年度全国优秀工程勘察设计行业奖住宅与住宅小区三等奖；2013年度北京市第十七届优秀工程设计建筑综合类居住建筑一等奖		
184	首开常青藤	2012年建成	中小户型花园洋房，90平方米三居为主	占地50.29公顷，地上建筑规模44.84万平方米，低密度，容积率1.19，层层退台，户户有景	获2013年度全国优秀工程勘察设计行业奖住宅与住宅小区三等奖；2013年度北京市第十七届优秀工程设计建筑综合类居住建筑一等奖		
185	融景城一二期	2012年建成	板式高层，二居90平方米，三居130平方米	容积率2.57	获2013年度全国优秀工程勘察设计行业奖住宅与住宅小区三等奖；2013年度北京市第十七届优秀工程设计建筑综合类居住建筑二等奖		
186	金地仰山	2012年建成	板式小高层	占地12.3公顷，建筑面积27.5万平方米	获2013年度全国优秀工程勘察设计行业奖住宅与住宅小区三等奖；2013年度北京市第十七届优秀工程设计建筑综合类居住建筑二等奖		

序号	项目	年代	住宅单体特点	住区规划特点	获奖	参考文献	备注
87	西山一号院	2012 年建成	借鉴"钓鱼台"国院式交通规划与布局，低密度，平层、跃层大户型	覆土 3~6 米，营造错落起伏的坡地景观，绿化率超 45%	获 2013 年度全国优秀工程勘察设计行业奖住宅与住宅小区三等奖；2013 年度北京市第十七届优秀工程设计建筑综合类居住建筑一等奖		
88	燕保·梨园家园	2012 年建成		是北京市第一个公租房项目，共有三栋住宅楼，854 套住宅，在 2013 年 12 月开始配租	获 2014 年度"中国保障性安居工程示范项目"称号；2015 年度全国保障性住房"安居杯"设计创新奖		
89	温泉凯盛家园（温泉镇 C07、C08 地块限价商品住房）	2012 年建成			获 2015~2016 年度"广厦奖"；2017 年度住建部绿色建筑创新奖二等奖		
90	金域华府产业化示范住宅	2012 年建成	采用装配式建造技术，建筑的楼板、楼梯、内隔墙均采用预制构件，并获得绿色建筑二星设计标识	总建筑面积约 24.93 万平方米，于 2012 年底入住。项目中包含保障性住房和限价商品房	获 2013 年全国人居经典建筑规划设计方案竞赛综合大奖；"北京市第十六届优秀工程"建筑信息模型（BIM）设计单项奖；2017 年"北京市优秀工程勘察设计奖"综合奖（居住建筑）二等奖；2017 年"北京市优秀工程勘察设计奖"专项奖（建筑结构）三等奖；2019 年"北京市优秀工程勘察设计奖"专项类装配式建筑设计优秀奖一等奖；尚华家园 007 地块 1~7 号住宅楼及配额套，019 地块 1 号住宅楼、3~5 号住宅楼及配套获 2017 年"北京市优秀工程勘察设计奖"综合奖（居住建筑）一等奖		
91	泰康之家·燕园养老社区	2013~2016 年建设	采用大面宽、小进深（小于 11 米）、一梯两户的单元形式，平面布局考虑适用多种生活形态，设置弹性空间，可作正常卧室、书房、保姆间以及儿童房等多样空间使用。主体结构为框架剪力墙、框架结构	专业机构养老与居家养老结合，占地 14.3 公顷，总建筑面积 43.8 万平方米，容积率 2.2，总户数 2151 户，建筑密度 25%，绿化率 30%，停车数 2744。北区服务对象是 70 岁以上老人，配备了独立生活、协助生活、专业护理、记忆障碍 4 种养老业态。南区目标客户是健康老人和其他年龄层的居住者，由 14 栋住宅建筑组成，采用以十字中央景观区为轴的对称式规划布局形式		张广群，石华 . 复合型养老社区规划设计研究——以泰康之家·燕园养老社区为例 [J]. 建筑学报，2015（06）：32-36.	
92	亚奥金茂悦住宅	2014 年建成	采用朱丹色建筑外立面，"N+1"户型设计	自然台地景观	获 2017 年"北京市优秀工程勘察设计奖"综合奖（居住建筑）一等奖		
93	花溪渡住宅	2014 年建成	建筑立面横向舒展，采用砖、陶土瓦、木质材料，以三居户型为主	全南向布局，点式板楼设计，120 米楼间距，多重园林户户可见	获 2017 年度全国优秀工程勘察设计行业奖住宅与住宅小区三等奖；2017 年"北京市优秀工程勘察设计奖"综合奖（居住建筑）一等奖		
94	丰台区张仪村西城区旧城保护定向安置房（广安康馨家园）	2014 年建成		总占地 16 公顷，规划建筑面积 55 万平方米，规划建有 22 栋高层住宅	项目获 2017 年度全国优秀工程勘察设计行业奖住宅与住宅小区三等奖；2017 年"北京市优秀工程勘察设计奖"综合奖（居住建筑）二等奖		
95	恒大御景湾	2015 年建成	高层塔式，90 平方米三居				首个自住型商品房
96	金域缇香	2015 年建成	首次装配式与基础隔震技术相结合，其中三栋住宅楼选用全预制装配式剪力墙结构，装配式面积共 2.88 万平方米，7 号住宅楼是此领域中首次将预制装配整体式建立墙技术与基础隔震技术相结合的成果	总建筑面积 18.47 万平方米	获 2017 年"北京市优秀工程勘察设计奖"综合奖（居住建筑）二等奖；7-9 号楼获 2017 年"北京市优秀工程勘察设计奖"专项奖（绿色建筑）三等奖；7 号住宅楼获 2019 年"北京市优秀工程勘察设计奖"专项类装配式建筑设计优秀奖二等奖；8、9 号住宅获 2019 年"北京市优秀工程勘察设计奖"专项类装配式建筑设计优秀奖三等奖		
97	万柳书院	2015 年建成	中式意境，立面采用灰砖、石材，室内设计与外部形式相呼应，注重舒适性，使用静电除尘箱、空气加湿器、空气净化器、饮用水过滤器、橡胶隔声垫等		获 2017 年度全国优秀工程勘察设计行业奖住宅与住宅小区三等奖；2017 年"北京市优秀工程勘察设计奖"综合奖（居住建筑）一等奖		

序号	项目	年代	住宅单体特点	住区规划特点	获奖	参考文献	备注
198	燕保·百湾家园	2015年开工，2019年建成，2020年6月陆续入住	全装配式公租房项目，并应用了被动房技术	共包含12栋住宅楼，地上6~27层，户型建筑面积从40平方米到60平方米不等。共提供4000套房源，其中有3682套普通公租房，另有318套人才公租房，优先配租朝阳区的年轻人才			
199	富力惠兰美居	2016年建成	板塔结合高层，73~83平方米两居；88~105平方米三居				首个自住商品房
200	百万佳苑	2013年启动棚改，2016年建成，次年年底回迁	设置太阳能系统，由屋顶储热水箱向各居民户内提供生活热水，安防系统完备		北京市2017~2018年度结构长城杯金质奖工程		北京中心区首个棚改项目
201	望京金茂府住宅	2016年建成	简化古典建筑形态。采用环保理念，采用雨水回收系统和地源热泵系统，选择绿色建材和耐用材料、低能耗材料，部分屋面采用高反射材料，实现建筑节能80%水平		获2017年"北京市优秀工程勘察设计奖"综合奖（居住建筑）一等奖；人防设计获2017年"北京市优秀工程勘察设计奖"专项奖（人防工程）二等奖	吴钢，陈凌，张瑛，陈江，徐华阳，孙海渊，叶晓钦，卢芳，陈科勋，陈真，白云祥，王磊，程田，柳艳英，陈尧，广松美佐江.北京金茂府[J].中国住宅设施，2014（10）：28-37.	
202	芳锦园7-13号住宅楼（首城汇景湾东区6号院）	2016年建成	将空调机位做为丰富立面的重要元素，采用较鲜亮的橙色并作出深浅不一的变化		获2019年度工程勘察、建筑设计行业和市政公用工程优秀勘察设计奖优秀住宅与住宅小区设计三等奖；2019年"北京市优秀工程勘察设计奖"建筑工程设计（住宅与住宅小区）综合类二等奖	芳锦园7-13号住宅楼[EB/OL].（2020-12-21）[2021-06-22].http://www.ikuku.cn/project/fangjinyuan7-13haozhuzhailou	
203	龙湖天璞	2017年建成	高层住宅外墙运用预制装配式技术		获2019年度工程勘察、建筑设计行业和市政公用工程优秀勘察设计奖优秀住宅与住宅小区设计一等奖	邵征，帅德枝，颜宏亮.上海高层住宅外墙预制装配式技术策略——以上海龙湖·天璞项目为例[J].住宅科技，2018，38（10）：7-11.	
204	北京市房山区长阳西站六号地01-09-09地块住宅楼项目（五和万科长阳天地）	2017年建成	实现了设计标准化、部品生产工厂化、现场施工装配化、结构装修一体化和管理信息化，精装交房		获2019年度住建部绿色建筑创新奖一等奖；2019年"北京市优秀工程勘察设计奖"建筑工程设计（住宅与住宅小区）综合类二等奖；2019年"北京市优秀工程勘察设计奖"建筑工程设计专项类绿色建筑二等奖、专项类装配式建筑设计优秀奖一等奖	于劲，凌晓彤.长阳天地及金域缇香住宅产业化项目的设计体验[J].建筑技艺，2015（04）：65-69.	
205	郭公庄车辆段一期公共租赁住房项目	2017年建成	采用产业化建造方式和标准化设计。标准层平面的公摊控制在25%以下，最大限度提高有效使用面积。立面采用现代与传统的结合	"十"字形的公共空间结构将社区分成9个直接与城市相连的开放小型街区，2~3栋住宅与配套公建围合成院落	获2019年"北京市优秀工程勘察设计奖"专项类装配式建筑设计优秀奖一等奖	赵钿.郭公庄一期公共租赁住房社区规划设计[J].建筑设计管理，2016，33（01）：7-12.	
206	永靓家园共有产权房	2020年建成		总建筑面积30.9万平方米，其中共有产权房约18.4万平方米。所有户型均小于90平方米，以两居户型为多，兼有一居和三居。采用装配式、统一内装、入户式中水模块等技术，为"海绵居住区"		海淀区最大体量共有产权房项目"永靓家园"即将交房[EB/OL].（2020-10-19）[2021-06-22].http://zyk.bjhd.gov.cn/ywdt/hdywx/202010/t20201019_4429467.shtml	北京首个开工的共有产权房
207	锦都家园共有产权房	2021年建成					北京首个推出的共有产权房

注：本书梳理出新中国北京住宅发展历程中的典型项目共207个。2000年以前典型项目的梳理主要参考重要文献，2000年以后典型项目的梳理主要包含住房和城乡建设和建筑行业学协会评选奖项[如全国优秀工程勘察设计奖、全国优秀工程勘察设计行业奖（原部级优秀勘察设计）、北京市优秀工程勘察设计奖、住建部绿色建筑创新奖、中国建筑学会建筑设计奖、建筑设计奖等]的二等奖以上获奖项目，以及具有代表意义的政策性住房。

刘杨凡奇　绘制

附图 1-1　北京住区住宅典型项目分布图

附录 2 本书涉及的老旧小区更新典型案例
Appendix 2 Typical Cases of Old Urban Residential Area Regeneration in this Book

附表 2-1

工作类别	工作内容	具体构成	典型案例	备注
保护修缮			上海市徐汇区武康大楼保护修缮	
拆除重建			上海市静安区彭浦新村彭三小区拆除重建	
综合整治	住宅本体综合整治	违法建设拆除	北京市西城区马连道路 15 号院 2 号楼顶拆违	*
			北京市朝阳区劲松农光里小区空中违建拆除	
			北京市西城区黄南 45 号院底层阳台拆除	
			北京市朝阳区红庙北里外墙底层开墙打洞整治	
		建筑结构加固	北京市海淀区甘家口 1 号、3 号、4 号住宅楼外套结构抗震加固	*
			北京市西城区百万庄小区外加圈梁构造柱加固	
			北京市西城区四平园小区阳台局部修缮	
		市政设施设备改造	上海市长宁区智能设备建设助力社区养老	
			北京市海淀区四道口文林大厦、中关村南大街 40 号院二次供水改造	
			北京市海淀区清华大学学生公寓 12 号楼空调引水管	
			广州市越秀区五羊社区空调滴水管统一接入大楼外空调引水管	
			北京市海淀区太平路 44 号院排水管道改造	
			上海市长宁区新泾六村排水管道改造	
			北京市西城区月坛西街西里智能电表更换	
			北京市东城区新怡家园小区供热管道仪表安装调试	
			广州市越秀区五羊社区信息线路整理	
			北京市通州区西营前街小区楼内公共区域清理与楼道照明改善	
			上海市长宁区新华路上的老旧小区改造	
		消防条件改善	北京市西城区消防"进社区""进家庭"	*
			北京市西城区灵境小区楼前灭火器增设	
			北京市西城区白云路 7 号院电梯间灭火器增设	
			上海市普陀区曹杨一村消防器材箱增设	
		绿色建筑改造	北京市西城区新明胡同 8 号楼外墙保温工程	
			北京市西城区槐柏树街南里小区节能改造工程	
			上海市普陀区南梅园小区光伏发电板应用	
			北京市西城区珠市口西大街 129 号屋顶花园	
		无障碍与全龄友好改造	为老旧小区研发的极小型电梯产品及应用	*
			上海市杨浦区五角场街道"加装电梯地图"	*
			北京市海淀区大柳树 5 号院加装电梯	*
			广州市老旧小区住宅加装电梯指引图集	*
			北京市丰台区莲花池西里 6 号院无障碍坡道增设	
			北京市朝阳区劲松小区无障碍坡道与防护措施增设	
			北京市西城区白云路 7 号院无障碍坡道增设	
			北京市丰台区莲花池西里 6 号院电梯加装	
			北京市西城区白云路 7 号院电梯加装	
			北京市西城区灵境小区电梯加装	
			北京市丰台区洋桥北里和翠林小区电梯更换	
			北京市丰台区万源西里社区智能代步器增设	
			北京市海淀区南二社区适老化改造	
			北京市丰台区莲花池西里 6 号院适老化改造	
		公共空间优化	北京市朝阳区安苑北里、甘露园社区、花家地北里地瓜社区	*

工作类别	工作内容	具体构成	典型案例	备注
			苏州市姑苏区建设百千万楼道三年行动计划	
			北京市西城区真武庙五里3号楼单元门改造	
			南京市建邺区鸿达新寓小区单元门改造	
			北京市丰台区莲花池西里6号院加装电梯后的单元门改造	
		建筑风貌提升	北京市西城区中直西直门小区风貌维护	
			北京市丰台区莲花池西里6号院风貌维护	
			上海市静安区风貌保护街坊"春阳里"改造	
		安全设施完善	上海市徐汇区田林十二村众筹模式打造智慧安防	*
			北京市海淀区铁西社区门禁系统增设	
			北京市西城区灵境小区楼前视频监控设备增设	
			西安市新城区咸东社区紧急呼叫平台增设	
		智慧设施提升	北京市海淀区清华大学人才公寓2号实验宅套内智能化改造	*
小区环境综合整治	违法建设拆除	北京市西城区和平门小区"无违建小区"创建	*
			北京市西城区半步桥13号院小区内地面违建房屋拆除	
			北京市海淀区锋线阁小区地桩地锁整治	
		市政设施设备改造	北京市朝阳区利泽西园一区供热设施改造	*
			北京市昌平区回天地区换水管	
			北京市东城区帽儿胡同45号院建化粪池	
			北京市西城区南横西街南楼96号架空线入地改造	
			北京市通州区云景里小区电力增容	
			北京市朝阳区红庙北里热力改造	
			北京市昌平区回天地区老旧燃气设备设施更换	
			上海市松江区永丰街道仓城四村、五村、六村整体改造项目架空线入地	
			北京市西城区白云路7号院路灯增设	
		环卫设施完善	北京市西城区大乘巷小区垃圾分类	*
			北京市东城区东直门街道"管家"厨余垃圾运输线建立	
			北京市朝阳区惠新北里社区废品回收机增设	
			上海市静安区临汾380弄厨余垃圾降解机增设	
		消防条件改善	北京市西城区小型消防站和微型消防站建设	*
			北京市朝阳区朝阳医院家属院消防通道改造	
			北京市西城区白纸坊街道半步桥小型消防站增设	
		交通物流设施完善	上海市徐汇区丁香园非机动车库改造	*
			广州市天河区德欣小区"共享"车位	*
			上海市普陀区五星公寓停车分级管理	*
			北京市石景山区六合园小区机动僵尸车清理	
			北京市西城区德胜街道非机动僵尸车清理	
			北京市西城区鸭子桥北里小区道路维护	
			上海市静安区彭三五期道路修缮	
			上海市嘉定区嘉德坊小区道路修缮	
			北京市西城区白云路7号院非机动停车库增设	
			北京市西城区白云路小区立体停车场增设	
			北京市西城区真武庙五里3号楼停车位划定	
			北京市西城区展览路街道老旧小区智能充电桩增设	

工作类别	工作内容	具体构成	典型案例	备注
			北京市西城区百万庄小区电动充电柜增设	
			北京市大兴区车站北里北区信报箱增设	
			北京市西城区鸭子桥北里信报箱增设	
			北京市西城区百万庄中里快递柜增设	
			上海市虹口区新北小区地面标识完善	
			上海市金山区石化二村、石化八村交通指示标牌完善	
		无障碍与全龄友好改造	北京市朝阳区安慧里社区融合养老	*
			北京市海淀区兰园小区无障碍坡道增设	
			北京市朝阳区劲松小区儿童活动区改造	
		公共环境提升	上海市杨浦区辽源西路 190 弄、打虎山路 1 弄、铁路工房"破墙合体"	*
			上海市静安区星城花苑小区生态景观整治提升	
			上海市长宁区新泾八村生态景观整治提升	
			上海市长宁区新泾六村生态景观整治提升	
			北京市通州区西营前街小区海绵社区建设	
			上海市徐汇区永嘉路 309 弄口袋广场增设	
			上海市长宁区威宁小区场地改造	
			北京市朝阳区劲松小区康体设施增设	
			慈溪市公共晾晒区推广	
			上海市浦东新区昌五小区借鉴地区传统游廊改造围墙	
		公共服务完善	北京西城区西便门东里社区中心	*
			上海市闵行区江川路社区食堂	*
			上海市静安区星城花苑小区为老中心	*
			北京市西城区老墙根社区服务站	
			北京市西城区长椿街"智能方"社区便民新生活中心	
			广州市越秀区兴隆东社区老年人活动中心和敬老食堂	
			北京市海淀区北下关街道南里二区卫生服务中心	
		安全设施完善	北京市西城区白云路 7 号院门禁系统增设	
			北京市西城区白云路 7 号院视频监控系统增设	
			西安市新城区韩森寨街道咸东社区一键报警平台增设	
			北京市朝阳区樱花园小区防疫测温场地梳理	
		智慧设施提升	上海市徐汇区丁香园小区"智慧生活三件宝"	*
			北京市西城区"西城社区通"	
			上海市徐汇区徐家汇街道基础信息平台	
			上海市徐汇区田林街道智慧社区试点	
	日常维护		日本高级公寓长期修缮计划	
共建共治共享机制		强化党建引领	天津市北辰区基层社会治理	*
			北京市石景山区古城大楼改造过程中的临时党支部	*
			北京市朝阳区朝阳区委党校党员"双报到"助力社区联防联控	*
		健全政府统筹协调机制	北京市西城区西城家园 APP	*
			北京市"12345"热线	*
			北京市基层治理创新——"街乡吹哨 部门报到"	*

工作类别	工作内容	具体构成	典型案例	备注
			北京市《向前一步》直面老旧小区加装电梯难题	*
			成都市社区发展治理促进条例	*
		发动社会力量参与	上海市试点市场化"居家适老化改造"	*
			北京市首开经验	*
			北京市劲松模式	*
			北京市责任规划师助力城市精细化治理	*
			北京市海淀区"新清河实验"基层社会治理创新与社区规划	*
			北京市东城区朝阳门微花园示范中心社区参与式改造	*
			北京市"周末大扫除"传统回归	*
		完善物业管理长效机制	上海市闵行区首创"红色物业"	*
			上海市住宅物业服务价格监测信息公布	*
			上海市普陀区达标考核促物业提升服务	*

注：备注栏中标注 * 的案例为重点案例。

附录3 政策法规与技术标准汇编
Appendix 3　Laws, Regulations, Policies and Technical Standards

附表3-1　法律法规汇编

法律法规（现行，国家级和省级）	发布时间	发布部门	备注
《中华人民共和国消防法》	1998年首次发布，2008年、2019年、2021年修正	全国人大常委会	法律
《中华人民共和国民法典》	2020年发布	全国人民代表大会	法律，第二编为"物权"
《中华人民共和国城乡规划法》	2007年首次发布，2015年、2019年修正	全国人大常委会	法律
《中华人民共和国特种设备安全法》	2013年发布	全国人大常委会	法律
《中华人民共和国治安管理处罚法》	2005年首次发布，2012年修正	全国人大常委会	法律
《中华人民共和国人民防空法》	1996年首次发布，2009年修正	全国人大常委会	法律
《快递暂行条例》	2018年首次发布，2019年修订	国务院	行政法规
《城镇燃气管理条例》	2010年首次发布，2016年修订	国务院	行政法规
《物业管理条例》	2003年首次发布，2007年、2016年、2018年修订	国务院	行政法规
《特种设备安全监察条例》	2003年首次发布，2009年修订	国务院	行政法规
《建设工程质量管理条例》	2000年首次发布，2017、2019年年修订	国务院	行政法规
《城市绿化条例》	1992年首次发布，2011年、2017年修订	国务院	行政法规
《北京历史文化名城保护条例》	2021年发布	北京市人大（含常委会）	省级地方性法规
《北京市物业管理条例》	2020年发布	北京市人大（含常委会）	省级地方性法规
《北京市文明行为促进条例》	2020年发布	北京市人大（含常委会）	省级地方性法规
《北京市市容环境卫生条例》	2002年首次发布，2016年、2020年修正	北京市人大（含常委会）	省级地方性法规
《北京市生活垃圾管理条例》	2011年首次发布，2019年、2020年修正	北京市人大（含常委会）	省级地方性法规
《北京市城乡规划条例》	2009年首次发布，2019年修订	北京市人大（含常委会）	省级地方性法规
《北京市绿化条例》	2009年首次发布，2016年、2019年修正	北京市人大（含常委会）	省级地方性法规
《北京市街道办事处条例》	2019年首次发布	北京市人大（含常委会）	省级地方性法规
《北京市机动车停车条例》	2018年首次发布	北京市人大（含常委会）	省级地方性法规
《北京市生活饮用水卫生监督管理条例》	1997年首次发布，2016年修正	北京市人大（含常委会）	省级地方性法规
《北京市居家养老服务条例》	2015年首次发布	北京市人大（含常委会）	省级地方性法规
《房屋建筑工程抗震设防管理规定》	2006年首次发布，2015年修改	建设部	部门规章
《防雷减灾管理办法》	2011年首次发布，2013年修改	中国气象局	部门规章
《住宅室内装饰装修管理办法》	2002年首次发布，2011年修改	建设部	部门规章
《城市照明管理规定》	2010年	住房和城乡建设部	部门规章
《城市生活垃圾管理办法》	2007年发布	建设部	部门规章
《住宅专项维修资金管理办法》	2007年发布	中华人民共和国建设部、中华人民共和国财政部	部门规章
《民用建筑节能管理规定》	2005年	建设部	部门规章
《城市地下空间开发利用管理规定》	1997年首次发布，2001年修正	建设部	部门规章
《北京市禁止违法建设若干规定（2020）》	2020年发布	北京市人民政府	地方政府规章
《北京市人民防空工程和普通地下室安全使用管理办法》	2004年首次发布，2011年、2018年修改	北京市人民政府	地方政府规章
《北京市民用建筑节能管理办法》	2014年发布	北京市人民政府	地方政府规章
《北京市房屋建筑使用安全管理办法》	2011年发布	北京市人民政府	地方政府规章
《北京市人民防空工程建设与使用管理规定》	1998年首次发布，2001年、2010年修改	北京市人民政府	地方政府规章

附表 3-2 政策文件汇编

政策文件（现行，国家级和省级）	发布时间	发布单位	备注
《国务院办公厅关于全面推进城镇老旧小区改造工作的指导意见》（国办发〔2020〕23 号）	2020 年	国务院办公厅	国务院规范性文件
《住房和城乡建设部办公厅 国家发展改革委办公厅 财政部办公厅关于申报 2021 年城镇老旧小区改造计划任务的通知（建办城〔2020〕41 号）》	2020 年	住房和城乡建设部办公厅、国家发展改革委办公厅、财政部办公厅	
《住房和城乡建设部等部门关于开展城市居住区社区建设补短板行动的意见（建科规〔2020〕7 号）》	2020 年	住房和城乡建设部等	部门规范性文件
《国家发展改革委关于印发＜中央预算内投资保障性安居工程专项管理暂行办法＞的通知（发改投资规〔2019〕1035 号）》	2019 年	国家发展改革委	部门规范性文件
《财政部 住房和城乡建设部关于印发＜中央财政城镇保障性安居工程专项资金管理办法＞的通知（财综〔2019〕31 号）》	2019 年	财政部、住房和城乡建设部	部门规范性文件
《城镇老旧小区改造试点工作方案》	2019 年		
《住房和城乡建设部关于推进老旧小区改造试点工作的通知（建城函〔2017〕322 号）》	2017 年	住房和城乡建设部	
《国务院办公厅关于转发国家发展改革委住房城乡建设部生活垃圾分类制度实施方案的通知》（国办发〔2017〕26 号）	2017 年	国务院办公厅	国务院规范性文件
《国务院办公厅转发国务院国资委、财政部关于国有企业职工家属区"三供一业"分离移交工作的指导意见的通知》（国办发〔2016〕45 号）	2016 年	国务院办公厅	国务院规范性文件
《国务院办公厅关于转发发展改革委、住房城乡建设部绿色建筑行动方案的通知》（国办发〔2013〕1 号）	2013 年	国务院办公厅	国务院规范性文件
《国务院、中央军委关于进一步推进人民防空事业发展的若干意见》（国发〔2008〕4 号）	2008 年	国务院、中央军委	国务院规范性文件
《关于印发＜中央国家机关人民防空工程建设和拆除许可管理办法＞的通知》（国管人防〔2020〕47 号）	2020 年	国家机关事务管理局、中央国家机关人防委	部门规范性文件
《关于印发＜中央国家机关人民防空工程质量监督工作规定＞的通知》（国管人防〔2020〕35 号）	2020 年	国家机关事务管理局、中央国家机关人防委	部门规范性文件
《中央国家机关人民防空工程和普通地下室安全使用管理办法》（国管人防〔2020〕38 号）	2020 年	国家机关事务管理局、中央国家机关人防委	部门规范性文件
《中央国家机关地下空间安全使用改造技术管理要求》（国管人防〔2020〕38 号）	2020 年	国家机关事务管理局、中央国家机关人防委	部门规范性文件
《住房城乡建设部关于加快推进部分重点城市生活垃圾分类工作的通知》（建城〔2017〕253 号）	2017 年	住房和城乡建设部	部门规范性文件
《体育总局关于印发＜室外健身器材配建管理办法＞的通知》（体群字〔2017〕61 号）	2017 年	国家体育总局	部门规范性文件
《住房城乡建设部办公厅、财政部办公厅关于进一步发挥住宅专项维修资金在老旧小区和电梯更新改造中支持作用的通知》（建办房〔2015〕52 号）	2015 年	住房和城乡建设部、财政部	部门规范性文件
《国家人民防空办公室关于颁布＜人民防空工程维护管理办法＞的通知》（〔2001〕国人防办字第 210 号）	2001 年	国家人民防空办公室	部门规范性文件
《国家人民防空办公室关于颁发＜人民防空工程质量监督管理暂行办法＞的通知》（〔2001〕国人防办字第 11 号）	2001 年	国家人民防空办公室	部门规范性文件
《国家人民防空办公室关于颁布＜人民防空工程平时开发利用管理办法＞的通知》（〔2001〕国人防办字第 211 号）	2001 年	国家人民防空办公室	部门规范性文件
《建设部、国家经贸委、质量技监局，建材局关于在住宅建设中淘汰落后产品的通知》（建住房〔1999〕295 号）	1999 年	建设部、国家经贸委、质量技监局、建材局	部门规范性文件
《北京市人民政府关于实施城市更新行动的指导意见》（京政发〔2021〕10 号）	2021 年	北京市人民政府	
《关于引入社会资本参与老旧小区改造的意见》（京建发〔2021〕121 号）	2021 年	北京市住房和城乡建设委员会、北京市发展和改革委员会、北京市规划和自然资源委员会、北京市财政局、北京市人民政府国有资产监督管理委员会、北京市民政局、北京市地方金融监督管理局、北京市城市管理委员会	地方规范性文件

政策文件（现行，国家级和省级）	发布时间	发布单位	备注
《北京市老旧小区综合整治工作手册》（京建发〔2020〕100号）	2020年	北京市住房和城乡建设委员会、北京市规划和自然资源委员会、北京市发展和改革委员会、北京市城市管理委员会、北京市市场监督管理局	地方规范性文件
《北京市住房和城乡建设委员会、北京市规划和自然资源委员会、北京市发展和改革委员会、北京市财政局关于开展危旧楼房改建试点工作的意见》	2020年	北京市住房和城乡建设委员会、北京市规划和自然资源委员会、北京市发展和改革委员会、北京市财政局	地方规范性文件
《中共北京市委北京市人民政府关于加强新时代街道工作的意见》	2019年	中共北京市委、北京市人民政府	地方规范性文件
《本市老旧小区绿化改造基本要求》（京绿办发〔2019〕139号）	2019年	北京市园林绿化局（首都绿化委员会办公室）	地方规范性文件
《关于加快推进老旧小区综合整治规划建设试点工作的指导意见》（市规划国土发〔2018〕34号）	2018年	北京市规划和国土资源管理委员会	地方规范性文件
《北京市住房和城乡建设委员会关于进一步做好老旧小区综合改造工程外保温材料使用管理工作的通知》（京建法〔2018〕20号）	2018年	北京市住房和城乡建设委员会	地方规范性文件
《北京市城市管理委员会、北京市交通委员会关于加强停车场内充电设施建设和管理的实施意见》	2018年	北京市城市管理委员会、北京市交通委员会	地方规范性文件
《北京市无证无照经营和"开墙打洞"治理工作联席会议办公室关于印发北京市无证无照经营和"开墙打洞"专项整治行动方案的通知》	2017年	北京市无证无照经营和"开墙打洞"治理工作联席会议办公室	地方规范性文件
《北京市人民政府办公厅印发＜关于进一步加强电动汽车充电基础设施建设和管理的实施意见＞的通知》（京政办发〔2017〕36号）	2017年	北京市人民政府	地方规范性文件
《加快推进自备井置换和老旧小区内部供水管网改造工作方案》（京政办发〔2017〕31号）	2017年	北京市人民政府	地方规范性文件
《北京市人民政府国有资产监督管理委员会、北京市财政局关于市属国有企业非经营性资产及在京中央企业职工家属区"三供一业"分离移交工作有关事项的通知》（京国资发〔2017〕15号）	2017年	北京市人民政府国有资产监督管理委员会、北京市财政局	地方规范性文件
《北京市民政局关于印发＜社区养老服务驿站设施设计和服务标准（试行）＞的通知》（京民福发〔2016〕392号）	2016年	北京市民政局	地方规范性文件
《北京市住房和城乡建设委员会、北京市公安局、北京市规划委员会关于公布本市出租房屋人均居住面积标准等有关问题的通知》	2013年	北京市住房和城乡建设委员会、北京市公安局、北京市规划委员会	地方规范性文件
《北京市住房和城乡建设委员会关于印发＜北京地区既有建筑外套结构抗震加固技术导则＞的通知》（京建发〔2012〕330号）	2012年	北京市住房和城乡建设委员会	地方规范性文件
《北京市住房和城乡建设委员会、北京市发展和改革委员会、北京市规划委员会等关于印发北京市太阳能热水系统城镇建筑应用管理办法的通知》（京建发〔2012〕3号）	2012年	北京市住房和城乡建设委员会、北京市发展和改革委员会、北京市规划委员会	地方规范性文件
《关于印发北京市既有居住建筑供热计量改造技术和服务要求的通知》（京政容函〔2012〕516号）	2012年	北京市城市管理委员会	地方规范性文件
《北京市市政市容管理委员会、市发展和改革委员会、市住房和城乡建设委员会等关于印发北京市供热计量应用技术导则的通知》（京政容发〔2010〕115号）	2010年	北京市市政市容管理委员会、市发展和改革委员会、市住房和城乡建设委员会、市规划委员会、市质量技术监督局	地方规范性文件
《北京市住宅专项维修资金管理办法》（京建物〔2009〕836号）	2009年	北京市住房和城乡建设委员会、北京市财政局、北京市审计局、北京市住房资金管理中心	地方规范性文件
《关于做好2021年城镇老旧小区改造工作的通知》（建办城〔2021〕28号）	2021年	住房和城乡建设部办公厅、国家发展改革委办公厅、工业和信息化部办公厅、财政部办公厅、国家统计局办公室、国家能源局综合司	部门工作文件
《住房和城乡建设部等部门关于在全国地级及以上城市全面开展生活垃圾分类工作的通知》（建城〔2019〕56号）	2019年	住房和城乡建设部、国家发展和改革委员会（含原国家发展计划委员会、原国家计划委员会）、生态环境部、教育部、商务部、中央精神文明建设指导委员会办公室、共青团中央、全国妇女联合会、国家机关事务管理局（原国务院机关事务管理局）	部门工作文件

政策文件（现行，国家级和省级）	发布时间	发布单位	备注
《北京市住房和城乡建设委员会、北京市规划和自然资源委员会关于印发〈北京市老旧小区综合整治标准与技术导则〉的通知》（京建发〔2021〕274号）	2021年	北京市住房和城乡建设委员会、北京市规划和自然资源委员会	地方工作文件
《北京市住房和城乡建设委员会关于印发〈北京市"十四五"时期老旧小区改造规划〉的通知（京建发〔2021〕275号）》	2021年	北京市住房和城乡建设委员会	地方工作文件
《北京市老旧小区综合整治联席会议办公室关于印发<2021年北京市老旧小区综合整治工作方案>的通知》	2021年	北京市老旧小区综合整治联席会议办公室	地方工作文件
《关于老旧小区综合整治实施适老化改造和无障碍环境建设的指导意见》	2021年	北京市老旧小区综合整治联席会议办公室	
《北京市规划和自然资源委员会关于发布<北京市既有建筑改造工程消防设计指南（试行）>的通知》	2021年	北京市规划和自然资源委员会	地方工作文件
《2020年老旧小区综合整治工作方案》（京建发〔2020〕103号）	2020年	北京市住房和城乡建设委员会、北京市发展和改革委员会、北京市规划和自然资源委员会、北京市财政局、北京市城市管理委员会、北京市民政局、北京市人民政府国有资产监督管理委员会	地方工作文件
《北京市住房和城乡建设委员会、北京市规划和自然资源委员会、北京市市场监督管理局关于印发<北京市既有多层住宅加装电梯工程技术导则（试行）>和<既有多层住宅加装电梯指导图集（试行）>的通知》（京建发〔2020〕184号）	2020年	北京市住房和城乡建设委员会、北京市规划和自然资源委员会、北京市市场监督管理局	地方工作文件
《首都城市环境建设管理委员会办公室关于印发生活垃圾分类三个指引的通知》（首环建管办[2020]30号）三个文件分别为《居民家庭生活垃圾分类指引（2020年版）》《居民小区生活垃圾分类投放收集指引（2020年版）》《密闭式清洁站新建改造提升技术指引（2020年版）》	2020年	首都城市环境建设管理委员会办公室	地方工作文件
《北京市规划和自然资源委员会关于印发<既有住宅适老化改造设计指南>的通知》（京规自发〔2019〕336号）	2019年	北京市规划和自然资源委员会	
《老旧小区综合整治工作方案（2018-2020年）》（京政办发〔2018〕6号）	2018年	北京市人民政府	地方工作文件
《关于建立我市实施综合改造老旧小区物业管理长效机制的指导意见》（京建发〔2018〕255号）	2018年	北京市住房和城乡建设委员会、中共北京市委社会工作委员会、北京市社会建设工作办公室、北京市民政局	
《关于加强老旧小区综合整治工程管理的意见》（京建发〔2018〕298号）	2018年	北京市住房和城乡建设委员会	
《北京市质监局关于做好既有住宅增设电梯有关工作的通知》（京质监发〔2018〕2号）	2018年	北京市市场监督管理局	
《北京市规划委员会关于印发<北京市养老服务设施规划设计技术要点>（试行）的通知》（市规发〔2014〕1946号）	2014年	北京市规划委员会	
《北京市住房和城乡建设委员会关于印发<既有砌体建筑外套装配式结构抗震加固施工技术导则（试行）>的通知》（京建发〔2013〕105号）	2013年	北京市住房和城乡建设委员会	地方工作文件
《北京市规划委员会关于印发<新建建设工程雨水控制与利用技术要点（暂行）>的通知》（市规发〔2012〕1316号）	2013年	北京市规划委员会	地方工作文件
《北京市园林绿化局关于做好北京市老旧小区综合整治绿化美化工作的意见》（京政发〔2012〕3号）	2012年	北京市园林绿化局（首都绿化委员会办公室）	地方工作文件
《北京市住房和城乡建设委员会关于加强我市老旧小区房屋建筑抗震节能综合改造工程质量安全管理工作的意见》（京建发〔2012〕76号）	2012年	北京市住房和城乡建设委员会	地方工作文件
《北京市老旧小区无障碍设施改造导则》	2012年	北京市残联、市规划委、市住建委、市市政市容委	地方工作文件
《北京市住房和城乡建设委员会关于印发<北京市老旧小区综合改造外墙外保温施工技术导则（玻璃棉板做法）>的通知》（京建发〔2012〕237号）	2012年	北京市住房和城乡建设委员会	地方工作文件
《北京市住房和城乡建设委员会关于印发<北京市老旧小区综合改造外墙外保温施工技术导则（岩棉板做法）>的通知》（京建发〔2012〕236号）	2012年	北京市住房和城乡建设委员会	地方工作文件
《北京市住房和城乡建设委员会关于印发<北京市老旧小区综合改造外墙外保温施工技术导则（复合硬质酚醛泡沫板做法）>的通知》（京建发〔2012〕235号）	2012年	北京市住房和城乡建设委员会	地方工作文件

政策文件（现行，国家级和省级）	发布时间	发布单位	备注
《北京市住房和城乡建设委员会关于印发＜北京市老旧小区综合改造外墙外保温施工技术导则（复合硬泡聚氨酯板做法）＞的通知》（京建发〔2012〕234号）	2012年	北京市住房和城乡建设委员会	地方工作文件
《北京市住房和城乡建设委员会关于加强我市老旧小区房屋建筑抗震节能综合改造工程质量安全管理工作的意见》（京建发〔2012〕76号）	2012年	北京市住房和城乡建设委员会	地方工作文件
《北京市住房和城乡建设委员会关于加强老旧小区房屋建筑抗震节能综合改造工程质量管理的通知》（京建发〔2012〕368号）	2012年	北京市住房和城乡建设委员会	地方工作文件
《北京市公安局、北京市住房和城乡建设委员会、北京市规划委员会关于加强老旧小区综合改造工程外保温材料使用与消防安全管理工作的通知》（京公消字〔2012〕391号）	2012年	北京市公安局、北京市住房和城乡建设委员会、北京市规划委员会	地方工作文件
《北京市住房和城乡建设委员会、市规划委员会、市质量技术监督局、市公安消防局关于印发关于北京市既有多层住宅增设电梯的若干指导意见的通知》（京建发〔2010〕590号）	2010年	北京市住房和城乡建设委员会、市规划委员会、市质量技术监督局、市公安局消防局	地方工作文件
《北京地区建设工程规划设计通则》（市规发〔2003〕514号）	2003年发布，2012年修编	北京市规划委员会	地方工作文件
《儿童友好型城市规划手册》	2018年英文版 2019年中文版	联合国儿童基金会发布，中国城市规划学会翻译	指导手册
《中国残联关于在国家老旧小区改造中切实落实无障碍改造工作的通知》（残联函〔2018〕7号）	2018年	中国残疾人联合会	团体规定

附表3-3 技术标准汇编

技术标准（现行，国家级和省级）	发布时间或最新修订时间	发布部门或批准部门	备注
《城镇燃气设计规范》GB 50028-2006（2020年版）	2020年	中华人民共和国建设部	国家标准
《民用建筑设计统一标准》GB 50352-2019	2019年	中华人民共和国住房和城乡建设部	国家标准
《建筑给水排水设计规范》GB 50015-2019	2019年	中华人民共和国住房和城乡建设部	国家标准
《民用建筑电气设计标准》GB 51348-2019	2019年	中华人民共和国住房和城乡建设部	国家标准
《城市居住区规划设计标准》GB 50180-2018	2018年	中华人民共和国住房和城乡建设部	国家标准
《建筑设计防火规范》GB 50016-2014（2018年版）	2018年	中华人民共和国住房和城乡建设部	国家标准
《建筑结构可靠性设计统一标准》	2018年	中华人民共和国住房和城乡建设部	国家标准
《室外给水设计标准》GB 50013-2018	2018年	中华人民共和国住房和城乡建设部	国家标准
《建筑中水设计标准》GB 50336-2018	2018年	中华人民共和国住房和城乡建设部	国家标准
《民用建筑太阳能热水系统应用技术标准》GB 50364-2018	2018年	中华人民共和国住房和城乡建设部	国家标准
《电力工程电缆设计标准》GB 50217-2018	2018年	中华人民共和国住房和城乡建设部	国家标准
《建筑防烟排烟系统技术标准》GB 51251-2017	2017年	中华人民共和国住房和城乡建设部	国家标准
《智能家居自动控制设备通用技术要求》GB/T35136-2017	2017年	中华人民共和国国家质量监督检验检疫总局、中国国家标准化管理委员会	国家标准
《建筑与小区雨水控制及利用工程技术规范》GB 50400-2016	2016年	中华人民共和国住房和城乡建设部	国家标准
《民用建筑可靠性鉴定标准》GB 50292-2015	2015年	中华人民共和国住房和城乡建设部	国家标准
《智能建筑设计标准》GB 50314-2015	2015年	中华人民共和国住房和城乡建设部	国家标准
《道路与街路照明灯具性能要求》GB/T 24827-2015	2015年	中华人民共和国国家质量监督检验检疫总局、中国国家标准化管理委员会	国家标准
《消防给水及消火栓系统技术规范》GB 50974-2014	2014年	中华人民共和国住房和城乡建设部	国家标准
《电动汽车充电站设计规范》GB 50966-2014	2014年	中华人民共和国住房和城乡建设部	国家标准
《混凝土结构加固设计规范》GB 50367-2013	2013年	中华人民共和国住房和城乡建设部	国家标准
《建筑照明设计标准》GB 50034-2013	2013年	中华人民共和国住房和城乡建设部	国家标准
《火灾自动报警系统设计规范》GB 50116-2013	2013年	中华人民共和国住房和城乡建设部	国家标准
《智能建筑工程质量验收规范》GB 50339-2013	2013年	中华人民共和国住房和城乡建设部	国家标准
《建筑结构荷载规范》GB 5009-2012	2012年	中华人民共和国住房和城乡建设部	国家标准
《无障碍设计规范》GB 50763-2012	2012年	中华人民共和国住房和城乡建设部	国家标准
《住宅区和住宅建筑内光纤到户通信设施工程施工及验收规范》GB 50847-2012	2012年	中华人民共和国住房和城乡建设部、中华人民共和国国家质量监督检验检疫总局	国家标准
《住宅区和住宅建筑内光纤到户通信设施工程设计规范》GB 50846-2012	2012年	中华人民共和国住房和城乡建设部、中华人民共和国国家质量监督检验检疫总局	国家标准
《屋面工程技术规范》GB 50345-2012	2012年	中华人民共和国住房和城乡建设部	国家标准
《砌体结构加固设计规范》GB 50702-2011	2011年	中华人民共和国住房和城乡建设部	国家标准
《低压配电设计规范》GB 50054-2011	2011年	中华人民共和国住房和城乡建设部	国家标准
《坡屋面工程技术规范》GB 50693-2011	2011年	中华人民共和国住房和城乡建设部、中华人民共和国国家质量监督检验检疫总局	国家标准
《民用闭路监视电视系统工程技术规范》GB 50198-2011	2011年	中华人民共和国住房和城乡建设部	国家标准
《室外健身器材的安全 通用要求》GB 19272-2011	2011年	中华人民共和国国家质量监督检验检疫总局、中国国家标准化管理委员会	国家标准
《建筑结构加固工程施工质量验收规范》GB 50550-2010	2010年	中华人民共和国住房和城乡建设部	国家标准
《民用建筑节水设计标准》GB 50555-2010	2010年	中华人民共和国住房和城乡建设部	国家标准
《建筑物防雷设计规范》GB 50057-2010	2010年	中华人民共和国住房和城乡建设部	国家标准
《住宅信报箱工程技术规范》GB 50631-2010	2010年	中华人民共和国住房和城乡建设部	国家标准

技术标准（现行，国家级和省级）	发布时间或最新修订时间	发布部门或批准部门	备注
《消防应急照明和疏散指示系统》GB 17945-2010	2009 年	中华人民共和国国家质量监督检验检疫总局、中国国家标准化管理委员会	国家标准
《电梯主参数及轿厢、井道、机房的型式与尺寸　第1部分：Ⅰ、Ⅱ、Ⅲ、Ⅵ类电梯》GB/T 7025.1-2008	2008 年	中华人民共和国国家质量监督检验检疫总局、中国国家标准化管理委员会	国家标准
《住宅小区安全防范系统通用技术要求》GB/T 21741-2008	2008 年	中华人民共和国国家质量监督检验检疫总局、中国国家标准化管理委员会	国家标准
《平板型太阳能集热器》GB/T 6424-2007	2007 年	中华人民共和国国家质量监督检验检疫总局、中国国家标准化管理委员会	国家标准
《真空管型太阳能集热器》GB/T 17581-2007	2007 年	中华人民共和国国家质量监督检验检疫总局、中国国家标准化管理委员会	国家标准
《视频安防监控系统工程设计规范》GB 50395-2007	2007 年	中华人民共和国建设部	国家标准
《社区服务指南 第9部分：物业服务》GB/T 20647.9-2006	2006 年	中华人民共和国国家质量监督检验检疫总局、中国国家标准化管理委员会	国家标准
《建筑及居住区数字化技术应用 第3部分：物业管理》GB/T 20299.3-2006	2006 年	中华人民共和国国家质量监督检验检疫总局、中国国家标准化管理委员会	国家标准
《人民防空地下室设计规范》GB 50038-2005	2005 年	中华人民共和国建设部	国家标准
《电梯制造与安装安全规范》GB 7588-2003	2003 年	中华人民共和国国家质量监督检验检疫总局	国家标准
《节水型产品技术条件与管理通则》GB 18870-2002	2002 年	国家质量监督检验检疫总局	国家标准
《生活饮用水输配水设备及防护材料的安全性评价标准》GB/T 17219-1998	1998 年	国家技术监督局、中华人民共和国卫生部	国家标准
《北京市住宅设计规范》DB 11/1740-2020	2020 年	北京市规划和自然资源委员会、北京市市场监督管理局	地方标准
《居住建筑节能设计标准》DB 11/891-2020	2020 年	北京市规划和自然资源委员会	地方标准
《海绵城市建设设计标准》DB 11/T 1743-2020	2020 年	北京市规划和自然资源委员会、北京市市场监督管理局	地方标准
《民用建筑太阳能热水系统应用技术规程》DB 11/T 461-2019	2019 年	北京市住房和城乡建设委员会、北京市市场监督管理局	地方标准
《供热管网改造技术规程》DB 11/T 1477-2017	2017 年	北京市质量技术监督局	地方标准
《既有居住建筑节能改造技术规程》DB 11/381-2016	2016 年	北京市住房和城乡建设委员会、北京市质量技术监督局	地方标准
《民用建筑通信及有线广播电视基础设施设计规范》DB 11/T804-2015	2015 年	北京市规划委员会、北京市质量技术监督局	地方标准
《屋顶绿化规范》DB 11/T281-2015	2015 年	北京市质量技术监督局	地方标准
《北京市居住区无障碍设计规程》DB 11/T 1222-2015	2015 年	北京市规划委员会、北京市质量技术监督局	地方标准
《城市景观照明技术规范》DB 11/T388-2015	2015 年	北京市质量技术监督局	地方标准
《社区养老服务设施设计标准》DB 11/1309-2015	2015 年	北京市规划委员会、北京市质量技术监督局	地方标准
《燃气输配工程设计施工验收技术规范》DB 11/T 302-2014	2014 年	北京市质量技术监督局	地方标准
《平战结合人民防空工程设计规范》DB 11/994-2013	2013 年	北京市规划委员会、北京市质量技术监督局	地方标准
《北京市城市雨水系统规划设计暴雨径流计算标准》DB/T 969-2013	2013 年	北京市规划委员会、北京市质量技术监督局	地方标准
《北京市雨水控制与利用工程设计规范》DB 11/T 685-2013	2013 年	北京市规划委员会、北京市质量技术监督局	地方标准
《建筑太阳能光伏系统安装及验收规程》DB 11/T 1008-2013	2013 年	北京市住房和城乡建设委员会、北京市质量技术监督局	地方标准
《绿色建筑设计标准》DB 11/938-2012	2012 年	北京市规划委员会、北京市质量技术监督局	地方标准
《建筑抗震鉴定与加固技术规程》DB 11/T 689-2009	2009 年	北京市规划委员会、北京市住房和城乡建设委员会、北京市质量技术监督局	地方标准

技术标准（现行，国家级和省级）	发布时间或最新修订时间	发布部门或批准部门	备注
《老年人照料设施建筑设计标准》JGJ 450-2018	2018 年	中华人民共和国住房和城乡建设部	行业标准
《严寒和寒冷地区居住建筑节能设计标准》JGJ 26-2018	2018 年	中华人民共和国住房和城乡建设部	行业标准
《既有住宅建筑功能改造技术规范》JGJ/T 390-2016	2016 年	中华人民共和国住房和城乡建设部	行业标准
《建筑拆除工程安全技术规范》JGJ147-2016	2016 年	住房和城乡建设部	行业标准
《城市公共厕所设计标准》CJJ 14-2016	2016 年	中华人民共和国住房和城乡建设部	行业标准
《城镇道路养护技术规范》CJJ 36-2016	2016 年	中华人民共和国住房和城乡建设部	行业标准
《车库建筑设计规范》JGJ 100-2015	2015 年	中华人民共和国住房和城乡建设部	行业标准
《城市道路照明设计标准》CJJ 45-2015	2015 年	中华人民共和国住房和城乡建设部	行业标准
《节水型生活用水器具》CJ 164-2014	2014 年	中华人民共和国住房和城乡建设部	行业标准
《智能家居系统》系列规范 DL/T 1398-2014	2014 年	国家能源局	行业标准
《住宅室内装饰装修工程质量验收规范》JGJ/T 304-2013	2013 年	中华人民共和国住房和城乡建设部	行业标准
《生活垃圾收集运输技术规程》CJJ 205-2013	2013 年	中华人民共和国住房和城乡建设部	行业标准
《既有居住建筑节能改造技术规程》JGJ/T 129-2012	2012 年	中华人民共和国住房和城乡建设部	行业标准
《生活垃圾收集站技术规程》CJJ 179-2012	2012 年	中华人民共和国住房和城乡建设部	行业标准
《环境卫生设施设置标准》CJJ 27-2012	2012 年	中华人民共和国住房和城乡建设部	行业标准
《住宅建筑电气设计规范》JGJ 242-2011	2011 年	中华人民共和国住房和城乡建设部	行业标准
《城镇燃气标志标准》CJT 153	2010 年	中华人民共和国住房和城乡建设部	行业标准
《二次供水工程技术规程》CJJ 140-2010	2010 年	中华人民共和国住房和城乡建设部	行业标准
《建筑抗震加固技术规程》JGJ 116-2009	2009 年	中华人民共和国住房和城乡建设部	行业标准
《城市夜景照明设计规范》JGJ/T 163-2008	2008 年	中华人民共和国住房和城乡建设部	行业标准
《环境卫生图形符号标准》CJJ/T 125-2008	2008 年	中华人民共和国住房和城乡建设部	行业标准
《有线电视网络工程施工及验收规范》GY 5073-2005	2005 年	国家广播电影电视总局	行业标准
《城镇燃气输配工程施工及验收规范》CJJ 33-2005	2005 年	中华人民共和国建设部	行业标准
《城市既有建筑改造类社区养老服务设施设计导则》T/LXLY 0005-2020	2020 年	中国老年学和老年医学学会	团体标准
《城市旧居住区综合改造技术标准》T/CSUS 04-2019	2019 年	中国城市科学研究会	团体标准
《居住区电动汽车充电设施技术规程》T/CECS 508-2018	2018 年	中国工程建设标准化协会	工程建设协会标准
《社区老年人日间照料中心建设标准》建标 143-2010	2010 年	中华人民共和国住房和城乡建设部、中华人民共和国国家发展和改革委员会	
《北京市生活饮用水设计审查和竣工验收卫生要求》	2003 年		

注：工程建设标准体系分为三个层次，即专用基础标准、专业通用标准、专业专用标准。城乡规划、城镇建设、房屋建筑三部分体系包含 17 个专业，即 [1]1 城乡规划、[2]1 城乡工程勘察测量、[2]2 城镇公共交通、[2]3 城镇道路桥梁、[2]4 城镇给水排水、[2]5 城镇燃气、[2]6 城镇供热、[2]7 城镇市容环境卫生、[2]8 风景园林、[2]9 城市与工程防灾、[3]1 建筑设计、[3]2 建筑地基基础、[3]3 建筑结构、[3]4 建筑施工质量与安全、[3]5 建筑维护加固与房地产、[3]6 建筑室内环境和 [4]1 信息技术应用。目前，在专业分类中暂未包含工业建筑和建筑防火。

关于工程建设标准体系的介绍参考工程建设标准化信息网站 http://www.ccsn.org.cn/News/ShowInfo.aspx?Guid=2221

附录 4 其他地区及国家经验索引
Appendix 4 Experiences in Other Regions and Countries

日本高级公寓管理与更新
Mansion Management and Regeneration

高级公寓（mansion），集合住宅的一种形式，是日本特有的称谓，特指采用钢筋混凝土结构建造的坚固住宅。团地型高级公寓是指，《建筑物分割所有权法》规定的团地中，构成团地的多个建筑物的全部或部分为分割所有权法所规定的建筑（具有专属部分的建筑物），其使用目的主要是住宅。

日本约有 10% 的居民生活在公寓中。截至 2019 年末，日本的公寓存量约有 666 万套。建筑物和设备老化、业主老龄化、住宅空置、管理人员短缺、重建共识难达成等问题逐渐显现。管理与更新的工作需要加强。在此背景下，2020 年 6 月，日本修正了公寓管理与更新相关的法律《公寓管理优化法》《公寓重建促进法》，梳理并完善了公寓管理与更新的政策体系。

一、高级公寓的管理

国土交通省制定并发布了关于公寓管理的一系列指南，主要的指南详见附表 4-2。

二、高级公寓的更新

高级公寓更新的方法包含：翻修（改修·修缮）、重建（建替え）和用地出售（敷地壳却），取决于公寓的规模、楼龄等条件以及存在的问题，由业主形成决议。不同类型公寓采用不同更新方法时的业主同意率要求详见附表 4-3。国土交通省制定并发布了关于公寓更新的一系列指南，主要的指南详见附表 4-4。

文字来源：日本国土交通省高级公寓管理与更新网站 https://2021 mansionkan-web.com/#link

附表 4-1 团地型高级公寓与单栋高级公寓比较

		团地型高级公寓 （复数栋楼共享土地）	单栋高级公寓 （1 栋楼共享土地）
供给主体		大型住宅小区中，多数是以公共机构作为供应商	主要是私人企业
位置特性		大型住宅小区中，多数是从大城市周边到郊外地区	
住栋·住户类型		根据住宅小区，由低层 / 中高层、2 层集合住宅（terrace house）等不同住宅形式组合而成	单栋住宅，住宅单元类型有限
		大型住宅小区中，即使是同一住宅小区内，住宅楼的位置条件也各不相同	
		上述情况中，住宅单元的类型也多种多样	
结构·抗震性		旧抗震标准的公寓大多是承重墙结构	旧抗震标准的公寓大多采用刚性框架结构
		可以认为具有一定抗震性	可以认为它们中的大多数抗震性不足
复数栋共有物的有无 分割所有建筑之外的存在		土地或配套设施由多个复数栋业主共享 （小区内的过道、会议室、管理办公室等）	
		可能包括分割所有权以外的建筑物（租赁房屋、公司宿舍等）	
法律上的限制		根据建筑基准法第 86 条，认定住宅区	
重建决议的必要条件	全部住栋统一重建	依据分割所有权法第 70 条的统一重建决议	依据分割所有权法第 62 条重建决议
		整个住宅小区超过 4/5 的业主同意	超过 4/5 的业主同意
		每栋楼超过 2/3 的业主同意	
	各栋分别重建	依据分割所有权法第 62 条重建决议和第 69 的赞同决议	
		重建住宅栋 4/5 的业主同意	
		超过 3/4 的住宅小区业主同意	

附表 4-2 日本高级公寓管理的相关指南

制定和审查管理规则	
《标准管理协议（单栋型）及备注》 「標準管理規約（単棟型）及び同コメント」	https：//www.mlit.go.jp/common/001202416.pdf
《标准管理协议（团地型）及备注》 「標準管理規約（団地型）及び同コメント」	https：//www.mlit.go.jp/common/001272882.pdf
《标准管理协议（混合用途型）及备注》 「標準管理規約（複合用途型）及び同コメント」	https：//www.mlit.go.jp/common/001202418.pdf
制定和审查长期修缮计划	
《长期修缮计划标准样式·长期修缮计划制作指南与解说》 「長期修繕計画標準様式・長期修繕計画作成ガイドライン・同コメント」	https：//www.mlit.go.jp/common/001172730.pdf
建立维修储备基金	
《高级公寓维修储备基金指南》 「マンションの修繕積立金に関するガイドライン」	https：//www.mlit.go.jp/common/001080837.pdf
聘请外部专家进行管理和运营	
《利用外部专家的指南》 「外部専門家の活用ガイドライン」	https：//www.mlit.go.jp/common/001189183.pdf

附表 4-3 日本高级公寓不同更新项目的业主同意率要求

	单栋高级公寓更新	团地型高级公寓更新	
	—	所有建筑物更新	单栋建筑物更新
翻修 （改修）	目标楼栋的 3/4 业主同意 【依据《区分所有权法》（区分所有法）】 但如果形态或实用性没有显著变化【依据《区分所有权法》（区分所有法）】或被认定需要进行抗震修复工作【依据《抗震修复促进法》（耐震改修促进法）】则同意率要求过半数		
重建 （建替え）	4/5 业主同意 【依据《区分所有权法》（区分所有法）】	全体的 4/5 业主同意 每栋楼的 2/3 业主同意 【依据《区分所有权法》（区分所有法）】	目标楼栋的 4/5 业主同意 全体的 3/4 业主同意 【依据《区分所有权法》（区分所有法）】
公寓用地出售 （マンション 敷地売却）	全员同意 【依据《区分所有权法》（区分所有法）】 但在获得特定拆除证明的情况下 4/5 业主同意 【依据《公寓重建促进法》（マンション 建替円滑化法）】	全员同意 【依据《区分所有权法》（区分所有法）】 但在获得特定拆除证明的情况下 4/5 业主同意 【依据《公寓重建促进法》（マンション 建替円滑化法）】	—
团地用地分割 （団地における 敷地分割）	—	全员同意【依据《民法》】 但在获得特定拆除证明的情况下 全体的 4/5 业主同意 【依据《公寓重建促进法》（マンション 建替円滑化法）】	—

特定拆除证明：因抗震能力不足、消防安全不足、墙皮剥落等原因需要拆除的证明

附表4-4 日本高级公寓更新的相关指南

高级公寓重建或改造修缮的判断	
《决定是否重建或修缮高级公寓的手册》（マンション建替えか修繕を判断するためのマニュアル）	解释判断公寓老化程度的标准、思路以及如何根据成本效益进行重建或改造修缮的判断。提供技术信息，例如新建公寓的性能和规格以及改造修缮方法的示例 https：//www.mlit.go.jp/jutakukentiku/house/content/001374067.pdf

重建相关指南		改造相关指南	
《重建高级公寓的共识建立手册》（マンションの建替えに向けた合意形成に関するマニュアル）	解释程序和要记住的要点，以促进相关权利人在公寓重建的每个阶段达成共识 https：//www.mlit.go.jp/jutakukentiku/house/content/001374071.pdf	《高级公寓改造更新手册》（改修によるマンションの再生手法に関するマニュアル）	解释从计划修缮到大规模改造、扩建的各种维修工程方法和要点 https：//www.mlit.go.jp/jutakukentiku/house/content/001374063.pdf
《高级公寓重建实施手册》（マンション建替え实务マニュアル）	详细解释与公寓重建相关的法律程序和实施计划的制定等实施做法 https：//www.mlit.go.jp/jutakukentiku/house/content/001374072.pdf		
《抗震性不足的高级公寓的用地出售指南》（耐震性不足のマンションに係るマンション敷地売却ガイドライン）	介绍抗震性不足的公寓用地出售的一般程序，制定商业方法、判断方法、达成共识的方法、法律程序、支持系统的使用等（将重建公寓作为主要假设） https：//www.mlit.go.jp/common/001229202.pdf	《高级公寓抗震手册》（マンション耐震化マニュアル）	解释实施程序和要点，例如公寓的地震诊断和地震修复的实施 https：//www.mlit.go.jp/common/001086800.pdf

团地型高级公寓再生	
《团地型高级公寓再生手册》（団地型マンションの再生マニュアル）	说明团地型公寓的重建或改造更新时的共识达成程序、实施计划、生活振兴与其他注意事项 https：//www.mlit.go.jp/jutakukentiku/house/content/001374073.pdf

日本住宅管理和更新中所涉及的名词

【团地（だんち）】

【团地】日本法律意义上的团地是指城市规划中新规划建设的工业、居住等功能分区或区域。《建筑物分割所有权法》中规定，一个小区内拥有数栋建筑，当该小区内的土地或附属设施由这些建筑的所有者共同所有时，该小区被视为团地（第65条）。例如：工业团地、住宅团地。日本的建筑史学家、原东京大学教授藤森照信考证，"团地"一词最初是由日本住宅公团住宅设计科首任科长本城和彦所用，本意是"集团住宅地"简称"团地"，指住宅公团负责的开发区。而"集团住宅地"一词其实于战前已经出现，例如1939年日本建筑学会的"面向劳动者的集团住宅地规划"。随着名词惯性发展，一般意义上团地指住宅小区。

【集合住宅】

【集合住宅】是在一栋建筑内以墙壁或地板为边界，分割出独立的复数住户形式的住宅。《建筑基准法》规定：集合住宅分为"共同住宅"和"长屋"两种类型。共同住宅是各住户独立但共用走廊、电梯、天花板等的住宅建筑。此外，共同住宅属于《建筑基准法》中的"特殊建筑物"，必须确保安全疏散路线，设置建筑的主要出入口，安装自动火灾报警器等并满足各种限定。长屋是日本特有的住宅形式，一栋建筑由水平方向分割成独立居住单元的住宅。长屋必须满足以下两个条件：（1）相邻两户共用一墙，但各户玄关直接与外界（道路等）相接。（2）该玄关入口不与其他住户共用。长屋不属于特殊建筑物，因此不像共同住宅那样受到多种详细制约。

【マンション】

【高级公寓】mansion，集合住宅的一种形式。日本特有的称谓，特指采用钢筋混凝土结构建造的坚固住宅。

【アパート】

【公寓】多数是指采用木结构、轻钢结构或预制构件的住宅。住宅的层数为二层以下。

【団地型マンション】

【团地型高级公寓】是指，《建筑物分割所有权法》规定的团地中，构成团地的多个建筑物的全部或部分为分割所有权法所规定的建筑（具有专属部分的建筑物），其使用目的主要是住宅。

【建て替え】

【重建】是指，从地基部分开始拆除现有房屋，从零开始建造新房屋。实际上，并非所有住宅都可以重建。根据《建筑基准法》规定，"除非该用地与宽度4米以上的道路有2米以上相接，否则不能重建。"

【リフォーム（改修）】

【翻修】是指留下现有的基础部分，实施部分改造（改筑）、修缮、加建（增筑）等，使其恢复到该建筑初建时的状态。翻修的范围非常广泛，例如：小到厨房、卫生间和浴室等上下水器具更换，屋顶和外墙部分翻新，大到所有可见部分的全面翻新。另外，最近流行的"改造"，只保留混凝土的结构部分，而将整个建筑的性能进行提高。

【修缮】

【修缮】是指，修理或更换部件和设备的损坏部件，并将损坏的住宅建筑或其部件的性能和功能恢复到不影响正常使用的状态的行为。一般来说，修缮目标是将建筑物恢复到建设当初的水平。修缮包括每次发生老化或者性能、功能下降时进行的修补和小规模修理，以及经过一定年数后系统地进行的计划修理。

注：以上名词解释由 秋原雅人 翻译整理。

香港住房更新项目
Housing Regeneration in Hong Kong

香港房屋委员会（房委会）是根据《房屋条例》于 1973 年 4 月成立的法定机构。房委会负责制定和推行香港的公营房屋计划，为不能负担私人楼宇的低收入家庭解决住屋需要；负责规划、兴建、管理和维修保养各类公共租住房屋，包括出租公屋、中转房屋和临时收容中心。公共屋村由房委会负责维修保养，进行全面结构勘察、全方位维修、日常家居维修、建筑更新升级等。

香港市区重建局（市建局）是根据《市区重建局条例》于 2001 年 5 月成立的法定机构，取代前土地发展公司，通过进行、鼓励、推广及促进香港市区更新，应对市区老化问题，并改善旧区居民生活环境。市建局依循政府的《市区重建策略》指引，采取"以人为先，地区为本，与民共议"的方针，进行市区更新的工作。市建局以"重建发展"和"楼宇修复"两大核心业务，加上"保育活化"，为香港市民创建一个可持续发展的优质生活环境。

"重建发展"通过综合规划改善旧区已建设环境及基建设施的设计，并提供更多绿化环境、公众休憩地方及社区设施用地。残破失修的楼宇则重建成符合现代生活标准、环保又具智能的新式楼宇。"楼宇修复"包含"预防性维修"（主要涉及楼宇结构及墙身饰面、消防安全装置及设施、屋面防水、公用窗户、升降机（电梯）、电力及燃气供应系统、供水及排水系统）和"改造重设"（主要包含楼宇结构整固、外墙饰面更新、加入消防装置、增设无障碍通道、加入节能元素、绿化等），有效改善居住环境，延长楼宇的可使用年限，并减慢市区老化的速度。"保育活化"主要针对市建局重建项目内具有历史、文化及建筑价值的楼宇、地点及构筑物，同时也会在政府要求或在政策支持的情况下进行重建项目范围以外的文物保育项目。

文字来源：香港房屋委员会网站 https://www.housingauthority.gov.hk/tc/index.html；香港市区重建局网站 https://www.ura.org.hk/tc

附表 4-5 香港住房更新项目

香港房屋委员会（公屋）屋村维修及改善工程	
屋村维修及改善工程	全面结构勘察计划、屋村改善计划、全方位维修计划、日常家居维修服务、升降机更新工程、数码服务的简介 https://www.housingauthority.gov.hk/tc/public-housing/estate-maintenance-and-improvement/index.html
香港市区重建局住房更新项目	
重建发展	重建发展概览、项目详情等 https://www.ura.org.hk/tc/redevelopment
楼宇修复	重建发展概览、项目详情常见问题等 https://www.ura.org.hk/tc/rehabilitation 楼宇修复平台，包含预防性维修保养、楼宇问题及法令、怎样筹组复修、资助计划及支援、服务提供者资料库、工程费用咨询中心六部分 https://brplatform.org.hk/tc
保育活化	保育活化概览、项目详情、获奖等 https://www.ura.org.hk/tc/heritage-preservation-and-revitalisation

新加坡组屋改造更新计划
Public Housing Regeneration in Singapore

组屋是新加坡的公共住房，由新加坡建屋发展局（HDB，Housing & Development Board）建设管理。组屋通常是位于城郊地区的配套设施齐全的高层高密度社区，规模较大的可形成新城。组屋中居住了新加坡超过 80% 的人口。大部分的组屋公寓用于出售，产权年限一般为 99 年，到期后政府收回。屋主拥有及实际居住至少 5 年，才可在建屋发展局管理的市场范围内交易。

改造更新是新加坡组屋面临的重点问题，涉及旧区设施水平的提升、居民社会关系的维护、房产的保值等。20 世纪 80 年代末，政府注意到旧组屋与新组屋之间呈现出明显差距，开始开展更新项目，于 1989 年公布了主体升级计划（MUP，Main Upgrading Programme），于 1993 年发布了中期升级计划（IUP，Interim Upgrading Programme）。建屋发展局于 1995 年以综合性的改造更新策略（ERS，Estate Renewal Strategy）整合了一系列改造和再开发计划，包含主体升级计划（MUP）、中期升级计划（IUP）和部分街区重建计划（SERS，Selective En bloc Redevelopment Scheme）。2001 年，推出电梯升级计划（LUP，Lift Upgrading Programme）并在 2002 年整合到中期升级计划（IUP），形成升级版中期升级计划（Interim Upgrading Programme Plus，IUP Plus）。2007 年，出台家居改善计划（HIP，Home Improvement Programme）和邻里更新计划（NRP，Neighbourhood Renewal Programme），分别取代主体升级计划（MUP）和中期升级计划（IUP Plus），前者侧重公寓内部，后者侧重邻里环境。在一系列改造更新策略（ERS）中，部分街区重建计划（SERS）大致对应我国的拆除重建，其他计划则在综合整治范畴。

此外，在改造更新策略（ERS）外，重塑家园计划（ROH，Remaking Our Heartland）于 2007 年出台，旨在通过市镇层面的公共空间和公共设施优化，加强社区特色和凝聚力。

附表 4-6 新加坡组屋改造更新计划

改造更新策略 ERS（Estate Renewal Strategy）	
主体升级计划 MUP（Main Upgrading Programme）	（已于 2007 年被取代）
中期升级计划 IUP/IUP Plus（Interim Upgrading Programme or Interim Upgrading Programme Plus）	（已于 2007 年被取代）
部分街区重建计划 SERS（Selective En bloc Redevelopment Scheme）	https：//www.hdb.gov.sg/cs/infoweb/residential/living-in-an-hdb-flat/sers-and-upgrading-programmes/sers
电梯升级计划 LUP（Lift Upgrading Programme）	https：//www.hdb.gov.sg/cs/infoweb/residential/living-in-an-hdb-flat/sers-and-upgrading-programmes/upgrading-programmes/types/lift-upgrading-programme
家居改善计划 HIP（Home Improvement Programme）	https：//www.hdb.gov.sg/cs/infoweb/residential/living-in-an-hdb-flat/sers-and-upgrading-programmes/upgrading-programmes/types/home-improvement-programme-hip
邻里更新计划 NRP（Neighbourhood Renewal Programme）	https：//www.hdb.gov.sg/cs/infoweb/residential/living-in-an-hdb-flat/sers-and-upgrading-programmes/upgrading-programmes/types/neighbourhood-renewal-programme-nrp
改造更新策略 ERS 之外	
重塑家园 ROH（Remaking Our Heartland）	https：//www20.hdb.gov.sg/fi10/fi10349p.nsf/hdbroh/index.html

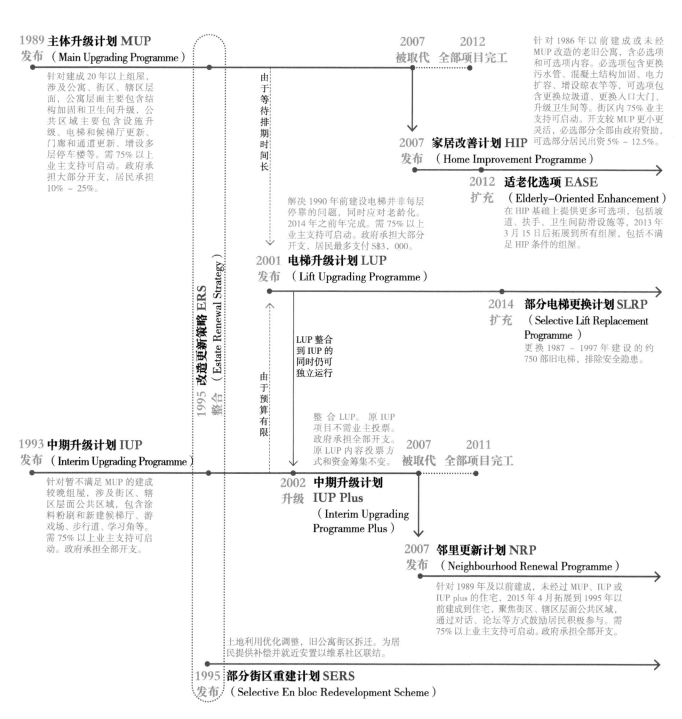

1989 主体升级计划 MUP
发布 （Main Upgrading Programme）

针对建成 20 年以上组屋，涉及公寓、街区、辖区层面，公寓层面主要包含结构加固和卫生间升级，公共区域主要包含设施升级、电梯和候梯厅更新、门廊和通道更新、增设多层停车楼等。需 75% 以上业主支持可启动。政府承担大部分开支，居民承担 10% ~ 25%。

由于等待排期时间长

2007 **2012**
被取代 全部项目完工

针对 1986 年以前建成或未经 MUP 改造的老旧公寓，含必选项和可选项内容。必选项包含更换污水管、混凝土结构加固、电力扩容、增设晾衣竿等，可选项包含更换垃圾道、更换入口大门、升级卫生间等。街区内 75% 业主支持可启动。开支较 MUP 更小更灵活，必选部分全部由政府资助，可选部分居民出资 5% ~ 12.5%。

2007 家居改善计划 HIP
发布 （Home Improvement Programme）

2012 适老化选项 EASE
扩充 （Elderly-Oriented Enhancement）
在 HIP 基础上提供更多可选项，包括坡道、扶手、卫生间防滑设施等，2013 年 3 月 15 日后拓展到所有组屋，包括不满足 HIP 条件的组屋。

解决 1990 年前建设电梯并非每层停靠的问题，同时应对老龄化。2014 年之前年完成。需 75% 以上业主支持可启动。政府承担大部分开支，居民最多支付 S\$3,000。

2001 电梯升级计划 LUP
发布 （Lift Upgrading Programme）

2014 部分电梯更换计划 SLRP
扩充 （Selective Lift Replacement Programme）
更换 1987 ~ 1997 年建设的约 750 部旧电梯，排除安全隐患。

改造更新策略 ERS （Estate Renewal Strategy）

1995 整合

LUP 整合到 IUP 的同时仍可独立运行

由于预算有限

整合 LUP。原 IUP 项目不需业主投票。政府承担全部开支。原 LUP 内容投票方式和资金筹集不变。

2007 **2011**
被取代 全部项目完工

1993 中期升级计划 IUP
发布 （Interim Upgrading Programme）

针对暂不满足 MUP 的建成较晚组屋，涉及街区、辖区层面公共区域，包含涂料粉刷和新建候梯厅、游戏场、步行道、学习角等。需 75% 以上业主支持可启动。政府承担全部开支。

2002 中期升级计划
升级 IUP Plus
（Interim Upgrading Programme Plus）

2007 邻里更新计划 NRP
发布 （Neighbourhood Renewal Programme）

针对 1989 年及以前建成，未经过 MUP、IUP 或 IUP plus 的住宅，2015 年 4 月拓展到 1995 年以前建成到住宅，聚焦街区、辖区层面公共区域，通过对话、论坛等方式鼓励居民积极参与。需 75% 以上业主支持可启动。政府承担全部开支。

土地利用优化调整，旧公寓街区拆迁。为居民提供补偿并就近安置以维系社区联结。

1995 部分街区重建计划 SERS
发布 （Selective En bloc Redevelopment Scheme）

附图 4-1 组屋改造更新计划变迁历程
文字来源：新加坡建屋发展局网站 https://www.hdb.gov.sg/cs/infoweb/homepage；新加坡国家图书馆网站 https://eresources.nlb.gov.sg/infopedia/articles/SIP_1585_2009-10-26.html；https://eresources.nlb.gov.sg/infopedia/articles/SIP_2014-11-10_113032.html

2007 重塑家园计划 ROH
发布 （Remaking Our Heartland）
ERS 计划范畴之外，侧重于市镇层面的公共空间和公共设施优化，加强社区特色和凝聚力。

后记
Epilogue

本书付梓之后，回顾这段时间的工作，深感中国城市存量更新阶段的规划与设计工作复杂且艰巨。过去 40 年的快速城市化进程，造就了中国城市建成环境的主体部分。这些在剧烈变化的管理制度环境下，于相对短时间内建成的物质环境，使得后续的更新工作面临着自身物质环境维护和承载功能不断演进的双重需求；其规模巨大，现状复杂，在世界范围内难以觅得相似者。老旧小区是这些建成环境中的一部分，其他类型的空间环境，例如产业功能空间、公共服务设施、基础设施等，都处于相近的状况。这些建成环境支撑中国城市高质量发展的持续之道，需面向未来需求、参见他山之石，更为重要的是，需根植于对既有发展脉络的梳理和对自身基因的认知，因地制宜，探索而成。本书仅涉及老旧小区物质环境方面的更新工作，是阶段性成果的汇集，抬眼前望，任重道远。

致谢
Acknowledgment

在课题研究和本书编写过程中，时任上海市房管局办公室主任的龚敏、时任广州城市更新局副局长的邓堪强、广州市规划设计研究院院长助理丁寿颐介绍了两地在老旧小区更新整治方面的做法经验，并协助课题组的实地调研，调研过程得到上海彭浦新村街道、临汾路街道、广州天河南街天河东社区等的积极支持；杭州国际城市学研究中心的李明超博士邀请课题组参加未来社区与老旧小区的论坛，与杭州同仁研讨交流；与北京市城市规划设计研究院吕海虹所长、王崇烈所长的交流受益匪浅；原住房和城乡建设部政策研究中心副研究员谢海生博士提供了老旧小区综合整治政策机制方面的信息；香港规划署的刘荣想先生、新加坡的 Jerry 提供了香港和新加坡在市区重建和组屋管理方面的资料信息；希腊 Aspa Gospodini 教授组织的"变化中的城市"2019 年国际会议中，课题组得以组织分论坛，将北京老旧小区的相关研究介绍给欧美学者。中国建筑工业出版社兰丽婷等编辑的细致工作保障了本书的出版。学院的程晓青教授、钟舸教授为研究成果展示提供了北京设计周的展示平台。还有予以课题研究和书籍编写大力支持的各位同仁，特别是吴唯佳教授、武廷海教授，在此一并谢过。

本书出版得到首都区域空间规划研究北京市重点实验室和生态规划绿色建筑教育部重点实验室的支持，以及住房和城乡建设部科学技术计划项目（项目编号：2020-R-004）的资助。